TABLE.

CHAPITRE III.

FIN DE LA TABLE.

DIVISIONS ET RAPPORTS DES POIDS, MESURES ET MONNAIES DU MEXIQUE.

Un quintal   =   4 arrobas.
Une arroba   =   25 livres.
Une livre   =   16 onces.
Huit onces   =   1 marc.

Une piastre   =   8 réaux ou 100 centièmes.
Un réal   =   12 grains.

1000 varas   =   848 mètres.

Un marc   =   229 grammes 880784.

N. B. Dans le cours de cet ouvrage, afin d'éviter les fractions, le marc d'argent a été ordinairement calculé à raison de 230 grammes, et le quintal mexicain à raison de 46 kilogrammes.

AVANT-PROPOS.

L'isolement presque complet dans lequel le gouvernement espagnol a maintenu pendant plusieurs siècles ses colonies, a fait ignorer en Eupore les détails nécessaires pour se former une idée exacte de ces vastes régions, jusqu'à ce que M. le baron de Humboldt, après avoir visité plusieurs de ces royaumes, eut fourni sur quelques-uns d'entre eux de nombreux documents considérés à juste titre comme des matériaux indispensables à l'histoire de ces contrées. Le Mexique, par l'importance de sa situation géographique, de sa population et de ses richesses métalliques, occupe le premier rang dans ces savantes recherches, dont une partie fût publiée sous le titre d'*Essai politique sur la Nouvelle-Espagne.*

Arrivant dans ce pays avec des recommandations de la cour de Madrid, et sous le gouvernement du plus libéral des vice-rois, don José de Iturrigaray, le célèbre voyageur put avoir à sa disposition les archives d'une domination absolue et sans révolutions pendant environ trois siècles de durée. Jamais plus riche moisson ne tomba sous des mains plus habiles; recueillis avec un zèle qu'on ne peut comparer qu'à la sagacité avec laquelle ils furent commentés, ces tableaux statistiques parurent dès lors si précieux, qu'on eut le singulier spectacle d'un jeune savant prussien, rédigeant pour la cour de Madrid un exposé général des ressources de la plus importante de ses colonies, où, pourtant, il n'avait séjourné que quelques mois.

Depuis lors, de violentes commotions politiques ont agité ce pays; à la lutte sanglante entreprise pour l'affranchissement du joug de la métropole, on a vu succéder depuis vingt ans des dissensions intérieures presque aussi fatales, mais dont le terme semble heureusement devoir être prochain. Au milieu de tels bouleversements, toutes les industries du Mexique ont nécessairement éprouvé de

grandes variations, et la production des métaux précieux n'en a point été exempte; aussi
la nécessité de renseignements plus récents sur
cette production se faisait-elle sentir impérieusement en Europe, autant pour éclairer
divers points de l'économie politique, que
pour examiner quelle influence avait exercée
sur l'art des mines et la métallurgie, la libre
communication des vastes colonies espagnoles
avec toutes les nations de l'ancien continent.
Cet examen entraîne nécessairement une description complète des exploitations et des traitements métallurgiques en usage, qui peut
elle-même contribuer à leur amélioration, en
facilitant aux savants européens l'étude de ces
diverses opérations, dans lesquelles le développement moderne des sciences n'a apporté depuis longtemps, en Amérique, que des changements peu importants. C'est à l'étude de ces
questions, dans leurs principaux rapports,
que j'ai été conduit par des circonstances que
je vais indiquer.

Habitant le Mexique presque sans interruption depuis 1826, j'ai pu, par l'habitude de la
langue et des usages, acquérir toutes les connaissances nécessaires pour me livrer à des ob-

servations générales sur ce pays. Devenu, en 1836, propriétaire de l'atelier de départ où s'opérait l'affinage des lingots d'or et d'argent présentés à la monnaie de Mexico, je me suis trouvé en relations continues avec l'hôtel des monnaies et les principaux mineurs. S'il était intéressant d'observer les usages auxquels étaient destinés les métaux affinés, il ne l'était pas moins d'étudier leur production. Dans le premier but, j'ai profité de mes voyages en Europe et aux États-Unis pour connaître, au dehors, comme au Mexique, ce qui concerne les monnaies ; dans le second, j'ai visité, à plusieurs reprises, les grands districts de mines de la république mexicaine, pour observer minutieusement la nature géologique des terrains, le mode d'exploitation et les divers traitements employés à la réduction des minerais. Ces recherches, qui ont absorbé plusieurs années en études théoriques, en voyages et en expériences, ayant paru offrir quelque intérêt à des savants distingués dont les conseils m'ont puissamment aidé, je me suis décidé à publier mon travail, après l'avoir présenté à l'Académie des sciences de l'Institut de France.

L'examen géologique des terrains et des filons métallifères, l'extraction et la réduction des minerais, les essais, le monnayage des métaux précieux, ainsi que les droits dont ils sont frappés au Mexique, ou lors de leur exportation, sont les points principaux de cet ouvrage. Mais, pour considérer la question sous le point de vue de l'économie politique, j'ai dû y joindre des renseignements sur le coût de la production actuelle, et sur les chances probables de variation dont elle est susceptible.

Ces diverses matières se lient tellement, qu'il serait fort difficile de les isoler entièrement les unes des autres ; cependant, j'ai cherché à séparer, autant que possible, les différents sujets dans la division de l'ouvrage.

Le premier chapitre réunit, à l'aperçu géologique général, la description du système d'exploitation et un abrégé des principales lois sur les mines. J'ai placé en tête de ce chapitre quelques considérations historiques sur les connaissances probables des Aztèques dans l'art des mines et la métallurgie avant la conquête.

Dans le second chapitre, j'ai décrit les divers traitements métallurgiques, en fournissant les détails nécessaires sur les appareils mécaniques et les agents chimiques employés. Les traitements par voie sèche sont fort défectueux; et comme ils ne présentent aucun appareil qui ne soit semblable à ceux de même nature que les progrès des arts chimiques ont fait modifier depuis longtemps en Europe, je me suis borné à les décrire. Mais les traitements par la voie humide étant dans un cas tout différent, j'ai eu recours à des dessins pour rendre plus faciles mes explications sur l'amalgamation à froid et à chaud. J'ai terminé ma description de chacun de ces deux procédés par des considérations sur la théorie de ces opérations, en traçant en détail, depuis sa découverte, l'histoire de l'amalgamation à froid, qui, depuis bientôt trois siècles, n'a fait aucun progrès en ce qui concerne la perte du mercure, ainsi que cela est démontré par des documents relatifs aux mines de Tasco, dont la date remonte à 1570, et que j'ai été assez heureux pour découvrir à Mexico, dans les archives de la famille de Cortez.

Le troisième chapitre traite du monnayage et de diverses opérations qui en dépendent, telles que les essais, la séparation de l'or et de l'argent. J'y ai joint le détail des droits prélevés sur les produits des mines à l'intérieur et à la sortie du Mexique. Ce chapitre renferme en outre plusieurs tableaux indiquant séparément les quantités d'or et d'argent monnayées au Mexique, depuis 1733 jusqu'en 1841. Par l'inspection de ces documents, il est facile d'apercevoir la progression constante des produits des mines, jusqu'au moment où la guerre de l'Indépendance motiva un mouvement rétrograde qui a cessé depuis quelques années, sans que pourtant le chiffre de la production annuelle ait atteint depuis lors la commune des dix premières années de ce siècle.

Dans ces trois premiers chapitres, j'ai cherché à ne dépasser que rarement les bornes des considérations générales, en réservant les détails et les réflexions pour l'autre partie de l'ouvrage. Cependant, pour calculer la production et l'exportation en 1841, je me suis vu contraint d'ajouter aux chiffres officiels quelques chiffres arbitraires.

J'ai destiné le quatrième chapitre à la description d'un nombre suffisant des principaux districts de mines, pour fournir sur l'ensemble de ces exploitations des points de comparaison assez nombreux pour arriver à calculer le coût moyen des diverses opérations de l'industrie minière du Mexique. Dans ces descriptions séparées pour chaque district, j'ai suivi le même ordre général de division adopté dans les deux premiers chapitres, en présentant les détails géologiques d'abord, l'extraction ensuite, et enfin les traitements métallurgiques.

Mon but n'ayant point été de faire une histoire de tous les gîtes métallifères de la république mexicaine, mais seulement de présenter les données nécessaires pour bien faire connaître les modes d'extraction et de traitement, je me suis borné à décrire seulement ce que j'ai étudié, sans comprendre même tous les districts que j'ai visités; ceux dont je parle représentent plus de deux tiers de la production annuelle, et sont compris dans un triangle contenu dans des lignes tracées du nord au sud, de Guadalupe y Calvo à Tasco, et au levant de ces deux villes jusqu'à Catorce. Afin de rendre la situation de ces divers gisements et leurs distances respectives plus faciles à connaître, j'ai joint une carte réduite de cette partie du Mexique (pl. V). Ces divers districts comprennent en général plusieurs gîtes de minerai et un grand nombre d'ateliers métallurgiques ; le Fresnillo, cependant, fait exception, et cette exploitation, qui fournit un huitième de l'argent que produit annuellement le Mexique, n'ayant qu'une seule et immense usine d'amalgamation, j'ai cru devoir en donner un plan dont je dois le dessin à l'obligeance de mon compatriote, M. Doy, ingénieur français, attaché depuis plusieurs années à cette compagnie. Les détails de dispositions d'un tel établissement, qui travaille cent mille kilogrammes de minerai par vingt-quatre heures, m'ont paru utiles pour faire sentir aux métallurgistes étrangers, que toute innovation dans le système actuel doit être aisément applicable aux mêmes masses sur lesquelles on opère avec le secours de l'amalgamation mexicaine.

Dans le cinquième et dernier chapitre, j'ai réuni le coût moyen de la production actuelle et les variations probables de la production dans l'avenir. Ce coût moyen m'a paru ne pouvoir s'établir d'une manière aisément intelligible qu'en employant des poids bien connus. J'ai choisi le kilogramme pour point de départ, et j'ai réduit en grammes d'argent fin les divers débours occasionnés par ce kilogramme d'argent pur, que j'ai supposé embarqué sur un navire dans un des ports du Mexique. Pour établir ce calcul, j'ai dû me borner à la moyenne probable du coût de l'amalgamation à froid, car il eût été impossible d'établir des prix séparés pour les parties de la production totale qui proviennent de l'amalgamation à chaud et de la fonte. Sans me faire illusion sur le manque d'exactitude absolue de ce calcul, je crois cependant que celle qu'il comporte est suffisante pour bien faire distinguer les droits du gouvernement du coût, non-seulement de l'extraction du minerai et du traitement métallurgique, mais encore les proportions que gardent entre elles les diverses parties de cette dernière opération. Ce point de départ était absolument nécessaire à établir pour examiner sur toutes leurs faces les chances de variation dans la production. Dans leur examen, j'ai séparé l'extraction du minerai de la partie métallurgique; mais j'ai examiné ensemble les diverses questions de main-d'œuvre, des moteurs et du combustible, qui sont communes à ces deux parties de l'opération.

Dans ce dernier chapitre, j'ai pu comparer, pour la dépense, l'amalgamation de Freyberg à celle du Mexique, et je crois avoir démontré par des chiffres simples combien la dernière est plus avantageuse pour la plupart des minerais, attendu les circonstances particulières du pays où elle est pratiquée. Cette comparaison m'a conduit à parler du procédé électro-chimique, en signalant les motifs qui jusqu'à présent ont empêché son application.

Je me suis étendu longuement sur les chances probables de variation dans la production des métaux précieux au Mexique, parce qu'il m'a semblé que cette étude avait une haute importance autant pour l'avenir de la république mexicaine que pour les nations européennes. La conformation géographique du territoire mexicain semble exiger des objets d'une grande valeur sous un petit volume pour le commerce extérieur, et quand on parle d'un pays neuf, on peut presque dire que le mot de commerce équivaut à celui de civilisation; pour les nations européennes qui, depuis une époque fort reculée, ont adopté les métaux précieux pour signe représentatif de toutes les valeurs, il est intéressant de prévoir longtemps d'avance les modifications probables de la production de l'or et de l'argent, non pas en considérant seulement la quantité de la production totale des deux métaux, mais aussi la proportion qu'ils gardent entre eux.

A l'époque actuelle, les deux nations les plus commerçantes de l'Europe semblent avoir des idées opposées sur l'avenir des métaux précieux. L'Angleterre, qui a choisi plutôt l'or que l'argent, comme métal destiné à représenter les autres valeurs, a ressenti déjà plusieurs fois les inconvénients d'un système plus attrayant, mais dangereux quand il est poussé à l'excès, et dans lequel le papier de banque est substitué aux métaux précieux. Quoique l'or et l'argent arrivent directement d'Amérique en Angleterre, celle-ci semble toujours craindre d'en manquer, tandis que la France, qui possède à peine du papier de banque, est surchargée d'un excès de numéraire superflu, composé surtout d'argent, qui, par la fixation du système monétaire actuel de la France, y est payé à un taux plus élevé que l'or, qui tend sans cesse à sortir du royaume. De cet état de choses, il résulte clairement que la tendance de l'argent à venir se convertir en monnaie française, pourrait devenir, pour cette nation, une cause importante de perte, si, par suite d'une production plus grande, sa valeur, relative à d'autres valeurs, venait à baisser, soit spontanément, soit progressivement, comme cela s'est observé depuis la découverte de l'Amérique.

Cette étude de la différence annuelle entre la production et la consommation des métaux précieux, est aussi intéressante que difficile à approfondir dans le moment actuel, par le manque de documents complets. Ceux que je présente sur le Mexique aideront à fixer d'une manière plus certaine le chiffre de la production; mais ce n'est qu'un seul côté de cette question ardue d'économie politique, qui se complique davantage pour les calculs futurs, par les nouveaux emplois auxquels l'électro-chimie vient d'appeler l'or et l'argent. Je me féliciterai d'avoir pu contribuer pour quelque chose à la solution de ce problème, par les renseignements que j'ai joints à mes observations sur l'état actuel des mines du Mexique, dont la description est le but principal de ce livre.

—•◦•—

DE LA PRODUCTION

DES MÉTAUX PRÉCIEUX

AU MEXIQUE,

CONSIDÉRÉE DANS SES RAPPORTS

AVEC LA GÉOLOGIE, LA MÉTALLURGIE ET L'ÉCONOMIE POLITIQUE.

CHAPITRE PREMIER.

APERÇU GÉOLOGIQUE ET TRAVAUX D'EXTRACTION.

Abrégé historique.

Avant de décrire les travaux des mines et la nature des roches dans lesquelles on les pratique, il semble convenable de jeter un coup d'œil sur la situation probable des connaissances que possédaient les Aztèques dans l'art des mines et la métallurgie avant l'arrivée de Cortez. Quelque soin qu'on ait mis à rechercher dans les auteurs qui ont écrit sur l'Amérique espagnole des renseignements certains, propres à éclaircir ce sujet, cette investigation ne fournit que bien peu de lumières, et l'on est réduit à des suppositions plus ou moins hasardées; cependant la proportion dans laquelle se trouvait l'or par rapport à l'argent, donne un caractère de vraisemblance à celle de ces suppositions que j'ai adoptée.

C'est en vain que, pour ce qui concerne le Mexique, l'on consulte les lettres de Fernand Cortez, les écrits de son compagnon d'armes, Bernal Dias del Castillo, ainsi que les autres auteurs à peu près contemporains, partout on trouve la description des richesses possédées par les vaincus, mais nulle part on ne décrit les arts qui servaient à les obtenir. Les historiens d'une époque moins reculée ne sont pas beaucoup plus précis sur cette question. Solis, dans sa *Conquista de Mejico*, indique seulement les mines comme une source de revenus de l'empire de Montezuma, tandis que Clavigero (*Storia antica del Messico*) prétend que l'art des mines et la métallurgie étaient assez avancés, sous les rois aztèques, pour permettre de retirer les minerais d'une grande profondeur, et de réduire les combinaisons minéralogiques les plus compliquées. Cette opinion n'est partagée au Mexique par aucune des personnes que de nombreuses recherches sur l'état des divers districts des mines ont mises à même d'approfondir ce sujet, et on pense généralement que l'or et l'argent trouvés (comparativement à ce qui existait alors en Europe) en grande abondance chez les Mexicains, provenaient principalement du lavage des sables et de la fonte des minerais recueillis à la surface du sol, dans lesquels ces métaux se trouvaient presque à l'état de pureté.

On peut affirmer que les Mexicains savaient travailler, non-seulement l'or et l'argent, mais aussi le cuivre et l'étain dont ils formaient des alliages pour fabriquer quelques instruments tranchants, que l'on retrouve encore dans les ruines de Mitla, près de Oaxaca. Cette espèce de bronze paraît même avoir été employé comme monnaie dans la province de Tasco, et ce furent ces *piecezuelas* qui engagèrent Cortez à y envoyer pour se procurer le métal nécessaire à la fonte des pièces d'artillerie, dont il se trouvait à court, après la prise de la capitale. Tasco fut, à cause de cette circonstance, le premier district où les Espagnols commencèrent à travailler des mines de cuivre d'abord, et d'argent par la suite. Les exploitations de cette époque sont situées près du village de Tasco el Viejo, à environ trois lieues de la ville de Tasco, et sont appelées *las Minas Viejas*, ou *Babilonia*, nom qui leur avait été donné parce que ce sont des travaux sans suite, exécutés à ciel ouvert et en grande partie éboulés. Ces filons de cuivre, dont quelques-uns sont encore exploités aujourd'hui, se montrent à découvert sur la pente des ravins; ils consistent en cuivre oxydulé et carbonaté, dont l'extraction et la réduction sont assez faciles pour que l'on ne doive pas accorder aux Indiens des connaissances métallurgiques très-étendues. L'étain se recueillait sans doute alors, comme encore à présent, par le lavage, dans plusieurs parties des Cordillères, près de Guanaxuato et de Xérès, où les roches granitiques se montrent au jour.

On ne saurait, au reste, expliquer comment on aurait pu alors, avec le secours du feu seulement et sans employer le fer et la poudre, suivre des exploitations encore très-pénibles avec l'aide de ces agents. Mais on trouve aussi, dans la proportion de l'or par rapport à l'argent, une nouvelle preuve que c'est surtout par le lavage que les Mexicains se procuraient ces métaux. On peut se convaincre de ce fait, en lisant la première lettre de Cortez à Charles-Quint, où il est dit : « qu'il fit convertir en vaisselle cent marcs d'argent, provenant du droit payé pour *quinto*, ou cinquième à l'empereur. » Cette quantité de cinq cents marcs d'argent seulement représente une bien faible part de la valeur attribuée à ce butin qui, pour les deux métaux réunis, pesait 130,000 *castellanos*, équivalant à 2,600 marcs, suivant la pièce officielle remise, sous la date du 15 mai 1522, par les *ministros de la real hacienda*, nommés par Cortez, pour recevoir le *quinto*. La proportion de l'or à l'argent est, dans ce cas, comme 21 est à 5, et diffère prodigieusement de celle qu'on a observée plus tard à mesure que les travaux des mines, par les Espagnols, sont intervenus dans la proportion des deux métaux. L'usage que les Aztèques faisaient de l'or comme moyen d'échange et payement de tribut, soit en le coulant en lingots, soit en le renfermant en paillettes et en grains dans des tuyaux de plume transparents, tandis que l'argent ne paraît pas avoir eu un même emploi, la différence survenue entre la valeur comparée des deux métaux, depuis que les mines d'argent ont été travaillées par les Européens, quoique l'avancement de la chimie ait permis de séparer de ce métal des parties d'or qui entrent pour une valeur importante dans sa production, sont des données suffisantes, à défaut de renseignements plus certains, pour faire supposer que la presque totalité des métaux précieux, existant au Mexique avant la conquête, avait été retirée par le lavage des terrains d'alluvion. Cette opinion paraîtra sans doute assez admissible si l'on observe ce qui s'est passé récemment en Russie, sur les flancs de l'Oural et de l'Altaïe, vastes contrées que la distance seule sépare assez imparfaitement des ressources d'une civilisation bien plus éclairée que celle qui existait chez les Mexicains au quinzième siècle, et dans lesquelles cependant on n'a, jusqu'à présent, utilisé que cette partie des richesses métalliques dont la nature elle-même a soigné l'extraction, en séparant presque entièrement de ses gangues l'or que renferment ces roches, transportées aujourd'hui en petits fragments loin de leur gisement primitif.

A ces indices sur l'ignorance dans laquelle on suppose que se trouvaient les indigènes du Mexique, sur la métallurgie de l'argent, on peut encore joindre une observation qui se rapporte aux termes usités dans cet art, qui sont presque tous espagnols, tandis que dans l'agriculture et dans l'industrie manufacturière, la langue castillane usitée au Mexique renferme une foule de mots indiens, devenus d'un usage aussi habituel que surprenant pour les véritables Espagnols, ou pour toute autre personne qui a étudié leur langue en Europe.

Au milieu de cette pénurie de documents, on est réduit à faire des vœux pour que l'étude des langues aztèques, à laquelle on commence de nouveau à se livrer pour l'intelligence des antiquités mexicaines, fournisse sur les connaissances de ces peuples dans les arts, des éclaircissements qui manquent sur bien des points.

La perfection de la connaissance géognostique d'une contrée semble suivre une proportion constante avec l'état de civilisation dans lequel elle se trouve, ce progrès social entraînant avec lui, comme conséquence, un grand développement dans la facilité des moyens de communication qui ont eu, en Europe, dans les dernières années, une influence si considérable sur l'avancement de la géologie, par suite des travaux souterrains que l'ouverture des canaux et des chemins de fer a rendus nécessaires. Quoique l'extraction des métaux précieux au Mexique semble être intimement liée à l'idée d'un pays de mines, cependant, pour les conséquences dont il est question, on ne peut établir aucune comparaison entre le nombre et l'étendue de ces exploitations, et celles des métaux plus communs ou des houillères dans l'ancien continent. D'ailleurs, les gîtes de ces métaux étant, ainsi qu'on l'indiquera plus tard, tous dans des terrains presque d'un même âge et d'une même espèce, les travaux qu'on a pu y pratiquer sont peu propres à donner de nombreux renseignements sur l'ensemble général des formations. Le peu d'application industrielle de la géologie au Mexique explique jusqu'à un certain point combien elle y est peu cultivée; cela tient peut-être aussi au manque complet d'ouvrages de ce genre en langue espagnole, vide que M. Andres del Rio, savant professeur de l'école des mines de Mexico, vient de remplir en partie, par la publication de son *Manuel de géologie*, à l'impression duquel le gouvernement s'est empressé de contribuer.

On ne sera donc pas surpris si les renseignements recueillis jusqu'à ce jour sur la géologie du Mexique sont dus presque exclusivement aux savants étrangers qui l'ont parcouru. Les premiers ont été fournis vers la fin du siècle passé par Sonneschmidt. Chacun sait pour combien sont entrées les formations de ce pays dans l'important traité de M. de Humboldt sur le gisement des roches dans les deux hémisphères; et depuis lors, l'ouvrage de M. Burkart est venu augmenter les connaissances acquises sur les formations des principaux districts de mines, particulièrement celui de Zacatecas, sur lequel Valencia et Bustamente(*) avaient déjà publié des observations intéressantes quoique moins complètes.

Le peu de notions que l'on peut recueillir sur les connaissances que possédaient les Mexicains des travaux souterrains, tend à faire croire qu'ils ne travaillaient qu'à ciel ouvert; et quelques-uns même des premiers ouvrages exécutés par les Espagnols furent de même nature. On en voit des exemples à Tasco et surtout à Panuco, près de Zacatecas, où furent commencés, en novembre 1548 (**), les travaux connus sous le nom de *Veta de los tajos de Panuco*, qui s'étendirent sur une longueur de plus de sept cents mètres, et furent poussés à ciel ouvert jusqu'à une profondeur de plus de deux cents.

(*) *Descripcion de la Serrania de Zacatecas, por J. M. Bustamente, en* 1828 *y* 1829. — *Megico,* 1834.

(**) Bustamente, *Descripcion de la Serrania de Zacatecas.*

Les relations qui existaient nécessairement alors entre l'Allemagne et l'Espagne, gouvernées par un même prince, firent sans doute introduire promptement dans le nouveau monde les moyens décrits par Agricola pour l'exploitation des mines. Ceux-ci semblent, depuis lors, n'avoir reçu que peu d'améliorations, parmi lesquelles doit figurer cependant le tirage à la poudre, et, depuis l'indépendance du Mexique, l'emploi de quelques machines à vapeur.

§ I. APERÇU GÉOLOGIQUE.

Placé entre l'océan Atlantique et la mer Pacifique, le Mexique forme un isthme qui se rétrécit du nord au sud, et dont les hauteurs très-variées produisent une série de climats très-différents selon les diverses élévations du sol au-dessus de la mer. La chaîne des Cordillères, dont les points culminants atteignent 5295 mètres au pic d'Orizaba et 5400 au Popocatepetl, est séparée de chacune des deux mers par une zone de terrains peu élevés, d'une largeur qui varie de vingt à cinquante lieues, et qu'on nomme terre chaude (*tierra caliente*), tandis que le plateau principal dont l'élévation varie de 1700 à 2600 mètres, est appelé terre froide (*tierra fria*). On a donné aussi le nom de terre tempérée (*tierra templada*) à la région moyenne formant les deux versants du plateau. On possède deux profils des terrains situés entre les deux mers, dressés d'après des observations barométriques ; le premier, dû à M. de Humboldt (*), a été tracé en suivant la route de Vera-Cruz à Acapulco par Mexico ; le second, sur le chemin de S. Blas à Tampico, en passant par Bolaños, Zacatecas, et S. Luis Potosi, est dû à M. Burkart (**), auteur d'un excellent ouvrage sur la géologie et les mines du Mexique, qui, publié seulement en allemand, n'est pas répandu comme il mérite de l'être. Par l'inspection de ces profils, on remarque de suite que la bande des terres chaudes est plus large du côté du golfe que du côté de la mer Pacifique, et que cette bande, qui sépare la pente orientale des eaux du golfe, va en s'élargissant à mesure qu'on marche vers le nord, direction dans laquelle l'espace total compris entre les deux mers va aussi en augmentant. A mesure que cet espace se rétrécit, en allant au sud et se rapprochant de l'isthme de Tehuantepec, la ligne des terrains peu élevés diminue sur la côte du Pacifique, au point qu'à l'embouchure du Rio Telotepec, dans l'État de Oaxaca, la pente de la Cordillère est très-voisine de la côte. L'élévation

(*) *Essai politique sur la Nouvelle-Espagne.*
(**) *Aufenthalt and Reisen in Mexico.* — Stuttgart, 1836.

au-dessus du niveau de la mer, dans la direction N. et S., diminue progressivement vers le nord, à partir des environs de Mexico jusques un peu au delà de Chihuahua , de telle sorte que d'après M. Buchan, qui a visité il y a peu de temps ces contrées, un voyageur qui voudrait se rendre de cette ville au golfe de Californie, arriverait à la mer, en prenant sa route par 3 ou 4° plus au nord, par une pente peu sensible et sans rencontrer aucun prolongement de la grande chaîne du Mexique ; il en est de même vers le sud, les hauteurs relevées par le général Orbegozo, dans l'isthme de Tehuantepec, ne dépassant pas 615 mètres.

La direction générale de la chaîne des Cordillères n'a point encore été suffisamment étudiée pour déterminer exactement l'angle qu'elle forme avec le méridien. Cependant l'ensemble des vallées court du nord au sud, à peu de chose près, et, de cette position des chaînes principales , il résulte que des transports par chariots peuvent s'effectuer de Mexico à New-York par des chemins naturels, tandis que la descente du milieu du plateau vers les deux mers, en marchant à l'orient ou à l'occident, ne peut se faire qu'en franchissant plusieurs sommités plus élevées que le plateau, divisées par des vallées plus profondes que lui. La largeur de ces vallées suit la même proportion, en allant au nord, que les bandes situées vers le bord de la mer.

Ces vallées, très-étroites vers le 17° de lat. bor.,
ont, vers le 20°, une largeur qu'on ne rencontre
jamais en Europe, et finissent, après le 21°, par
prendre une telle extension qu'elles forment d'immenses plaines, de la surface desquelles s'élèvent
des soulèvements isolés, tels qu'il est souvent difficile de découvrir entre eux des jalons nécessaires
pour suivre la direction de la chaîne principale.
Le sol de toutes les parties du plateau, sur presque tous les points, semble annoncer le séjour
prolongé des eaux; quelques-uns de ces réservoirs
existent même encore aujourd'hui. Le principal est
la *laguna* de Chapala, dans le département de Ja-
lisco. Les lacs de la vallée de Mexico ont beaucoup
diminué d'étendue depuis que, pour éviter les inon-
dations qui couvraient quelquefois pendant plusieurs années les rues de la capitale, situées de 7
à 8 mètres au-dessous des eaux moyennes du plus
élevé de ces lacs, on a employé, au lieu des digues
construites par les rois aztèques, un moyen plus
efficace, en donnant un écoulement aux eaux de la
vallée par le célèbre canal de Huehuetoca. Ces bassins, réduits aujourd'hui à un petit nombre et
dont quelques-uns sont entièrement desséchés pendant une grande partie de l'année, semblent avoir,
dans des temps reculés, recouvert une très-grande
étendue du plateau du Mexique. Plusieurs des
grandes vallées ont un sol de cailloux roulés d'une

grande épaisseur (quelquefois de plus de 5o mètres, comme dans certaines parties de la vallée de Cuernavaca), parmi lesquels on rencontre des fragments de roche qu'on ne retrouve *in situ* qu'à une très-grande distance et dont la forme arrondie indique le mode de transport. A côté de ces preuves de courants très-violents, à en juger par la dimension des blocs transportés, on retrouve la preuve du séjour postérieur d'eaux plus tranquilles dans des dépôts souvent fort épais de terrains marneux ou argileux, renfermant de nombreux débris de mammifères gigantesques et recouverts par une couche d'un calcaire peu épais, dans lequel on n'a jusqu'à présent découvert aucun reste de coquilles et que l'on rencontre à chaque pas dans les plaines et sur la pente des montagnes. De la direction des principales vallées, il résulte que les fleuves, ou, pour mieux dire, les torrents qui conduisent les eaux vers les deux mers, quoique leur route directe soit vers l'est ou l'ouest, sont forcés, pendant de longues distances, de suivre la ligne du nord ou du sud, dans un sens parallèle aux chaînes principales, jusqu'à ce que, rencontrant des obstacles moins élevés, ils puissent se faire jour pour gagner les zones de *tierra caliente*, à travers lesquelles ils coulent alors dans une nouvelle direction perpendiculaire à la première.

Les roches d'amygdaloïde poreuse qui séparent les vallées de Cuernavaca et de Toluca de celles de Mexico, et dont le point culminant est le *Cerro de Axusco*, situé à six lieues S.-S-O. de la ville de Mexico, à une hauteur de 3674 mètres, sont la ligne de partage des eaux vers le 20° de latit. bor. Celles qui coulent vers le golfe forment le Rio de Tula ou de Moetezuma, et vont se joindre au Rio Panuco qui a son embouchure à Tampico, vers le 23°; celles qui se dirigent vers l'océan Pacifique, sous le nom de Rio de Lerma ou de Santiago, s'y jettent à S. Blas, vers le 22°. Les eaux de la vallée de Puebla forment le Rio Atoyac qui, coulant vers le sud, reçoit celles du *Rio de las Bueltas*, dirigées en sens inverse depuis le voisinage de Oaxaca; et ces deux affluents réunis coulent vers l'est, peu après leur jonction, pour former le Rio Alvarado.

Le temps qui a dû s'écouler depuis les divers soulèvements qui forment les vallées du plateau, jusqu'à ce que les eaux aient pu se creuser des passages pour arriver aux deux mers, ne semble pas suffisant pour expliquer leur long séjour dans tous les points où l'on observe des traces de dépôts lacustres. Cette croûte de calcaire, qui paraît être une formation spéciale au Mexique, se rencontre sur une foule de points à des élévations telles qu'il faut admettre postérieurement à sa formation, ou des soulèvements, ou des abaissements de grands espaces de terrain entre le centre du plateau et les côtes; car, dans la configuration actuelle de cette contrée, les eaux s'écouleraient spontanément par une foule de points, surtout vers la mer Pacifique.

Après ce qui a été dit du manque d'observations assez répétées pour donner une idée exacte de la direction de la chaîne principale des Cordillères, qui, après Guanaxuato, semble se diviser en plusieurs rameaux dont le principal traverse les départements de Zacatecas et Durango, tandis que les deux autres, situés à l'est et à l'ouest de celui-ci, s'élèvent à de moindres hauteurs, il est presque inutile de dire qu'aucune recherche n'a encore été faite au Mexique sur l'identité des roches mises à découvert dans les soulèvements de directions parallèles, de façon à en déduire, suivant le système de M. Élie de Beaumont, des conséquences sur leur ancienneté relative; une seule remarque se rattache à ce genre intéressant d'investigations, c'est l'indication remarquable due à M. de Humboldt de la ligne est et ouest que suivent, dans le voisinage du 19° de latitude, les volcans d'Orizaba, le Popocatepetl, le *cofre* de Perrote, les volcans de Jorullo, Tancitaro et Colima qui sont accompagnés dans cette même direction d'un grand nombre de cratères de moindre hauteur, dont l'ensemble tendrait à faire supposer que, postérieurement à la

formation de la chaîne des Cordillères, une cre-
vasse dans la croûte du globe, vers le 19° de latitude, a donné passage aux matières qui forment
les élévations principales des montagnes du Mexique, et aux terrains trachytiques qui, dans le voisinage de cette ligne de volcans, recouvrent une
grande partie du sol.

La côte du golfe de Mexique offre peu d'attraits
au géognoste; à quelques lieues du bord de la
mer, le sol se compose de sable qui, sur plusieurs
points, forme des dunes mouvantes presque dé-
nuées de végétation, et qui augmentent par rayon-
nement la température de l'air environnant jusqu'à la rendre insupportable. Les roches ne se
montrent nulle part à découvert, et les pierres de
construction sont même tellement rares, à l'exception des roches madréporiques (*piedra de mu-
cara*), avec lesquelles on a bâti le château d'Ulua
et une partie de la ville de Vera-Cruz, que l'on
trouve dans ce moment avantage à faire venir,
toutes taillées de New-York, les pierres employées
à la construction d'un édifice pour la douane et
aux réparations du môle de Vera-Cruz. Ce n'est
qu'en s'élevant vers la *tierra templada* que l'on
aperçoit, au-dessus des terrains de transport, des
porphyres ou des calcaires. En montant davantage, on arrive aux roches volcaniques, et l'on
trouve soit des laves, qui, sur quelques points,

comme à la base du *cofre* de Perrote, se sont écoulées sur une grande largeur jusqu'à la mer, soit des
roches trachytiques qui, sur le plateau, occupent
d'immenses espaces à côté des porphyres, sans
qu'il soit facile de dire quelle est de ces deux
roches celle qui recouvre l'autre. Sur ces formations existent les grands dépôts lacustres souvent
composés de cailloux roulés, recouverts, dans plusieurs vallées, de marnes et d'argile endurcies,
surmontées par le calcaire récent dont il a déjà été
question, et qui se rencontre indistinctement sur
les roches les plus anciennes et les dépôts les plus
récents.

Sur la côte du Pacifique, le granite se montre au
jour et semble, ainsi que le gneiss, occuper une
grande part du sol depuis Acapulco jusque vers
Tehuantepec, dans le département de Oaxaca. Les
roches granitiques, quoique rares à une grande
hauteur, se montrent encore au travers des porphyres sur les points culminants des Cordillères.
On les retrouve à Comangillas, près de Guanaxuato,
à une hauteur de 2700 mètres, au Peñon-Blanco,
dans le département de S. Luis-Potosi, à une
semblable élévation; et, quelques lieues plus au
nord, au village de la Blanca, à environ 2000 mètres, ou voit des roches formées de quartz grisâtre
et de mica brun qui font aussi partie des terrains
granitiques.

En suivant la route d'Acapulco à Mexico, ces granites sont remplacés par des porphyres, puis par une formation puissante de calcaire analogue à celui qu'on rencontre sur la pente orientale, et qui, d'après des observations faciles à faire au milieu des bouleversements qui caractérisent le district de Tasco, repose sur un schiste argileux appartenant à l'époque de la grawacke, recouvrant un schiste talqueux passant sur quelques points dans le bas au micaschiste.

Plus au nord qu'Acapulco, d'après la coupe tracée par M. Burkart, de S. Blas à Tampico, les roches basaltiques partent de la côte, et jusqu'au milieu de l'espace compris entre les deux mers, on ne trouve que des roches ignées.

C'est surtout dans le voisinage de la ligne des volcans courant est et ouest, par le 19° de latit. boréale, que se trouvent en majorité les laves et les amygdaloïdes poreuses qui, plus au nord que Queretaro, cèdent presque exclusivement la place aux porphyres.

On retrouve, un peu au sud de la ville de Durango, de nombreux amas de roches trachytiques traversées, sur plusieurs points, par des courants de laves bien distincts qui se dirigent tous vers l'est. Au nord de cette ville, pendant plus de cinquante lieues, on observe, à l'orient de la Sierra Madre, des masses puissantes de grès très-fin qui forment entre la Cordillère et les plaines une suite de collines de moyenne hauteur. Ces grès, sur plusieurs points, au contact des porphyres de la chaîne, semblent être recouverts par ceux-ci, et leur pâte prend l'aspect poreux pendant plusieurs mètres au-dessous du point de jonction. Les porphyres de la *Sierra Madre* de Durango sont généralement à pâte moins dure que ceux de la chaîne de Mexico; ils renferment une grande quantité de mica, substance beaucoup plus rare dans la partie méridionale de la chaîne, ce qui leur donne un aspect tout différent.

Les laves du Mexique offriraient probablement à l'analyse une différence bien marquée avec celles d'Italie ou d'Auvergne, si l'on en juge par la fertilité de celles-ci, comparée à la stérilité des premières, qui, non-seulement ne présentent rien d'analogue aux plaines de Naples, de Catania et de la Limagne, mais encore se refusent presque entièrement à la végétation. Au pied de l'Etna, il suffit de planter quelques figuiers d'Inde dans la lave, pour que peu d'années après elle soit propre à la culture; au Mexique, au contraire, quoique les plantes grasses abondent, surtout les cactus, les laves, comme les amygdaloïdes, semblent, sans se détriter, résister à l'influence de l'atmosphère.

Les porphyres si abondants, surtout au nord de Mexico, se présentent sous des aspects tellement

variés que, seuls, ils exigeraient une étude spéciale, à la suite de laquelle un minéralogiste ins-
truit parviendrait peut-être à séparer clairement
ceux de ces porphyres, qui sont eux-mêmes métallifères, de ceux, bien plus abondants, qui semblent
seulement avoir pris part si ce n'est motivé le soulèvement des terrains dans lesquels se trouvent
les principaux filons argentifères; de ces observations résulterait aussi une classification précise entre les porphyres trachytiques et ceux qui semblent
indépendants de cette action volcanique. Les caractères principaux sont la présence de l'amphibole, et, ainsi que M. del Rio l'a observé le premier, le feldspath à deux états de décomposition
différents, si ce n'est pas sous deux espèces différentes; l'absence du quartz, excepté le quartz
hyalin concrétionné qui s'observe souvent en
grande abondance, et particulièrement dans les
porphyres de Zacatecas employés à la trituration
des minerais. Suivant la dureté de leur pâte, ces
roches se décomposent plus ou moins, et, dès lors,
sont couvertes ou dépourvues de végétation, qui
est assez active lorsque le ciment argileux se désa-
grége facilement, et nulle quand il devient analogue
au *hornstein*.

Les détritus de ces porphyres paraissent avoir
fourni les éléments d'une roche à laquelle, à Guanaxuato, on a donné le nom de *lozero*, parce qu'il

est facile de la tailler en dalles (*lozas*), et qui contient des cristaux de feldspath brisés et quelquefois intacts, réunis par un ciment de grès argileux,
dont la couleur en bandes roses et vertes rappelle
les nuances du spath fluor. On retrouve ce même
grès à Tasco et dans plusieurs autres lieux dans le
voisinage des porphyres, qui sont encore plus généralement accompagnés de conglomérats rouges,
variant par la dimension de leurs fragments depuis les brèches aux grès les plus fins, et que, par
leur situation sur des schistes argileux et dans le
voisinage des calcaires secondaires, M. de Humboldt considère comme correspondant au grès
rouge, quoique jusqu'à présent l'absence de la
houille et de débris organiques laisse quelque
incertitude sur l'âge de cette formation, qui a souvent une consistance convenable pour se prêter à la
taille, ce qui l'a fait employer aux constructions
de plusieurs villes principales.

Les porphyres de Tasco renferment de gros
blocs de *pechstein*, ceux de Real del Monte, de la
pierre perlée et des obsidiennes qui, dans le *Cerro
de làs Navajas* (montagne des couteaux), paraissent,
d'après la grande quantité de puits qui y ont été
creusés, avoir fourni des masses de cette substance
que les Indiens employaient pour faire des armes
ou des outils tranchants.

Les calcaires qui se trouvent sur les deux versants du plateau du Mexique, et dont il sera question dans le détail des roches principales des districts de Tasco et de Catorce, ont été appelés calcaire alpin (*alpen-kalkstein*) par M. de Humboldt, et calcaire des montagnes (*bergkalk*) par M. Burkart; ils sont trop peu abondants en coquilles pour être bien déterminés; cependant un morceau que j'ai recueilli près de Tasco, et que j'ai envoyé à Paris, pourra peut-être fixer sur l'âge de cette formation.

Les schistes argileux talqueux et chloritiques sont fort rares au jour; mais, à une plus ou moins grande profondeur, on les rencontre presque toujours dans les terrains à filons argentifères, et ce sont même leurs principales roches encaissantes; elles se trouvent recouvertes par des couches de siénite, de diorite, plus ou moins épaisses et souvent alternant plusieurs fois avant d'arriver au schiste argileux noir, traversé de filets de quartz, que l'on peut considérer comme la roche inférieure qui n'a été complétement traversée par aucune des exploitations les plus profondes du Mexique.

A l'exception des mines de Villalpando et de celles de Bolaños, qui se trouvent dans une amyg-daloïde, on ne connaît pas de filons d'argent traversant des roches trachytiques; et ce n'est généralement que dans les lieux où cette couverture de roches trachytiques ou porphyriques fait place aux soulèvements de schistes argileux, diorites ou

calcaires secondai   l'on trouve des filons métallifères. En alla   ord du 22° de latitude,
précisément vers le   déjà indiqué comme celui où le plateau o   lutôt l'aspect de grandes
plaines percées par   oulèvements isolés, là où
l'égalité du sol a été   rompue, on retrouve, à
une très-petite prof   r, si ce n'est pas entièrement au jour, et fo   ant quelquefois des élévations considérables, ces mêmes roches qui sont
éminemment métallifères.

La gangue la plus générale est le quartz; dans
les terrains dont on vient de parler, ces veines
abondent, et souvent on peut, pendant plusieurs
lieues, suivre les lignes saillantes ou crêtes (*crestones*) de plusieurs mètres qu'elles forment au-dessus des roches encaissantes, qui, souvent composées elles-mêmes de substances fort dures, ne
semblent guère pouvoir faire admettre l'action atmosphérique comme cause de ces protubérances
des veines. Ces *crestones*, que le manque absolu de
végétation rend faciles à distinguer dans les montagnes qui ont fourni les principales exploitations
du Mexique, ont motivé et motivent encore aujour-
d'hui les travaux de recherches des mineurs. De
ceci, il résulte que dans la *tierra templada* et la *tierra caliente* où la végétation est fort active, on a découvert fort peu de mines, quoiqu'il soit assez
présumable que les mêmes formations qui sont ri-

ches en métaux sur le ᴫ   ne doivent pas en
être dépourvues à une   élévation, surtout
à une hauteur moyenne   les rencontre souvent au jour.

La situation des gîtes   ifères peut se diviser
en plusieurs classes : 1°   ons qui se trouvent
dans la roche même qui   e la chaîne de montagnes, comme ceux de   al del Monte et Pachuca;

2° Les filons qui existent dans des roches différentes de celles constituant la chaîne principale, et
dans des soulèvements moins élevés et accolés à
celle-ci, comme Guanaxuato et Tasco;

3° Les filons situés dans un soulèvement isolé,
et dont les diverses roches forment elles-mêmes
des élévations égales aux porphyres, qui presque
toujours les accompagnent, comme Zacatecas et
Catorce;

4° Les filons qui, comme celui de Ramos, se
trouvent en plaine, ou ceux du Fresnillo et de Plateros qui ne sont accompagnés que de soulèvements
peu élevés au-dessus des terrains environnants.

Presque toutes les veines courent entre le nord
et l'ouest; on peut même affirmer que toutes celles
qui ont fourni les plus grandes richesses se rapprochent beaucoup de la ligne passant par le N.-O.
et le S.-E.; quant à la direction de l'inclinaison,
elle est plutôt vers le sud que vers le nord, et

l'angle qu'elle fait avec l'horizon est rarement moindre de 45°. Cette observation a même été considérée comme assez générale pour que, dans les lois sur les mines, toutes les variations que, par suite des diverses inclinaisons des filons, on a jugé convenable d'introduire dans les points de départ des mesures de concessions, soient calculées sur des angles de 45 à 90°.

La presque totalité des exploitations s'exécute sur de véritables filons; et les couches métallifères, nids et rognons, sont assez peu abondants pour que l'incertitude sur leur étendue n'ait jamais beaucoup encouragé à les travailler. La principale des veines métallifères, la *Veta madre* de Guanaxuoto a une inclinaison et direction si concordantes avec la roche, que l'on pourrait douter si c'est bien un filon ou une couche; mais quelques explications fournies par M. de Humboldt, qui a observé dans la masse métallifère des fragments anguleux du toit, dans quelques points où celui-ci n'est pas absolument identique avec le mur, doivent faire considérer comme un véritable filon, cette fente gigantesque qui, sur une largeur quelquefois de soixante mètres, est remplie de quartz mêlé d'or et d'argent. M. Burkart a depuis confirmé cette opinion, en affirmant que sur plusieurs points de la mine, il a vu la veine couper les *strates* de la roche encaissante.

La *Veta grande* de Zacatecas est ensuite le filon le plus large exploité au Mexique. Sa largeur, à S. Acasio, arrive à vingt-cinq mètres; mais dans cette largeur, qui n'est ordinairement que de dix à douze mètres, elle contient des fragments de roche ou de gangue non métallifère plus considérables que ceux de la *veta* de Guanaxuato.

Les filons ordinaires varient depuis deux mètres jusqu'à quelques décimètres d'épaisseur, et sont connus, dans ce dernier cas, sous le nom de rubans (*cintas*) qui compensent souvent leur petite dimension par une richesse extraordinaire.

Les salbandes, surtout dans la région des *colorados*, sont souvent imprégnées d'argent; et quelquefois la roche elle-même, jusqu'à un ou deux mètres, est mélangée des mêmes substances que le filon, souvent plus riches que le filon lui-même.

Jusqu'à présent on n'a pas profité du vaste champ que présentent les mines du Mexique aux observations relatives aux diverses époques de remplissage des filons, comme celles auxquelles s'est livré M. Fournet à Pontgibaud; cependant peu de localités paraissent promettre des résultats plus intéressants pour la science. L'étude de quelques-unes des mines de Zacatecas, de celles du Fresnillo, formées de diverses veines qui se croisent et se coupent par des directions et des inclinaisons variées, fournirait sans doute des faits nouveaux qui jetteraient du jour sur la théorie des filons encore si obscure.

Quelques gîtes métallifères fournissent leur principale richesse près du jour; les exploitations de la Sonora et de Chihuahua sont souvent de ce genre; mais il n'en est point ainsi généralement, et c'est à une certaine profondeur, qui varie suivant les localités, que l'argent s'est trouvé en plus grande abondance; en passant une certaine limite, la teneur diminue de nouveau, et c'est cette circonstance, jointe à l'augmentation des frais d'extraction et d'épuisement, qui, en faisant abandonner les travaux de la plus profonde des mines du Mexique, la Valenciana, a empêché de savoir s'il existait dans une même veine une seule ou plusieurs zones d'une grande richesse. Ces différences de proportion d'argent ont été observées dans des espaces où la veine ne change pas de largeur et où la roche est la même; mais dans les mines de Tasco, on a aussi acquis la certitude qu'en passant d'un schiste argileux dans un schiste talqueux, situés au-dessous, les filons perdent considérablement de leur teneur en argent.

Devant entrer dans plus de détails sur les principaux gîtes métallifères, en décrivant les divers districts où ils sont situés, on indiquera alors les diverses espèces d'argent et les substances qui l'accompagnent ordinairement au Mexique. Dès à

présent, on peut dire que les sulfures d'argent simples ou complexes forment la masse des combinaisons minéralogiques d'argent soumises au traitement; on doit tenir compte ensuite de l'argent
natif qui se trouve toujours en plus ou moins
grande quantité dans les minerais, et des combinaisons de ce métal avec le chlore et le brôme;
quant à l'argent que l'on extrait des galènes, il n'entre que pour une faible proportion dans le produit des mines du Mexique.

L'ensemble des filons présente deux zones bien
tranchées : dans la partie la plus voisine du jour,
jusqu'au point de profondeur où a pu parvenir
l'influence décomposante des agents extérieurs, on
observe que les substances métalliques sont à l'é-
tat d'oxydes ou combinées avec l'acide carbonique,
le chlore, le brome, etc.; tandis que le soufre, à
l'état d'acide sulfurique, semble avoir abandonné
les métaux pour former des sulfates avec les bases
terreuses accompagnées aussi de quelques sulfates
métalliques. Cette zone, qui renferme presque
toujours beaucoup d'oxyde de fer, a pris de sa
couleur le nom sous lequel les mineurs mexicains
distinguent ces espèces de minerais qu'ils appellent
rouges ou *colorados*, et qui sont en général d'un
traitement plus facile.

Au point où cesse l'influence des agents extérieurs, les minerais conservent la combinaison pri-

mitive des bases métalliques avec le soufre ; là, on rencontre, sans aucune trace de décomposition, les pyrites, la galène, la blende ainsi que les sulfures d'argent qui parfois sont réduits à l'état métallique, surtout en filaments, en présentant souvent ce phénomène dans des amas considérables, dont la base, conservant tous les caractères des sulfures complexes, de l'argent rouge par exemple, montre, dans le haut, des fils de métal parfaitement purs, comme ceux que l'on obtient en soumettant l'argent rouge à la flamme d'un chalumeau. Ces minerais, qui, lorsque la blende et la galène dominent, ont une couleur foncée, sont appelés par les mineurs mexicains, minerais noirs ou *negros* : ce sont ceux qui fournissent les 7/8 de l'argent produit par les mines du Mexique.

---

§ II. TRAVAUX D'EXPLOITATION.

Voici à peu près quelles sont les différentes phases d'une mine d'argent au Mexique. Le hasard fait découvrir à un pâtre ou à quelque ouvrier mineur, près de ces *crestones* qui s'élèvent au-dessus du sol, du quartz renfermant des parties métalliques ; on creuse un peu pour avoir du minerai moins attaqué par les agents atmosphériques ;

on soumet quelques pierres à l'action d'un feu violent, et si on découvre alors quelques points d'argent, la mine est aussitôt *dénoncée* pour en avoir la concession. Dans les soixante jours qui suivent cette dénonciation, la loi exige que l'on creuse dans le filon un puits d'au moins 10 varas (8^m,48) de profondeur. Après soixante jours, si cette mine est reconnue nouvelle, ou avoir cessé d'appartenir à un dénonciateur antérieur, on donne possession d'une concession d'un carré de 200 varas (169^m,60) de côté. Le concessionnaire cherche alors des associés pour suivre les travaux que le manque de fonds ne lui permet pas de continuer. On divise la valeur de la mine en vingt-quatre actions qu'on appelle *barras;* et on en cède au moins une moitié aux bailleurs de fonds, nommés *aviadores.* On cherche alors à extraire le minerai en suivant la veine, et ce n'est que lorsque l'on a atteint une profondeur qui rend l'extraction du minerai ou l'épuisement des eaux trop difficiles, qu'on se décide à creuser un puits perpendiculaire que l'on fait communiquer dans le bas avec la veine par une galerie (*cañon*), à angle droit avec la direction du filon.

Les travaux continuent alors, en plaçant des ouvriers à différentes hauteurs sur toute la ligne du filon, et, à mesure que leur profondeur augmente, on continue le creusement du puits; mais aussi, à mesure que ces travaux s'éloignent du puits et de la surface du sol, les eaux augmentent encore ; des galeries, et souvent un nouveau puits, deviennent nécessaires ; alors, si, comme c'est presque toujours le cas, les exploitants ont dépensé, en dehors de l'opération, la plus grande partie des produits de la mine, à moins qu'elle ne soit fort abondante en minerai riche, on est forcé de s'arrêter faute d'argent pour ces ouvrages qui, faits en dehors du filon, sont appelés travaux morts (*obras muertas*), et que le manque d'air et l'abondance des eaux rendent nécessaires. Celles-ci continuant à monter, l'extraction, réduite à quelques points laissés à sec, languit et finit par devenir ruineuse ; on cherche encore de nouveaux associés : si la mine présente des probabilités de richesses à une plus grande profondeur, on en trouve qui, moyennant une partie des *barras*, le plus souvent la moitié, avancent des capitaux dont le remboursement est assigné sur les premiers produits disponibles ; les répartitions de bénéfice entre les anciens et nouveaux actionnaires ne commençant qu'après ce remboursement.

Après l'épuisement des eaux, le percement des galeries et des puits, si le gîte est vraiment riche en argent, commence la belle époque de la mine. Arrivés à la profondeur à laquelle généralement l'argent est le plus abondant, quoique n'étant pas encore à celle où la masse des eaux et les frais de transport au jour sont trop considérables, les travaux deviennent très-productifs ; c'est ce qu'en langage de mineurs, on appelle *la bonanza.*

Cette époque est celle que désirent avec ardeur non-seulement les propriétaires des mines et les ouvriers mineurs, mais encore toute la population environnante ; car, dans ce cas, on est peu difficile sur le prix des journées et des denrées de toute espèce que nécessite une grande exploitation ; en outre, l'argent gagné avec facilité est dépensé de même, et tout l'entourage du gîte métallifère se ressent de cet état prospère. C'est alors qu'on construit les ateliers pour le travail du minerai (*haciendas de beneficio*), souvent sur des échelles et avec une solidité durable, plus coûteuse que calculée sur l'éventualité des filons argentifères. Alors on exécute ordinairement des ouvrages souterrains, soit pour faciliter le service intérieur, soit pour rendre plus directe et plus commode là sortie du minerai et des eaux jusqu'au jour. Quand les mines en *bonanza* se trouvent dans une seule main, comme cela s'est vu jadis chez les comtes de Valenciana et de Reglas et le marquis de Rayas, ces travaux joignent un caractère monumental à l'utilité dont ils sont plus tard, dans des temps moins prospères, où, sans leur secours, l'extraction de minerais moins riches ne pourrait s'effectuer par les anciennes communications. Mais, dans le plus grand nombre de cas, et surtout aujourd'hui, divisées en petites fractions, les vingt-quatre *barras*, qui forment les actions d'une mine, présentent une foule d'idées et d'intérêts qui se croisent, et semblent ne s'accorder que pour sortir de l'entreprise le plus de capitaux possible, sans s'inquiéter d'un avenir même de quelques mois. De cette manière de voir il résulte qu'on ne trouve aucune marche régulière dans les travaux, l'extraction la plus prompte du minerai le plus riche se faisant sur plusieurs points et dans les parties riches, en laissant derrière soi des masses de minerai plus pauvre, sur lequel on revient quand cesse la *bonanza*. Ce qu'il est difficile de concevoir, c'est comment on peut, au milieu d'extractions aussi productives, ne pas consacrer une faible partie de ces produits à des travaux de recherches, qu'on ne songe ordinairement à entreprendre que lorsque les recettes, devenues inférieures aux dépenses, ne peuvent subvenir à des débours d'un résultat douteux.

La zone de grande richesse une fois traversée, si l'augmentation de profondeur rend le prix d'extraction trop considérable, la *bonanza* finit; on se rejette sur le minerai moins riche laissé dans les parties hautes de la mine, et une des plus grandes dépenses étant l'épuisement des eaux (*desague*), on leur abandonne les parties basses qu'elles ne tardent pas à envahir. Pendant quelque temps les réserves de minerai de richesse moyenne suffisent aux débours, en suivant l'exploitation pour compte de la mine; mais il arrive un point où le travail à journées, ou à prix fixe pour un poids de minerai, n'est plus fructueux ; alors, pour ne plus courir la chance d'un produit incertain avec des débours assurés, on intéresse les ouvriers en leur donnant pour salaire le sixième, le quart, le tiers, et jusqu'à la moitié du minerai qu'ils peuvent extraire. L'entreprise leur livre le fer, la lumière et la poudre, en se chargeant de l'épuisement des eaux et de monter le minerai par les puits. Ce travail s'appelle *partido* ; les ouvriers que, dans ce cas, l'on nomme *buscones*, le préfèrent au travail à journées ou à tâche. Travaillant à leur volonté, et obtenant quelquefois un bénéfice exorbitant dans une seule semaine, après un mois pendant lequel ils ont à peine gagné de quoi vivre, ils trouvent de l'attrait à ne s'imposer des fatigues qu'à leur volonté et à devoir en grande partie leur salaire au hasard.

Peu à peu les ressources s'épuisent, et l'on finit par ne plus laisser que les ouvriers nécessaires, pour ne pas perdre, d'après les lois, le droit de propriété de la mine. On s'occupe alors de chercher de nouveaux *aviadores*, en cédant encore une partie des *barras*, pour, avec de nouveaux fonds, épuiser les eaux et pouvoir continuer les travaux dans le bas ou percer des galeries de recherche sur des points qui promettaient, mais qu'on a négligé d'examiner dans le temps où la mine était à sec.

La guerre de l'Indépendance ayant forcé à suspendre les travaux dans presque toutes les grandes exploitations, les eaux s'étaient emparées de toutes les mines à grande renommée; et c'est dans l'état que nous venons d'indiquer qu'elles ont été prises par les diverses compagnies anglaises et allemandes qui s'établirent au Mexique après la chute de la domination espagnole et préférèrent aux gîtes nouveaux et peu connus les anciennes exploitations. Des dépenses énormes furent entreprises pour l'épuisement et la mise en état de mines très-profondes, dont la plupart ont été complétement ingrates ; quelques autres ont couvert une partie des débours, tandis que le nombre de celles qui ont fourni de nouvelles *bonanzas* a été fort restreint; et quoique ces sociétés anonymes n'aient pas réuni toutes les conditions voulues pour assurer le succès, on peut cependant, de ces tentatives colossales sur divers points, tirer la conséquence qu'au Mexique une mine de 4 à 700 varas (de 339^m,20 à 593^m,60) de profondeur, déjà abandonnée, offre peu de chance de succès à celui qui veut en continuer l'exploitation.

Pratiqués dans des roches fort dures, les travaux souterrains des mines du Mexique exigent peu d'être étayés. On emploie rarement le bois, et, dans les exploitations de Guanaxuato, on se sert, presque partout où la roche a besoin d'être soutenue, de murs en pierre sèche d'une solidité éternelle. Les grands puits ont, jusqu'à une certaine profondeur, un muraillement en maçonnerie; mais, en général, les parois sont soutenues par un boisage jusqu'à ce que la roche dure remplace les couches voisines du jour qui seules sont ébouleuses.

C'est à dos d'homme que le minerai est transporté au puits d'extraction. En visitant les mines de Guanaxuato, où la chaleur est extrême, et arrive à 36° centig., on a peine à comprendre comment les ouvriers peuvent porter un poids de trois cents et même quatre cents livres, souvent d'un seul bloc, et parcourir sur des pentes fort roides des distances bien longues, et offrant des différences de niveau de 100 à 150 mètres entre le lieu où le minerai a été abattu et le puits d'extraction. Ensuite, le minerai et les eaux sont élevés au jour par des chevaux qui font tourner des tambours, sur lesquels s'enroulent et se déroulent les cordes auxquelles la charge est suspendue, le minerai dans des sacs de toile d'agave, et l'eau dans des outres de cuir de bœuf. Ces machines, appelées *malacates*, sont mues par deux, quatre, et jusqu'à neuf chevaux à la fois, suivant le volume des outres et des sacs. Les chevaux sont presque continuellement au gal , au moins ceux qui ont le plus grand cercle à décrire, et la vitesse de leurs allures les fait préférer aux mules pour cet emploi.

Ce travail du puits est une des plus fortes dépenses des mines, surtout quand les eaux sont abondantes. Avant de remplacer les chevaux par des machines à vapeur, les *malacates* occupaient, à la mine du Fresnillo, plus de deux mille chevaux. Par le moyen des machines, la dépense hebdomadaire a été réduite de quatorze mille piastres, à environ trois mille. Quoique le bois coûte de vingt-cinq à trente-sept centièmes de piastre le quintal espagnol (46^k), et l'entretien journalier d'une mule ou d'un cheval environ dix-huit centièmes de piastre, la différence entre ces deux moyens est de quatre cinquièmes en faveur de la vapeur. Malheureusement, le combustible manque complétement dans beaucoup de points, et l'emploi des machines à vapeur exigeant des employés étrangers pour la direction comme pour la réparation, ces frais, qui sont énormes au Mexique, font disparaître les avantages pour des machines au-dessous de cent chevaux de force. C'est ce qui a été constaté pour l'emploi à Guanaxuato d'une machine de trente à quarante chevaux, placée à la mine de Valenciana.

Les galeries pour l'écoulement des eaux sont peu usitées. D'après ce qui a été dit de l'esprit qui préside aux travaux, on con.it que ce genre d'ouvrage est en général fort peu dans les idées de la plupart des exploitants. Ensuite, sur beaucoup de points, la conformation du terrain s'y oppose; mais, sur d'autres où elle est favorable, ces galeries, appelées *socabones*, n'ont point été négligées: à Tasco, presque chaque mine en est pourvue; à Catorce, il y en a plusieurs, dont deux surtout sont fort remarquables par leurs dimensions, et forment, avec les deux grands puits de Guanaxuato, les plus beaux monuments de l'industrie minière au Mexique.

Si les travaux de recherche sont peu fréquents dans l'intérieur des mines, ceux partant de l'extérieur pour couper à l'avance un filon exploité à un niveau plus élevé sont encore plus rares. On ne cite qu'une entreprise de ce genre tentée pour couper à 160 varas (135^m,68) de profondeur un filon fort large à une distance horizontale de 400 varas (339^m,20). On a, en effet, coupé la veine, mais elle était stérile, et les débours, qui s'élevèrent à trente-six mille piastres, furent sans aucun résultat.

Un projet gigantesque avait été conçu, il y a huit ans, par D. J. Garcia, gouverneur de l'État de Zacatecas, qui appliquait une partie des revenus publics au travail des mines. Il pensait forer la totalité du soulèvement de Zacatecas par une galerie de recherche percée au niveau des plaines environnantes, dans une direction telle, qu'elle aurait coupé à plus de 400 mètres de profondeur les principaux filons qui passent entre le nord et l'ouest. Des changements survenus dans la situation politique de l'État de Zacatecas ont empêché la réalisation de ce projet, dont le résultat pouvait être immense, et dont l'exécution, plutôt longue que coûteuse, ne semblait pas exiger une dépense excessive.

Généralement, au sortir du puits, on brise le minerai au marteau pour en détacher les parties chargées de gangue, qu'on rejette au dehors des murs d'enceinte, où elles sont choisies de nouveau, mais pour le compte des ouvriers indigents, qui y trouvent encore un moyen de subsistance. Ces fragments abandonnés forment des montagnes artificielles auprès de toutes les mines; leur richesse en argent varie de 0,0002 jusqu'à 0,0006, et représente des sommes considérables, dont l'extraction future est très-problématique, puisque les frais de mouture, même imparfaite, représentent à eux seuls cette première quantité d'argent.

Les ouvriers descendent dans la mine par des poutres de 7 varas ($5^m,93$) de longueur, dans un des côtés desquelles on a pratiqué, de distance en distance, une entaille de 6 à 8 centimètres de profondeur, qui suffit à peine pour placer une partie du pied. Ces poutres, placées en zigzag, et appuyées sur les parois des travaux d'exploitation ou des puits d'extraction, sont cause d'accidents, dont les mineurs, malgré leur extraordinaire agilité, ne sont pas exempts. La grande habitude qu'ils ont de s'exposer à tous les dangers de leur profession leur est souvent fatale, en leur faisant négliger toute précaution. Comme les compagnies principales rétribuent un médecin pour secourir les ouvriers blessés, on sait par leurs notes combien sont grandes les chances de mort violente pour les mineurs, sans parler de l'influence pernicieuse que ne peut manquer d'exercer sur la durée commune de leur vie un travail excessif, dans une atmosphère rarement renouvelée, et à une température toute différente de celle de l'air extérieur.

Les accidents causés par les eaux ou les éboulements sont, au reste, fort rares; les chutes, les contusions et surtout les explosions de poudre, sont les cas les plus fréquents; on est surpris que ces derniers ne le soient pas encore davantage, quand on sait que pour bourrer la poudre dans le quartz, les ouvriers se servent de préférence de leur outil de fer.

Le dégagement du gaz carbonique est fort rare, et ce n'est que dans les mines de Tasco qu'on le rencontre souvent, mais seulement dans les travaux abandonnés. Pour y pénétrer, on jette à l'avance dans les puits de la chaux fraîchement cuite et pulvérisée; ensuite, on y allume du feu. L'infiltration des sulfates métalliques sur le calcaire, qui est une des roches de Tasco, rend très-explicable la présence du gaz carbonique; il est même surprenant qu'il ne se rencontre pas abondamment dans les mines de Catorce, qui sont aussi dans le calcaire. Mais comme, dans les filons qu'on y exploite, tout le minerai est à l'état de *colorado*, et que les bases des sulfures s'y trouvent déjà converties en oxydes ou carbonates, tandis que leur soufre, à l'état d'acide sulfurique, doit déjà être uni à des terres, l'infiltration des eaux ne peut pas avoir le même effet qu'à Tasco, dont les exploitations se trouvent dans du minerai chargé de sulfures non décomposés, et qui s'altèrent journellement.

On trouvera à la description de chacun des principaux districts les détails sur la direction des filons, et sur les différentes espèces d'argent qui leur sont propres.

Ici se terminent les détails principaux que j'ai cru devoir fournir sur les *travaux d'extraction ;* mais il m'a semblé utile d'y joindre un abrégé des lois qui régissent les mines (*Ordenanzas de mineria*).

§ III. ABRÉGÉ SUR LES ORDENANZAS DE MINERIA.

Les lois qui régissaient les mines en Espagne furent celles qu'on établit au Mexique; mais la réunion de tous les documents qui s'y rapportaient n'avait point été faite, et leur nombre ainsi que leur ancienneté rendant leur interprétation souvent embarrassante, Gamboa fit paraître, en 1761, des *Commentaires* qui renferment, outre de nombreux éclaircissements sur les lois de l'exploitation des mines, une foule de renseignements curieux sur les divers modes d'exploitation au Mexique.

En 1743, un mineur, nommé Reborato, eut l'idée d'établir une compagnie pour fournir des fonds aux exploitants à des conditions moins onéreuses que celles généralement fixées par les négociants de la capitale, qui, ne spécifiant aucun intérêt sur leurs avances, trouvaient un large bénéfice, en fixant qu'elles seraient remboursées en argent évalué entre six ou sept piastres le marc (le prix de la monnaie étant neuf piastres), suivant que, en raison des distances, la durée de leurs débours s'augmentait. Ce projet fut soumis au roi, et paraît avoir fourni plus tard l'idée de l'établissement d'un tribunal spécial pour les mines, destiné en même temps à aider les mineurs avec les fonds provenant d'un impôt d'un réal par marc sur tout l'argent produit au Mexique, et qui fut affecté à cet établissement. A la même occasion, on jugea nécessaire de refondre tous les décrets précédents, et, sous la date du 22 mai 1783, le roi décréta les *Reales ordenanzas para la direccion regimen y gobierno del importante cuerpo de la mineria de nueva España y de su real tribunal general.*

Dans chaque district de mines, il fut établi un tribunal spécial pour les mines, semblable aux consulats de commerce, jugeant sans appel jusqu'à une valeur de quatre cents piastres, et avec appel, au-dessus de cette somme, devant un tribunal supérieur établi à Mexico et Guadalaxara, sous le nom de tribunal de *alzadas.*

Ces tribunaux de district, dont les membres étaient nommés par les habitants, étaient subordonnés au *tribunal general de mineria,* siégeant à Mexico, et dont les membres étaient choisis par les principaux districts; le nombre de voix accordées à chacun d'eux indique leur importance respective à cette époque.

Guanaxuato en avait six; Zacutecas, quatre; S. Luis, trois; Pachuca et Real del Monte, deux; tout district de mines ayant titre de ville (*ciudad*), trois, et ceux de bourg (*villa*), deux.

Cette juridiction avait des facultés fort étendues, non-seulement pour la décision des procès, mais encore pour l'administration et les travaux des mines; elle intervenait dans les routes, la direction des eaux et la conservation des forêts, et c'est aussi sous son inspection que se trouvait l'école des mines (*real seminario de mineria*).

Lors de l'Indépendance, les consulats de commerce et les tribunaux des mines ont été supprimés. On vient de rétablir les premiers, et on s'occupe de reconstituer les seconds.

Les *ordenanzas* ou lois sur les mines ont continué à être en vigueur, quoique dans le ressort des tribunaux ordinaires. Elles ont été rédigées avec beaucoup de discernement et semblent peu susceptibles d'améliorations; cependant il faut observer qu'on n'a point abrogé l'article qui accorde la possession des mines aux nationaux, en excluant de la possession entière les étrangers non naturalisés, qui peuvent cependant y avoir un intérêt partiel.

Toute mine nouvelle appartient à celui qui la dénonce, pourvu que, dans les soixante jours suivants, il ait pratiqué dans le filon un puits d'au moins 10 varas ($8^m,48$) de profondeur.

Les concessions sont un carré de 200 varas ($169^m,60$) de côté, dans lequel le filon se rapproche plus ou moins des limites à sa surface, suivant ses diverses inclinaisons.

Les mines abandonnées ou considérées comme telles, par suite de la suspension des travaux pen-

dant quatre mois consécutifs, peuvent également
ètre dénoncées.

Les ateliers métallurgiques (*haciendas de benefi-cio*) peuvent aussi être considérés comme abandonnés, et devenir la propriété de celui qui les
dénonce, quand on n'y travaille plus, que les toi-
tures sont tombées, et lorsque les machines en ont
été retirées; mais le propriétaire a un délai de
quatre mois pour conserver sa propriété, s'il préfère la remettre en activité. Dans le but d'éviter les
procès, on a établi un grand nombre de mesures
fort sages, dans lesquelles on doit remarquer celles
prises pour régler les frais d'épuisement de mines
voisines, pour le partage du minerai extrait sur
une concession étrangère, au moyen de travaux
souterrains qui n'existent pas encore à une même
profondeur chez le propriétaire, etc.

Des précautions utiles sont aussi imposées pour
le mode d'exploitation et la sûreté des ouvriers;
mais il est pénible de dire que généralement cette
partie intéressante des *ordenanzas* n'est pas res-
pectée, pour ce qui concerne la bonne direction et
la durée des travaux, avec toute l'exactitude que
réclame l'intérêt général, quoique la contravention
entraîne la perte de possession.

Ces mêmes *ordenanzas* accordaient aux mineurs
certaines prérogatives particulières, dont quelques-
unes, comme la noblesse, ont cessé d'exister, tandis

que d'autres, relatives aux droits des créanciers, subsistent toujours. Un mineur ou propriétaire d'ateliers métallurgiques ne peut être exproprié par ses créanciers, qui peuvent seulement s'emparer des travaux et les suivre pour leur compte, en se payant sur les produits jusqu'à concurrence de leur créance, mais en fournissant au débiteur une somme suffisante pour couvrir ses dépenses indispensables et celles de sa famille. Sous le gouvernement espagnol, qui mettait les militaires et les ecclésiastiques sous une juridiction particulière (*fueros*), ces prérogatives sont peu surprenantes; mais il est douteux que la classe qu'elles étaient destinées à protéger en ait retiré de grands avantages; elles ont eu, dans tous les cas, l'inconvénient d'obliger le mineur à se procurer les capitaux qui lui étaient nécessaires, à des conditions d'autant plus dures que le remboursement était exposé à plus d'entraves.

CHAPITRE II.

DES DIVERS TRAITEMENTS MÉTALLURGIQUES.

Dans le premier chapitre, j'ai indiqué combien étaient peu certains les renseignements recueillis sur les connaissances des Aztèques dans l'art des mines; quoiqu'on ne puisse leur contester d'assez grandes notions sur la fusion des métaux, on ne sait guère aujourd'hui quels moyens ils employaient pour les séparer de leurs gangues et les allier entre eux. Cependant leur habileté pour le travail de l'or et de l'argent est souvent citée par les historiens de la conquête, qui vantent leurs ouvrages en ce genre comme très-curieux. Cette supériorité des orfévres ou *plateros* de Mexico semble avoir été remarquable plutôt comparativement à ce que pouvaient produire ces mêmes arts en Europe avant la renaissance, qu'en la comparant à ce qui s'est exécuté plus tard; à en juger par les ornements d'argent prodigués dans les églises du Mexique, on serait porté à croire que la richesse de la matière a eu quelque influence sur l'appréciation du travail dans les louanges données par les Espagnols aux artistes mexicains. Quant aux moyens qu'ils pouvaient employer pour fondre le minerai, il paraît incontestable qu'ils étaient inférieurs aux procédés européens, puisque les fourneaux dont on se sert encore aujourd'hui, et qui portent le nom de *castillans*, ont été les seuls usités après la conquête pour toutes les opérations métallurgiques un peu considérables.

Le traitement par la fonte est donc le premier qui ait été appliqué aux minerais d'argent. Les moyens qu'on employait alors semblent être à peu près les mêmes que ceux usités à présent au Mexique. La fusion du minerai s'opérait avec le charbon et la réduction de l'argent s'effectuait, à force de plomb et de litharge, dans des fourneaux dont le vent était fourni par des soufflets de petite dimension, mus par les jambes plus souvent que par les bras des hommes. Le plomb argentifère, soumis à la coupellation, se perdait en grande partie par évaporation dans cette séparation de l'argent.

Une foule d'obstacles doivent avoir rendu la fonte des minerais d'argent assez coûteuse et longue à établir sur des points devenus déserts après la conquête. On doit compter au premier rang le manque de combustible, qui, quoi qu'on ait pu dire, semble n'avoir jamais été très-abondant à l'entour de plusieurs gîtes métallifères. Il faut y joindre le manque de chutes d'eau, la nécessité de quelques appareils, quoique fort simples, pour donner le vent, et, enfin, l'obligation, pour exécuter ce traitement, très-défectueux en raison de la perte du plomb, de commencer par se procurer en quantité considérable ce métal qui, excepté à Zimapan et Mazapil, ne se trouve pas en grandes masses près des filons riches en argent, dans la composition desquels on le trouve cependant presque toujours. D'après ces considérations, la découverte de l'amalgamation dut sans doute changer entièrement l'avenir des mines du Mexique; et, sans cette méthode, il est bien probable que la proportion de l'argent, comparée aux autres métaux, serait toute différente de ce qu'elle est aujourd'hui.

Les archives de la petite ville de Pachuca ayant été pillées deux fois, on ne peut trouver aucun détail sur les lieux mêmes où s'est faite la découverte. Les documents les plus anciens qui en fassent mention sont un rapport adressé au vice-roi de Mexico, par Barrio de Montalvo, imprimé à Mexico en 1643, et un mémoire de Dias de la Calle, à Philippe IV, imprimé à Madrid en 1646. On y attribue la découverte de cet art nouveau à Bartolomé Medina, mineur de Pachuca, sous la date de 1557, mais sans donner aucun indice de la route qu'il suivit pour obtenir ce résultat.

En 1562, il y avait déjà trente-cinq ateliers d'amalgamation en activité à Zacatecas, quoique cette ville soit à environ cent cinquante lieues de Pachuca, distance qui peut être appelée très-considérable pour cette époque, et qui est la preuve de l'influence rapide qu'a dû exercer l'emploi du mercure sur la production de l'argent.

Le procédé de Medina, connu sous le nom de *beneficio de patio*, paraît avoir été importé au Pérou par Fernandez de Velasquez, en 1570, époque du commencement de l'exploitation espagnole du mercure, au *cerro* de Santa Barbara, à Huencavelica.

En 1590, Alvaro Alonzo Barba découvrit, au Potosi, le *beneficio de cazo*, ou amalgamation à chaud dans des vases de cuivre. Son procédé, publié en 1639, est le premier livre qui traite de l'amalgamation. On y voit que c'est en cherchant à solidifier le mercure par l'addition de quelques minerais d'argent broyé, sans autre but que celui de diviser les substances soumises à l'expérience, ce mélange lui fournit du mercure solide qu'il reconnut bientôt ne devoir cet état qu'à son union à l'argent.

Il paraît que, pour la première fois, en 1676, Juan de Corrosegara employa au Mexique, dans le traitement au mercure, de l'amalgame déjà formé, ce qui avait été trouvé un avantage au Pérou.

Plus tard, la fonte fut en grande partie remplacée par le *patio* et le *cazo*. Ce sont les trois méthodes employées généralement au Mexique pour extraire l'argent de ses gangues. L'amalgamation en tonnes, introduite en Hongrie, par le baron de Born, en 1786, et apportée en Saxe par Charpentier et Gellert, n'a, jusqu'à présent, été que peu usitée et seulement pour les minerais de Oaxaca et Bolaños, qui paraissent se rapprocher, par leur composition, de ceux de Freyberg.

Je me bornerai donc à décrire les trois premières espèces de traitement; mais auparavant il m'a paru nécessaire d'indiquer les préparations purement mécaniques auxquelles on soumet les minerais de nature diverse, suivant que la réduction doit s'opérer par la fonte ou avec le secours du mercure. J'ai placé ensuite le grillage, parce que, dans quelques cas, cette préparation est usitée préalablement au traitement proprement dit, qu'il soit par la voie sèche ou par la voie humide.

Avant de décrire le travail du traitement par la fonte, je dirai quels sont les appareils qu'on y emploie pour la fusion des minerais et la coupellation des *plombs d'œuvré*; les divers fondants exigeaient aussi quelques détails sur leur nature, sur leur coût, ainsi que sur les lieux de leur production.

Après la description du traitement par la fonte, j'ai indiqué sommairement son coût dans les principaux districts où on le pratique; mais le prix plus ou moins élevé du combustible, l'existence ou le manque de moteurs hydrauliques font varier de telle manière ces débours, qu'il m'a paru impossible de former, avec ces prix divers, une commune générale du coût du traitement par voie sèche au Mexique.

Le rôle important qu'ont joué jusqu'à présent, que semblent destinés à jouer encore, pour la production de l'argent, les traitements dans lesquels on emploie le mercure, m'a engagé à ne rien négliger pour bien faire connaître ces traitements, tels qu'on les pratique au Mexique. Je me suis attaché plus particulièrement à l'amalgamation à froid, que j'ai décrite la première, après avoir donné quelques notions sur les ingrédients qu'elle emploie, et qui sont les mêmes que ceux de l'amalgamation à chaud.

Le sel étant jusqu'à présent un agent indispensable pour les traitements des minerais d'argent par voie humide, il était donc intéressant de donner l'analyse du sel terreux et quelques détails géologiques sur la lagune salée du *Peñon blanco*, dont la situation sur le plateau de la Cordillère, au centre des anciens grands gîtes argentifères, doit, selon toute apparence, exercer prochainement une influence considérable sur la métallurgie mexicaine.

Le *magistral*, qui n'est autre que la pyrite cuivreuse changée par le grillage en peroxyde de fer et sulfate de cuivre, contribue d'une manière trop indispensable au procédé de l'amalgamation à froid, pour s'abstenir d'en faire connaître l'analyse et d'indiquer le principal gîte de cuivre pyriteux, celui de Tepezala, dont la situation est presque aussi centrale que celle du lac du *Peñon blanco*.

Le prix de l'agent principal, le mercure, a exercé, et exerce malheureusement encore, une influence trop directe sur l'amalgamation, pour que je n'aie pas cherché à présenter le plus grand nombre possible de documents propres à éclairer sur l'intensité de cette influence.

Dans l'amalgamation à froid, les appareils indépendants de la trituration du minerai sont si simples, que la description en sera plus convenablement donnée en suivant la marche de l'opération, qui n'est pas pratiquée d'une seule et unique manière dans tous les districts. Ces modifications sont, au reste, peu importantes et ne s'écartent guère de la méthode de Guanaxuato, qui doit être préférée aux autres, si l'on ne considère que les résultats. C'est celle que j'ai suivie dans ce chapitre, me réservant, dans la description détaillée des divers districts, d'indiquer quels sont les usages particuliers à chacun d'eux.

5.

En tête de la description du travail de l'amalgamation à froid, on trouvera un court exposé historique ; mais j'ai dû revenir sur ce sujet avec plus de détails en traitant de l'examen théorique du procédé, afin de classer par dates les explications que la chimie a fournies successivement sur les principaux phénomènes que l'on remarque dans ce traitement. Quelques observations qui me sont propres, et qui sont relatives au pouvoir dissolvant de l'eau salée et à la manière progressive dont s'opère la chloruration des sulfures d'argent et la réduction du chlorure de ce métal par le mercure, ont trouvé place dans cet examen théorique, terminé par l'exposé des documents relatifs à l'amalgamation telle qu'on la pratiquait à Tasco, en 1570.

L'amalgamation à chaud n'ayant été employée jusqu'à présent avec avantage que pour les minerais où l'argent se trouve naturellement, uni au chlore ou au brôme, peut-être à l'iode, ou à l'état natif, ce procédé est moins important à décrire en détail. Après avoir fait un résumé de cette opération, j'ai placé quelques réflexions sur la théorie de ce procédé, tel qu'on le pratique aujourd'hui au Mexique.

§ 1. DES PRÉPARATIONS MÉCANIQUES ANTÉRIEURES AUX TRAITEMENTS.

TRANSPORT DU MINERAI. — Le transport du minerai de l'orifice des puits aux ateliers métallurgiques qui, en général, en sont éloignés souvent de plusieurs lieues, se fait avec des bêtes de somme; le chemin de voiture, construit par la compagnie de Real del Monte, sur une longueur de quatre lieues, entre les mines et la *hacienda de Reglas*, étant le seul exemple de ce genre.

CHOIX DU MINERAI. — Si le minerai est destiné à être travaillé pour compte des exploitants, on le choisit sur les lieux mêmes pour rejeter les parties trop pauvres en le brisant au marteau à main; mais, s'il doit être vendu, cette opération, que l'on nomme *pepenar*, et qui est exécutée par des femmes, se fait à la *hacienda de beneficio*. Dans quelques districts, où le minerai est mêlé de parties assez riches pour être traitées avantageusement par la fonte, on les sépare en même temps de celles destinées à l'amalgamation.

BOCARDAGE. — Souvent le minerai qui doit être fondu est seulement concassé à la main en fragments de la grosseur d'une noix; celui destiné à l'amalgamation est toujours, dans les ateliers un peu importants, soumis à l'action des bocards appelés *molinos* (pl. 2, fig. 1). Ces machines, composées de huit pilons de bois, garnis à leur extrémité inférieure de cubes de fer forgé (*almadanetas*), sont mises en mouvement par un arbre à cames, qui est mû quelquefois par une roue hydraulique, mais le plus ordinairement par un manége.

Dans les districts de Tasco, Zacualpan, Sultepec, où l'on a des moteurs hydrauliques, on pousse la pulvérisation assez loin par les bocards pour pouvoir amalgamer; et, avec une chute d'eau convenable, un moulin prépare en vingt-quatre heures 8000 livres (3680^k) de minerai, qui, par des treillis métalliques placés au-dessous des bocards, se trouve séparé par grosseur, et remis sous les pilons jusqu'à ce qu'il traverse la dernière toile.

Dans la plupart des *haciendas*, le seul moteur étant un manége, on ne pousse pas l'opération aussi loin, et le minerai, réduit à la grosseur d'un gros gravier, ne traverse qu'un cuir percé de trous circulaires du diamètre désiré. Les mules attelées vont fort vite, et le service de chaque *molino* en demande dix-huit qui travaillent successivement par trois à la fois. On bocarde environ 11000 livres (5060^k) par vingt-quatre heures, et les *almadanetas* sont hors de service au bout de six mois.

PORPHYRISATION. — La porphyrisation du minerai, réduit sous les bocards en gros sable, est achevée dans les appareils qu'on nomme *arrastras* ou *tahonas* (pl. 2, fig. 3). Ce sont de grandes auges circulaires ayant, à Guanaxuato, de 3^m à $3^m,30$ de diamètre et dont les rebords ont $0^m,25$ au-dessus de la surface du fond formé de cubes allongés de porphyre de $0^m,60$ de hauteur, et de $0^m,20$ dans les deux autres dimensions. A Zacatecas, on utilise pour le fond, quand elles sont un peu usées, les pierres appelées *voladoras* (pl. 2, fig. 3, partie n° 4); elles sont au nombre de quatre; leur poids est au moins de 250 livres (115^k); leur longueur d'un peu plus d'un mètre, et leur largeur et épaisseur de $0^m,30$ à $0^m,35$.

Les bords du cercle sont garnis de terre glaise et de planches pour retenir le minerai, et, dans le centre du cercle, se trouve un dé sur lequel est placé le pivot en fer d'un arbre vertical en bois, ayant deux traverses en croix, auxquelles on attache les pierres *voladoras*; l'une de ces traverses dépasse assez les bords de l'auge pour y atteler de front deux mules qui exécutent une révolution en vingt-cinq ou trente secondes.

Pour polir les pierres du fond et les meules, on fait marcher l'appareil à vide pendant plusieurs jours. La charge de minerai porphyrisé en vingt-quatre heures varie suivant le degré de finesse et la dureté du minerai; à Guanaxuato, où l'on obtient des farines absolument impalpables, quoique la presque totalité de la matière à broyer soit du quartz très-dur, on passe seulement 600 livres (276ᵏ) par vingt-quatre heures dans chaque *arrastra.*

Au Fresnillo, où le minerai est plus mélangé de sulfures métalliques, et où l'on se contente de farines assez grossières, on passe 1000 livres en vingt-quatre heures (460ᵏ).

A Zacatecas, cette même quantité se passe en seize heures de travail, et le grain est encore moins fin.

Plusieurs propriétaires de *haciendas* de ce district prétendent que, pour leur minerai, une mouture aussi parfaite que celle de Guanaxuato ne donne pas un surplus de rendement d'argent en rapport avec l'augmentation de dépense ; mais cette assertion paraît peu fondée.

A Catorce, où la gangue est de la chaux carbonatée, on obtient en seize heures la mouture de 1000 livres (460ᵏ) à un degré de finesse médiocre, qu'il serait peu convenable de dépasser pour le genre de préparation auquel ces minerais sont destinés.

Le service des *arrastras* ou *tahonas* est fait par quatre mules, dont deux travaillent ensemble huit heures de suite. Un seul homme soigne de quatre à six de ces appareils ; et ce travail régulier convient si bien aux mules, qu'on en voit souvent qui ont vingt à vingt-cinq ans de service, sans autre infirmité que d'avoir perdu la vue, conséquence du travail les yeux bandés.

La poussière assez grossière qui se dégage sous les bocards incommode beaucoup les ouvriers; mais celle des *arrastras*, beaucoup plus ténue, serait insupportable; aussi, pour éviter cet inconvénient, autant que pour aider à la porphyrisation, on ajoute périodiquement de l'eau dans la proportion d'une fois et demie le poids du minerai.

La boue porphyrisée est versée dans des bassins en maçonnerie, pour former des quantités de minerai destinées à être étendues sur une cour recouverte de dalles bien jointes (*patio*), où l'eau s'évapore jusqu'à ce que les boues aient pris la consistance la plus convenable pour l'amalgamation.

CONCENTRATION PAR LE LAVAGE. —Il n'a pas été question du lavage du minerai avant la trituration, parce qu'on ne le pratique jusqu'à présent au Mexique que sur le minerai déjà moulu par les *arrastras*. Sur beaucoup de points, le manque d'eau serait un obstacle; cependant, sur beaucoup d'autres, celle provenant de l'épuisement des mines serait suffisante pour cette opération; on a fait quelques essais à la mine de S. Clemente, à Zacatecas, pour concentrer des terres mêlées de fragments de minerai, par le lavage dans une caisse traversée par un courant d'eau, et dans laquelle, au moyen d'un râble, on rejette vers la partie supérieure du fond, légèrement incliné, le minerai, dont le courant entraîne sans cesse les parties les moins lourdes vers le bas. On s'est servi aussi de caissons à fond en toile métallique, placés dans une cuve pleine d'eau. Après avoir versé le minerai dans le caisson qui est suspendu au bout d'un levier, on donne un mouvement de secousse, qui met en suspension le minerai et le sépare en couches de pesanteurs différentes ; les plus lourdes vers le bas. En enlevant les couches supérieures qu'on rejette, on concentre avec facilité les parties métalliques. Ces deux moyens, fort employés en Europe, le second surtout dans les mines de plomb et de cuivre, en Angleterre, semblent avoir offert de bons résultats, quoique pratiqués fort en petit ; et il paraît hors de doute que divers systèmes de lavage pourraient être d'une application aussi facile qu'avantageuse pour plusieurs minerais. Diverses causes doivent avoir empêché qu'on se soit beaucoup occupé de lavage ; on peut, en premier lieu, dire que la présence d'une grande masse de gangue n'est pas un bien grand inconvénient pour le *beneficio de patio*, qui ne demande pour principal récipient qu'une vaste cour et un lavoir dans lequel le minerai ne séjourne que peu de temps. En second lieu, les avantages du lavage, pour être bien démontrés, et la séparation des diverses teneurs pour être bien faite, demandent des essais docimastiques fréquents, exécutés avec précision, et qui, jusqu'à présent, sont une ressource très-rare au Mexique, où des districts fort importants, tels que celui de Catorce, n'ont pas même un essayeur. Il y a cependant une observation importante à faire sur la nature des minerais argentifères du Mexique : c'est que souvent l'argent ne se trouve pas exclusivement dans les sulfures ou oxydes métalliques qui l'accompagnent presque toujours; mais le plus souvent il est disséminé dans la masse et pétri dans la gangue en parties si fines, que non-seulement la séparation par lavage du minerai bocardé est impossible, mais que celle du minerai médiocrement porphyrisé donne des boues contenant une proportion fort importante de l'argent. Ce fait a été démontré bien clairement par diverses expériences que M. Berthier a faites sur une collection d'environ cent quintaux des principaux minerais du Mexique, que j'avais apportés en Europe pour constater leur composition et rechercher les changements utiles à introduire dans le traitement. Voici le résultat de ces expériences relatives au lavage :

Minerai de *Mellado* trituré à Guanaxuato.

	sable.	grosse boue.	boue légère.
Quartz et argile..............	0,660	0,702	0,678
Carbonate de chaux..........	0,340	0,240	0,242
Pyrite de fer, etc.............	0,059	0,057	0,080
	0,999	0,999	1,000
Argent à l'essai...............	0,0013	0,0013	0,0014

Minerai de Rayas (*Guanaxuato.*)

Schlich métallique pyriteux... gr. 0,0173 richesse. 0,0800 — Argent 0,00136
Boues.......................... 0,5230 — 0,0014 — 0,00073
Quartz..................... 0,4600 — 0,0010 — 0,00046
0,9993   0,00255

Minerai de *Veta Grande* (Zacatecas).

Schlich métallique............. gr. 0,038 richesse 0,0178 — 0,00067
Boues........................ 0,562 — 0,0016 — 0,00090
Quartz.................... 0,400 — 0,0007 — 0,00028
1,000   0,00185

Minerai de S. Clemente (*Zacatecas*).

Schlich pur très-pyriteux......... gr. 0,40 richesse 0,0060 — 0,0024
Boue peu quartzeuse............ 0,60 — 0,0037 — 0,0022
100   0,0046

Minerai du Fresnillo, 1/2 *colorado*, 1/2 *negro*.

Schlich pyriteux................ gr. 0,183 richesse 0,0046 — 0,00085
Boues...................... 0,432 — 0,0028 — 0,00121
Différence coutenue dans le quartz. 0,385 — — — 0,00024
1,000   0,00230

On voit donc que, dans les circonstances les plus favorables, les schlichs ne renferment qu'un peu plus de la moitié de l'argent, et que les boues qui représentent les parties les plus légères, en renferment beaucoup plus que le quartz.

D'après d'autres recherches sur la composition minéralogique de chacun de ces minerais, dont il sera parlé plus loin, M. Berthier s'est assuré que la plus grande partie de l'argent ne se trouve pas à l'état natif, mais bien à l'état de sulfure simple ou complexe; et la fragilité de ces sulfures étant assez grande, il pense que c'est la cause de la richesse des boues, surtout quand l'argent antimonié sulfuré rouge est en grande abondance dans le minerai, comme c'est le cas dans celui de *Veta Grande*.

Ayant cherché à séparer par lévigation la galène existant pour environ les deux cinquièmes du minerai *negro*, du filon de la *Cantera*, à Zacatecas, en rejetant le quartz et surtout la blende qui y abondent, le schlich de galène ne s'est pas trouvé plus riche que le schlamm.

On voit donc que la manière dont l'argent est disséminé dans toute la masse des minerais du Mexique, rend leur enrichissement par le lavage généralement impraticable, sans une perte importante de la richesse totale.

Mais cet inconvénient disparaît quand on se propose de diviser deux espèces d'argent, pour soumettre chaque espèce séparément au traitement qui lui convient le mieux. Ce moyen est employé avec grand avantage dans le district de Catorce, et partout où l'on extrait l'argent vert, que M. Berthier vient de déterminer comme bromure d'argent, et qu'on avait jusqu'alors considéré comme le chlorure de ce métal. Cette espèce est reconnue par expérience être très-rebelle au *patio*, absolument intraitable par la fonte, à cause des pertes qu'occasionne sa grande volatilité, et n'être travaillée facilement qu'au *cazo,* tandis que les autres espèces d'argent qui accompagnent presque toujours le bromure ne s'amalgament qu'au *patio.*

L'argent vert étant plus pesant que la gangue calcaire qui le renferme, et que les autres espèces d'argent qui l'accompagnent ordinairement, on sépare, par le lavage, le minerai au sortir de *l'arrastra;* les boues et le schlamm se travaillent au *patio,* et le schlich, représentant environ 3 pour %, de la masse totale, est traité au *cazo.* Ce lavage s'exécute dans un appareil nommé *planilla;* c'est le principal moyen employé dans tous les districts pour concentrer par le lavage, mais, nulle part, il n'est utilisé avec autant d'habileté qu'à Catorce.

La *planilla* (pl. 3, fig. 1) est une caisse en bois, de 4 varas (3^m,39) de côté, dont le fond est formé de résidus de minerai très-fin et fortement tassés. On trace dans ce fond une courbe étendue, de façon qu'au milieu elle ait une demi-vara (0^m,424) de profondeur. L'appareil entier est dans une position inclinée telle, qu'une ligne représentant la corde de cet arc, ferait un angle de 30 à 35° avec l'horizon. Le minerai, au sortir de *l'arrastra,* est jeté dans un bassin rempli d'eau; on l'agite, et les boues se rendent dans un autre bassin situé au bas de la *planilla*. La partie la plus pesante séparée de la boue est placée sur le haut de l'appareil ; et un ouvrier accroupi vers le bas, puise, dans le réservoir situé au-dessous, de petites quantités d'eau, qu'au moyen d'une corne de bœuf ouverte (pl. 3, fig. 4, lettre D), il lance sur la lisière du tas de minerai. Ces aspersions régulières forment une nappe d'eau uniforme, comme celle des tables à laver. De temps à autre, l'ouvrier dirige sa corne de façon que l'eau lancée vienne heurter la nappe d'eau descendante, et, en produisant un choc, arrête vers le milieu de la *planilla* les parties lourdes qu'un courant trop fort a pu entraîner. Par cette manœuvre, les parties lourdes dépassent rarement le milieu de la courbe, tandis que les plus légères se tassent dans la partie inférieure, et forment une couche de 1 à 2 décimètres de hauteur. Deux ouvriers, travaillant alternativement au débourbage et au lavage, séparent 1000 livres (460ᵏ) par heure, et avec assez de perfection, pour qu'à la sébile on ne découvre plus la moindre trace d'argent vert.

Il est peu de *haciendas* qui n'aient leurs *planillas* pour séparer, après le lavage des boues amalgamées, quelques parties d'amalgame qui, dans le lavoir, sont restées encore mêlées avec une portion du minerai ; on les emploie aussi pour séparer les parties pesantes des résidus d'amalgamation, afin de les soumettre à un nouveau traitement.

En triturant et tamisant pour les essais des minerais presque tous très-quartzeux, on s'aperçoit que les parties métalliques se brisent ou se clivent les premières, et que le quartz, presque pur, reste seul sur le tamis, longtemps avant que la porphyrisation soit complète. Dans un pays où la main-d'œuvre, où les moyens mécaniques seraient à bas prix, cette observation pourrait fournir un moyen de séparation, qui, dans les circonstances où se trouve le Mexique, ne saurait être avantageux par les dépenses qu'il occasionnerait.

----

§ II. DU GRILLAGE.

Quelques minerais destinés à la fonte sont soumis préalablement, dans le district de Zacatecas, et ailleurs, à un grillage en tas qui s'exécute en entourant le minerai concassé en gros morceaux, d'une chemise de charbon retenu par des cailloux formant un mur circulaire, ayant des interstices suffisants pour donner passage à l'air nécessaire à une combustion active. Cette opération, qui a pour but d'expulser la plus grande partie du soufre, s'exécute en vingt-quatre heures, avec un poids de charbon de chêne vert représentant la moitié du poids du minerai.

En général, les minerais destinés à l'amalgamation ne sont point grillés; cependant cela se pratique quelquefois pour les espèces très-pyriteuses, et assez généralement pour les résidus d'amalgamation concentrés à la *planilla*, et connus sous le nom de *marmajas*.

A Zacatecas, on grille quelques espèces de minerais après les avoir concassés, comme on vient de le dire pour ceux destinés à la fonte; mais alors on élève beaucoup moins la température; l'opération dure aussi beaucoup moins longtemps, afin d'éviter un commencement de fusion et la formation de scories; on passe ensuite ces minerais à l'*arrastra* pour les porphyriser.

Dans les districts de Tasco, Zacualpan, Sultepec, où les sulfures métalliques abondent, particulièrement la blende, on grille généralement après que le minerai est pulvérisé, et on se sert pour cela des fourneaux à réverbère employés aussi pour la préparation du *magistral*, ingrédient important du *beneficio de patio*, dont il sera question plus tard; en décrivant sa préparation, on indiquera la forme des fourneaux employés.

Ces grillages se font avec du bois, et quoique le minerai passe jusqu'à 12 heures dans le four à réverbère, la température est assez peu élevée pour qu'il y ait seulement une très-faible partie des sulfures métalliques dont l'éclat soit altéré.

Les *marmajas* sont aussi grillées dans les fours à *magistral*, et toujours à basse température.

A Nieves, où l'on ne travaille le minerai que par la fonte, le grillage s'effectue dans des fourneaux circulaires, ayant $1^m,25$ de diamètre et autant de hauteur, construits avec des briques séchées au soleil (*adobes*). Ces fours n'ont point de toit, et leurs murs présentent presque autant de vide que de plein. On charge, dans chacun, un peu plus de 2000 livres (920^k) de minerai mélangé avec la moitié de son poids de bois sec; l'opération dure une semaine et ne peut pas se pratiquer dans la saison des pluies.

---

§ III. DE LA FONTE.

La réduction des minerais d'argent par la fonte, qui a été le premier moyen employé par les Espagnols, continue à se pratiquer aujourd'hui, à quelques modifications près, comme il y a trois siècles, dans des fourneaux à manche, appelés au Mexique *fours castillans*, ce qui indique assez clairement qu'ils étaient inconnus avant la conquête. On donne le nom de *vaso* au fourneau de coupelle ; mais la coupellation s'exécute aussi, dans les petites exploitations, au moyen d'un autre four appelé *galeme*, tandis que les minerais riches sont quelquefois travaillés par les mineurs eux-mêmes en les scorifiant sur un bain de plomb, et les coupellant immédiatement dans une espèce de four nommé *ñufla*.

Voici quelques détails sur ces appareils et sur les agents du traitement par la fonte.

Des fourneaux.

FOUR CASTILLAN. — Le four castillan a $1^m,25$ de hauteur jusqu'à l'endroit où l'on jette la charge ; son épaisseur est de $0^m,45$ en haut comme en bas ; mais l'espace compris entre les faces latérales, qui est en haut de $0^m,30$, n'est plus que de $0^m,22$ en bas. L'œil par lequel s'écoulent les matières fondues a de $0^m,06$ à $0^m,08$ de diamètre, et se trouve placé presque au même niveau que la sole du fourneau, tandis que le tuyau en bronze formant la tuyère (*alcribiz*) est de $0^m,28$ plus élevé. La poitrine, composée de pierres réfractaires, se démolit chaque fois que le fourneau s'engorge, ou chaque fois qu'il faut l'enduire intérieurement d'une couche assez épaisse de terre réfractaire, ce qui a lieu au plus tard chaque semaine.

Au-dessous de l'œil, en avant du fourneau, se trouve un bassin de réception représentant un cube de $0^m,3o$ à $0^m,4o$ de côté, et dans lequel se rendent toutes les matières liquides. Au bas de ce cube se trouve une ouverture que l'on débouche lorsque le cube est plein, pour laisser couler le plomb et les mattes dans un bassin de coulée, les scories étant enlevées du bassin de réception au fur et à mesure qu'elles commencent à se solidifier.

Le vent est donné par deux soufflets qui reçoivent leur mouvement par des cames fixées à un axe mû par un manége, auquel on attelle une mule pour chaque fourneau.

Ordinairement deux de ces fourneaux sont placés à côté l'un de l'autre, sous une même pyramide sans toiture dans le haut, et laissant un libre passage aux vapeurs et à la fumée.

En face des fourneaux se trouve une auge en maçonnerie, munie de séparations, pour mélanger par petites parties le minerai avec ses divers fondants.

Le combustible est du charbon de chêne vert et de préférence de pin, quand on peut s'en procurer.

VASO. — Le *vaso* ou fourneau de coupelle ne diffère pas, pour l'ensemble de ses diverses parties, de ceux usités en Europe, mais bien par ses proportions et par la coupelle. Celle-ci n'est point changée à chaque opération, et sert pendant plusieurs mois, jusqu'à ce que son épaisseur, d'environ un mètre, soit détruite par les opérations successives. La coupelle proprement dite (*cendrada*) est formée de trois parties de cendres et d'une partie de terre argileuse. Pour les plus grands fourneaux de *vaso*, qu'on appelle de *marca*, le grand diamètre de l'ovale atteint $1^m,40$, et le petit $1^m,20$. La profondeur de la tasse est de $0^m,15$.

La chauffe varie de dimensions, suivant qu'on emploie le bois de pin, qui demande peu d'espace, ou le palmier qui en demande beaucoup; elle est toujours très-rapprochée de la tasse, et on conçoit que le foyer étant fixe, la surface de la coupelle finisse par se trouver à une telle distance au-dessous de la flamme, que le calorique est fort mal utilisé. Le vent est fourni par une tuyère mobile, au moyen de deux soufflets mûs par deux hommes travaillant tour à tour. Cette tuyère, abaissée suivant l'épaisseur de la coupelle, jette l'oxyde de plomb devant elle, vers une ouverture que l'ouvrier augmente progressivement pour l'écoulement des litharges. Ces fours n'ont pas de cheminées, et la fumée sort du fourneau à l'endroit où se termine la circonférence de la coupelle, à travers une ouverture fort large située en face de l'arc de la chauffe, et servant aussi à introduire les lingots à coupeller. La fumée et les vapeurs plombeuses qui tapissent les parois d'oxyde de plomb s'élèvent en colonne épaisse sous une pyramide semblable à celle des fours castillans. Le courant d'air est toujours assez fort sous ces vastes hottes, pour que les ouvriers soient rarement indisposés.

Ce genre de fourneau est le plus usité. Je dois dire cependant que dans la *hacienda de la Sauceda*, près de Zacatecas, il existe un fourneau de coupelle de grande dimension, à dôme mobile en fer, construit avec le même soin et sur des proportions aussi bien calculées que celles usitées en Europe.

GALEME. — Le *galeme* est encore moins bien disposé que le *vaso* pour la consommation du combustible et la volatilisation du plomb.

Sur une sole de terre argileuse fortement tassée, on trace un espace de $0^m,80$ de long et de $0^m,50$ de large, sur les côtés duquel on place des morceaux de pierre de $0^m,15$ à $0,20$ de hauteur, qui supportent une dalle ou une large brique recouvrant tout cet espace. L'une des extrémités est destinée à recevoir le bois de pin en petits morceaux, et le tuyau d'un soufflet de forge qu'un enfant fait mouvoir en s'appuyant sur un levier de tout le poids de son corps; l'autre extrémité a deux ou trois ouvertures par où s'échappent la flamme et la fumée.

On commence par chauffer quelques heures pour vitrifier la surface de la sole et la rendre à peu près imperméable à la litharge; ensuite, on introduit un lingot de plomb de 40 à 50 livres (18 à 23^k), et on ferme avec de la terre glaise une ouverture pratiquée sur un des côtés du fourneau, par laquelle la litharge formée s'écoule au fur et à mesure que l'ouvrier agrandit le passage. Placée au milieu même du foyer d'une combustion fort active, la coupellation s'effectue souvent pour ce poids de plomb en moins d'une heure, mais, sans doute, avec une perte considérable de plomb et même d'argent. Ce *galeme* est le seul moyen de coupellation usité au *mineral de Charcas*, et on l'emploie aussi à Catorce pour fondre et affiner l'argent impur du traitement au *cazo*.

CHACUACO. — Un fourneau d'affinage du même genre, à cela près qu'il est muni d'une cheminée, est aussi usité à la Monnaie de Mexico et dans les districts du Sud, où il est connu sous le nom de *chacuaco*; mais sa sole, formée de cendres et d'argile, est aussi destinée à absorber tout l'oxyde de plomb formé dans l'opération.

ÑUFLA. — L'argent sulfuré, mais surtout les sulfures antimoniés rouges et noirs, sont quelquefois en proportion si considérable par rapport à la gangue, qu'il suffit de placer le minerai réduit en poudre sur un bain de plomb pour que l'argent s'unisse au plomb, dont une partie forme avec la gangue une scorie dont il est facile de nettoyer le bain pour terminer ensuite la coupellation. Ce traitement, qui s'appelle *cebar sobre baño de plomo,* est fort usité parmi les mineurs de Sombrerete, au moyen de la *ñufla,* qui n'est autre chose qu'une coupelle de cendres et d'argile moulées dans un plat de terre cuite, recouverte d'un dôme en terre un peu réfractaire, et percé de trous.

Cet appareil est introduit dans une gaîne de briques cuites au soleil (*adobes*), sur laquelle on place un tuyau en terre cuite, pour activer la combustion du charbon qui remplit tout l'espace. Quoique chauffée seulement par le haut, la coupelle acquiert promptement une température assez élevée pour fondre le plomb et réduire le minerai qu'on ajoute successivement. Lorsque l'ouvrier juge que le bain est assez riche en argent, il nettoie le bain et enlève les scories riches en argent, appelées *temesquitate;* il procède à la coupellation en donnant issue à la litharge, de façon à la recueillir presque en totalité, jusqu'à ce que le bouton d'argent arrive au même point de finesse que dans le *vaso* ou le *galeme.*

Des fondants.

GRETA. — La *greta* est de la litharge souvent fort impure, et qui provient du traitement des minerais de plomb de Mazapil, Mapimi, pour les districts du Nord, et de ceux de Zimapan et des environs pour les districts du Sud. Son prix varie de deux et demi à quatre piastres le quintal espagnol (46[k]), suivant la distance des lieux de production. La litharge obtenue dans le traitement des minerais d'argent renferme assez peu de ce métal; une *greta* de Sombrerete ne m'a donné que 0,00005 d'argent; celle de Mazapil en contenait un peu plus. La couleur de ces litharges, jaune verdâtre, est due sans doute à la présence du cuivre qui s'y trouve en quantité notable.

TEMESQUITATE. — Le *temesquitate* est la scorie qui surnage sur le bain de plomb, dans lequel on traite directement du minerai riche réduit en poudre. Celui de Sombrerete m'a donné à l'essai 0,0004 d'argent.

CRASAS. — Les *crasas* ou scories de fusion varient beaucoup de richesse, suivant la teneur du minerai et l'habileté de chaque fondeur. L'essai des scories de Sombrerete, provenant du traitement de minerai riche, a donné 0,0003 d'argent, tandis que celle de Nieves, provenant de minerai ayant 0,0025, contenait 0,0005 d'argent.

FIERROS. — Les *fierros* sont les abzugs et abstrichs qui nagent sur le bain de plomb au commencement de la coupellation. Sous ce même nom de *fierros*, on désigne également les mattes qui recouvrent le plomb dans le bassin de coulée, et qu'on

enlève pour les rejeter de suite dans le même fourneau d'où elles sont sorties.

TEQUEZQUITE. — Le *tequezquite* est un carbonate de soude naturel, que l'on trouve assez abondamment sur toutes les plaines du plateau du Mexique, où il se montre à la surface du sol, après la
saison des pluies, en efflorescences farineuses, que
les gelées de l'hiver font passer à l'état de croûtes.

Dans le sud de la république, on le rencontre,
surtout autour de l'ancien lac de Mexico, dans
les plaines de Puebla, de Celaya et Guadalaxara;
on l'obtient en recueillant et lessivant les terres
qui en sont imprégnées et en évaporant ces li-
queurs.

Au nord, dans les environs de Zacatecas, neuf
lagunes en produisent; la principale, connue sous
le nom de la *Salada,* est située à quelques lieues
du Fresnillo, et sa formation présente les mêmes
caractères que la lagune salée du *Peñon blanco,*
dont il sera question plus loin. C'est un réservoir
naturel, d'une demi-lieue de longueur sur une largeur d'un peu moins de la moitié, entouré de calcaire récent. Les eaux des pluies de toute la contrée environnante s'y rassemblent pour s'évaporer
ensuite lentement. Le sol de la lagune étant plat,
cette évaporation est aidée par des vents violents
qui soufflent alternativement de l'est et de l'ouest,
et refoulent les eaux dans l'extrémité opposée à

leur direction, en inondant les bords, pendant qu'à l'autre bout, la couche de l'eau étant très-diminuée, acquiert une température plus élevée, et se dessèche presque entièrement, jusqu'à ce qu'un changement de vent motive le même résultat à l'autre extrémité.

À moins de pluies, toujours fort rares en mars, c'est en avril que se fait la récolte d'une croûte très-sèche et blanchâtre qui recouvre toute la surface de la lagune; après l'avoir réunie en tas sur les bords qui sont au-dessus des plus grandes crues d'eau, on les recouvre de terre pour les garantir de la pluie, et on conserve ainsi le *tequezquite* pendant des années pour en disposer suivant les besoins de la consommation. Le prix de ce fondant, sur les lieux, n'est que de quatre réaux et demi la *fanega*, ce qui correspond à environ cinq francs les cent kilogrammes.

D'après une analyse faite à l'École des mines de Paris, sous la direction de M. Berthier, le *tequezquite* se compose de

Carbonate de soude anhydre	0,516
Sulfate de soude anhydre	0,153
Sel marin	0,045
Eau	0,246
Matières terreuses	0,030
	0,990

Le minerai, après avoir été préalablement grillé, est disposé par quart de charge qu'on appelle *plancha*, ce qui équivaut ordinairement à soixante-quinze livres espagnoles (34ᵏ,5o), dans l'auge placée en face du fourneau, pour être mélangé selon sa nature avec les fondants jugés nécessaires. Ce mélange se nomme *revoltura*. Voici les proportions usitées à Sombrerete pour divers minerais.

REVOLTURA. — Minerai très-riche du *Cerro de Pavillon*, composé de quartz, pyrites de fer et argent sulfuré antimonié rouge et noir.

Attendu la richesse, la *plancha* ne se compose que de

Livres.....................	3₇ 1/2	minerai.
»	8	*tequezquite*.
»	8	*temesquitate*.
»	8	fond de coupelle.
»	12 1/2	*fierros*.
»	5o	litharge.

Ce mélange produit une *plancha* de plomb d'œuvre de cinquante à cinquante-huit livres.

Minerai de *la Cañada*, plus pyriteux, un peu plus plombeux et moins riche en argent.

Livres.	75	minerai.
»	6 1/4	*tequezquite*.
»	3₇ 1/2	litharge.
»	8	fond de coupelle.
»	12 1/2	*fierros*.

Ce mélange produit une *plancha* de plomb d'œuvre de trente à trente-sept livres.

FONTE. — Le travail du fourneau à manche commence le dimanche dans la soirée et dure jusqu'au matin du dimanche suivant. La mauvaise qualité des matériaux employés à sa construction rend les réparations intérieures indispensables chaque six jours.

On commence par passer 3oo livres de minerai très-plombeux, dont on ne calcule pas le rendement, et que l'on considère comme nécessaire pour mettre la température au point convenable. Cette quantité passée, on garnit le fourneau de charbon et on verse alternativement de la *revoltura* (mélange) et du charbon à mesure que le gueulard se dégarnit.

Le fondeur soignant deux fourneaux maintient le trou de l'œil bien débouché, au moyen d'une barre de fer qu'il introduit souvent dans l'intérieur du fourneau; il enlève les scories qui occupent la partie supérieure du bassin de réception, et fait augmenter ou diminuer la proportion du combustible et du minerai, suivant la marche du fourneau. Lorsqu'il juge que le métal d'une *plancha* est sorti du fourneau, il fait arrêter le vent, bouche avec de la terre grasse l'œil du fourneau, et perce la séparation existant entre le bassin de réception et celui de coulée; aussitôt que les matières fondues se sont rendues dans celui-ci, la séparation se rétablit; on ouvre de nouveau l'œil du fourneau, on donne le vent, et l'opération continue pour la *plancha* suivante.

Après que les matières se sont un peu refroidies dans le bassin de coulée, on enlève les mattes qui sont de suite rejetées avec la nouvelle charge dans le fourneau. Le culot de plomb enlevé plus tard du bassin de coulée a toujours sa surface recouverte d'une couche assez épaisse d'abstrichs qui fournit les *fierros* de la coupellation.

Le maître fondeur est aidé, pendant son travail de douze heures, d'un chargeur, d'un ouvrier chargé de faire les mélanges, et d'un ouvrier pour conduire les mules.

La quantité de charbon est de 5o à 75 livres pour chaque *plancha*, et, suivant la qualité du minerai, chaque fourneau en produit de 8 à 12 en vingt-quatre heures. Pour les minerais très-plombeux, un fourneau passe quelquefois jusqu'à 2000 livres de minerai brut par vingt-quatre heures, et 1200 livres de charbon y sont consumées.

COUPELLATION. — Les *planchas* fondues sont portées au *vaso* ou four de coupelle qui affine ordinairement 2000 livres de plomb d'œuvre par vingt-quatre heures. Le four de coupelle occupe, pour un travail de douze heures, un affineur et deux ouvriers faisant mouvoir tour à tour les soufflets qui donnent le vent.

Le combustible employé est du bois de pin très-résineux, fendu en très-petits morceaux; on en consomme un peu plus de 400 livres en vingt-quatre heures.

L'affinage de l'argent n'est jamais poussé très-loin, car aussitôt que les couleurs de l'iris commencent à se montrer, l'ouvrier touche le bouton avec un fer mouillé, afin d'arrêter l'oxydation du plomb qui existe encore.

L'argent obtenu par la fonte étant généralement la propriété de petits exploitants qui le vendent sans essai, il y a intérêt pour eux à ne pas achever l'affinage; aussi le titre de cet argent fondu est-il très-variable depuis 0,970 jusqu'à 0,985. Outre le plomb, il renferme souvent de l'antimoine, et il faut, en général, l'affiner de nouveau pour pouvoir lui donner la douceur nécessaire pour le convertir en monnaie.

La mauvaise construction des fours de coupelle et le peu de profondeur des fourneaux à manche motivent une grande volatilisation qui se fait surtout sentir par la perte de litharge.

Jusqu'à la fin du siècle dernier, la litharge paraît avoir été le seul agent employé pour aider la fusion des parties pierreuses du minerai en les vitrifiant; mais, depuis lors, on a utilisé l'abondance du carbonate de soude naturel pour former des silicates alcalins. L'emploi de cette substance est indiqué avec de nombreux détails sur les diverses proportions convenables, selon la nature des minerais, dans la *Nueva teorica y pratica del beneficio de los metales* de don José Garces y Eguia, imprimée à Mexico en 1803. Quoique, au Mexique, on connût déjà à cette époque, ainsi qu'il en est fait mention dans cet ouvrage, la possibilité d'obtenir des silicates aisément fusibles, en mélangeant dans de certaines proportions la silice, l'alumine, la chaux ou la magnésie, cependant, jusqu'à présent, on n'a pratiqué nulle part un traitement basé sur ce principe, qui, par l'économie de combustible et de fondants dont il serait la conséquence, motiverait, dans le travail des minerais d'argent par voie sèche, une révolution d'autant plus utile que le prix élevé de la fonte oblige à traiter par l'amalgamation une masse de minerais qui, par leur composition, ne peuvent céder au mercure qu'une faible partie de leur richesse en argent.

Il ne sera pas inutile d'indiquer que cette amélioration, quoique s'appuyant sur les découvertes aussi nombreuses qu'incontestables dont la métallurgie a été enrichie depuis quelques années, serait d'une application embarrassante, autant à cause de la variété des minerais d'un même district que par suite de l'impossibilité de réunir des quantités considérables pour en faire un seul mélange; la grande valeur des minerais riches rendant leur traitement obligatoire dans un délai assez court après leur extraction.

Le coût varie beaucoup, suivant que le vent des soufflets est fourni par des moteurs hydrauliques ou par des mules. Pour ce dernier moyen qui est, à cause de la situation des principaux districts, le plus généralement usité, la dépense de main-d'œuvre est énorme pour la quantité de minerai fondu. A Zacatecas, ces frais se divisent ainsi pour quatre fourneaux fondant ensemble seulement 4 *cargas* ou 1200 livres (552ᵏ) de minerai en douze heures :

4 fondeurs à 1 piastre......................	4 piastres.	» réaux.
4 enfants à 2 réaux.......................	1	»
4 manœuvres à 3 réaux...................	1	50
2 affineurs à 1 piastre....................	2	»
3 manœuvres pour les mules, à 4 réaux..	1	50
16 mules à 2 réaux par jour.............	4	»
2 manœuvres pour l'affinage, à 4 réaux..	1	»
Directeur et commis......................	3	»
	18 piastres.	»

Le prix du charbon de chêne est rarement au-dessus de 2 réaux et un quart par *arroba* de 25 livres espagnoles (11ᵏ,50).

Ces diverses dépenses, jointes au prix élevé de la litharge que l'on reçoit généralement de Cedros et Mazapil, font revenir à Zacatecas le coût du traitement par la fonte de trois cents livres de minerai, à vingt piastres environ. Ce travail, qui se fait généralement à façon par les propriétaires des *haciendas de fundicion*, ne leur laisse que fort peu de marge, parce que ces établissements ne contenant que deux ou quatre fourneaux, les frais d'administration pèsent sur un travail trop limité.

Le prix élevé de ce traitement n'en est pas le seul inconvénient; l'irrégularité des résultats est bien plus digne de critique. L'ignorance et le manque de soin des fondeurs sont tels, que les mêmes quantités d'un minerai préalablement mélangé avec tout le soin possible, présentent des différences de 20 p. o/o sur la perte d'argent, et de 3o à 40 p. o/o sur la perte de litharge. La perte en argent, en comparant les résultats en grand aux essais docimastiques, n'est jamais moindre dans ces sortes d'ateliers que 15 p. o/o, souvent elle est de 25. Dans ceux de la *Sauceda*, où la coupellation s'exécute dans de grands fours à calotte mobile, et où l'ensemble du travail est mieux soigné, le manque en argent est de 12 p. o/o, et le coût se calcule à seize piastres par charge de trois cents livres. Cet atelier, lors de la dernière *bonanza* de *Veta grande*, a travaillé des masses de minerais riches; mais depuis quelques années, la production des minerais susceptibles de couvrir un mode de traitement si coûteux a beaucoup diminué.

Il est assez difficile d'évaluer la quantité de minerai traitée actuellement par la fonte à Zacatecas : cependant, on peut affirmer qu'en 1842 elle n'a pas dépassé une commune de quarante à cinquante charges par jour (5520 à 6900^k).

A Sombrerete, où la richesse du minerai a toujours engagé à le traiter par la fonte, cet art y est moins arriéré qu'à Zacatecas, et quoique la situation de ce district ne présente pas, pour les prix des fondants et du combustible, un avantage très-marqué, la fonte d'une *carga* de trois cents livres ne coûte pas plus de huit à dix piastres.

A Nieves, qui se trouve plus rapproché de Mazapil, d'où la litharge arrive à meilleur marché, le prix de la fonte ne dépasse pas quatre ou cinq piastres; mais cela tient aussi à une plus grande abondance de combustible et à la qualité du minerai qui, renfermant lui-même beaucoup de plomb, compense en partie la perte de litharge.

Quand, dans quelques districts, les moteurs hydrauliques se trouvent voisins du combustible, le prix de la fonte d'une *carga* n'excède pas trois à quatre piastres; mais ce sont des cas tout à fait exceptionnels, et qui demandent encore des minerais dociles, le plus souvent renfermant eux-mêmes du plomb.

Près de Zacualpan, il existe une usine pour la fonte, sous la direction de métallurgistes allemands qui travaillent à façon, ou, pour mieux dire, achètent le minerai pour le fondre, à des conditions qui, dans leur ensemble, ont quelques rapports avec celles auxquelles on achète les terres argentifères en France. Ils payent tout l'argent contenu, d'après essai docimastique, au prix de sept piastres et 1/4 le marc, et déduisent quinze piastres pour trois cents livres de minerai, pour frais de fonte.

Dans l'état défectueux où se trouve maintenant le traitement par la fonte, on peut compter qu'il est employé pour la réduction d'une quantité d'argent qui équivaut à dix p. % de la somme totale obtenue chaque année.

§ IV. DES INGRÉDIENTS DE L'AMALGAMATION.

SEL. — Le chlorure de sodium, qui est un des principaux agents de l'amalgamation à froid ou à chaud, est malheureusement une substance assez chère dans les principaux districts des mines du Mexique.

Les mines de Tasco, Sultepec, Zacualpan, se procurent le sel de quelques lagunes communiquant avec la mer aux environs d'Acapulco, ou de l'évaporation de puits d'eau salée qui existent près du village de Laguiztlan, situé à environ quinze lieues au N.-O. de Tasco.

Pachuca, Real del Monte, et les mines qui les avoisinent, tirent leur sel des lagunes de Tamiagua, qui s'étendent parallèlement à la côte du golfe, entre Tuspan et Tampico.

Guanaxuato, Agangueo, Tlalpujagua, emploient le sel des lagunes voisines de Colima, sur la côte du Pacifique.

Zacatecas, Ramos, la Blanca, Angeles, Ojo Caliente et le Fresnillo se servent peu de sel pur, et consomment un poids énorme de terre chargée de sel (*saltierra*), ramassée sur le sol de la lagune du *Peñon blanco*.

Le Fresnillo emploie aussi du sel moins impur qui est recueilli à l'*Alamo*, dans l'État de Durango.

Catorce, Charcas, quoique à une assez petite distance du *Peñon blanco*, s'approvisionnent de préférence avec le sel des environs de Soto la Marina, au nord de Tampico.

Bolaños reçoit celui de S. Blas.

Le prix du sel de Colima, à Guanaxuato ou Zacatecas, est rarement inférieur à 12 piastres la *carga* de 3 quintaux espagnols (138[x]). En examinant les chances de baisse sur le prix du sel de la mer dans ces deux villes, on voit qu'elles sont peu probables; car la majeure partie du prix est

motivée par les frais de transport à dos de mulets.
Ces frais ne sauraient être réduits que par l'établissement de routes pour les voitures, qui, à moins de
débours considérables, ne sont praticables que
sur une partie du chemin. Zacatecas et Guanaxuato
sont à peu près à une égale distance du golfe ou
de la mer Pacifique; et sur tout cet espace, le
terrain présente des deux côtés, beaucoup de
difficultés pour le passage des chariots; ce n'est
donc que des lacs salés du plateau que l'on peut
espérer obtenir, à un coût moindre, le chlorure de
sodium qui, jusqu'à présent, a été l'agent indispensable de tous les traitements de l'argent par voie
humide. J'entrerai donc dans des détails circons-
tanciés sur la lagune du *Peñon blanco*, car, par sa
situation au milieu des gîtes argentifères qui ont
motivé les principales exploitations, elle semble devoir produire du sel purifié à un coût moins élevé.

La lagune du *Peñon blanco* est située au pied
d'un rocher qui est un des exemples assez rares de
la sortie au jour des granites sur le plateau du
Mexique. L'ensemble du terrain de toute cette
partie du pays, à une distance d'au moins quinze
ou vingt lieues, est composé de collines aplaties et
de bassins dont la surface, recouverte d'une couche
de calcaire récent, variant d'épaisseur depuis 5
à 6 mètres jusqu'à une croûte mince de quelques
décimètres, est percée par des roches ignées por-

phyriques, qui se montrent au jour à différents niveaux. Cette contrée n'ayant aucun ravin qui conduise rapidement les eaux de pluie vers une des deux mers, et les roches porphyriques ou les couches de calcaire se prêtant peu à l'infiltration, les pluies qui tombent en abondance pendant trois ou quatre mois forment un lac dans le bassin le plus voisin, jusqu'à ce que l'évaporation de huit mois de sécheresse fasse disparaître ces masses de liquides d'une composition variée. Dans quelques-uns de ces lacs temporaires, l'eau est très-pure; ailleurs, elle est chargée de sels, et l'évaporation produit tantôt du carbonate de soude (*tequezquite*), tantôt un mélange de chlorure de sodium, de nitrate de potasse, et enfin du chlorure de sodium mêlé d'un peu de sulfate de soude et de quelques autres sels insolubles, comme à la lagune du *Peñon blanco*. Ce bassin a environ une demi-lieue de large et moins de deux lieues de long. Assez ordinairement, déjà vers la fin de janvier, il est à sec; et depuis nombre d'années, on racle le fond qui n'est autre chose que le *saltierra* employé au *beneficio de patio*. Y trouvant une source de revenu, le gouvernement espagnol avait affermé ces salines, et elles sont encore aujourd'hui une rente du département de S. Luis Potosi.

Il y a moins de deux ans qu'un étranger proposa aux fermiers des salines d'extraire de ce *saltierra* du sel blanc et pur, par des moyens assez peu coûteux, pour le livrer aux consommateurs de Guanaxuato et Zacatecas à un prix plus modéré que le sel de la mer. Il commença par lessiver les terres pour évaporer la liqueur; mais une grande partie du sel restant avec elles, à moins de répéter plusieurs fois le lavage, les frais de main-d'œuvre dépassaient la valeur du produit. Présumant que les couches supérieures des terrains environnants contenaient du sel, et que les eaux de pluie s'en chargeaient en les traversant pour former la lagune, on chercha sur les bords, près du village de *Salinas,* à obtenir des eaux salées en forant des puits; mais les sondages, à plus de 25 mètres, ne traversaient que des argiles, et fournissaient de l'eau sans trace de sel. Alors pendant la saison sèche, on fit creuser au milieu de la lagune; et l'eau qui, près de la surface du sol n'avait que 4 à 5° de l'aréomètre de Baumé, affleurait 15° à moins de 4 mètres de profondeur. L'affluence des eaux de la surface rendant le creusement difficile, faute d'appareils popres à se garantir des eaux supérieures, on s'est borné à puiser ces eaux à 15°, et à les évaporer sur des bassins de 50,000 varas (42,400^m) carrées de surface; l'on a obtenu de grandes quantités de sel pur et blanc, qu'avec bénéfice l'entreprise vendait sur les lieux, à raison de 2 piastres 3/4, et de 3 piastres à Zacatecas, le quintal espagnol (46ᵏ).

Des pluies extraordinaires, survenues en septembre 1841, ont élevé d'une manière inusitée le niveau des eaux de la lagune, et elles ont recouvert les bassins d'évaporation construits à une trop petite élévation. Pour reprendre les travaux, sans crainte de tels accidents, l'entreprise s'occupe de la construction de nouveaux appareils évaporatoires qui produiront des quantités considérables de sel, commercialement pur, à des prix assez modérés pour faciliter son emploi dans les travaux métallurgiques.

D'après ce qui précède, on peut supposer qu'à une assez petite profondeur au-dessous du sol de la lagune, il existe un banc de sel gemme, et qu'en pénétrant jusqu'à lui, les eaux de pluie se chargent du sel, qu'en s'évaporant plus tard, elles déposent à la surface ou laissent mélangé avec l'argile sablonneuse qui forme le sol de la lagune. Ce *saltierra*, analysé à l'école des mines de Paris, a donné :

Matières solubles 212.	0,190 chlorure de sodium.
	0,022 sulfate de soude.
Matières insolubles. 712.	0,136 carbonate de chaux.
	0,016 id. de magnésie.
	0,098 oxyde de fer.
	0,462 argile et sable.
Eau et matières organiques.	0,076
	1,000

Le *saltierra*, revenant ordinairement à Zacatecas à sept réaux la *fanega*, en calculant qu'il renferme en commune un cinquième de sel marin, on a, pour quatre piastres 3/8, 200 livres (92^k) de sel, qui, en sel de Colima, coûteraient huit piastres, et on conçoit que malgré l'inconvénient du volume et la présence du carbonate de chaux, qui doit absorber en pure perte une quantité assez considérable du sulfate de cuivre du *magistral*, les propriétaires des *haciendas de beneficio* préfèrent employer le *saltierra* au lieu du sel de Colima; ils prétendent aussi que pour les minerais très-pyriteux et chargés de parties métalliques, les terres légères du *saltierra*, en divisant le minerai, ont une influence favorable sur l'opération. Il est cependant raisonnable de présumer que, toute compensation faite, la production du sel marin à peu près pur au centre des principaux districts de mines, serait un avantage immense pour l'extraction de l'argent, surtout en raison des améliorations que les progrès de la science ne peuvent manquer d'introduire dans cette partie de la métallurgie, au moyen d'appareils probablement moins simples, mais plus exacts que le *patio*, et pour lesquels le *saltierra*, à cause de son volume, dans beaucoup de cas, ne pourrait s'employer.

MAGISTRAL. — Le sulfate de cuivre étant l'agent contenu dans le *magistral*, qui contribue au *beneficio de patio*, toutes les substances minérales qui renferment du cuivre et du soufre, et toutes celles qui contiennent seulement du cuivre, quand on y ajoute des pyrites de fer, peuvent fournir par le grillage, du *magistral* dont la qualité ne varie que par la plus ou moins grande quantité de sulfate de cuivre obtenue.

En grillant des minerais de cuivre pyriteux à une chaleur soutenue, sans être trop forte, le sulfate du fer, qui se réduit à une température plus basse que le sulfate de cuivre, passe à l'état de peroxyde, tandis que le cuivre se trouve dans le mélange presque en totalité à l'état de sulfate anhydre.

En grillant des minerais d'oxydes ou de carbonates de cuivre, auxquels on ajoute des pyrites de fer, on arrive aux mêmes résultats.

Ce grillage se pratique avec du bois, dans des fours à réverbère qui varient pour la construction suivant les divers districts. Ceux de Guanaxuato sont à voûte très-basse, et ont la grille du foyer dans le milieu de la sole; la flamme qui se traîne des deux côtés est appelée par deux cheminées situées en face l'une de l'autre. La charge ordinaire est de quatre quintaux (184^k) de minerai de cuivre pyriteux, et l'opération se termine en 6 heures, en brûlant un poids de bois au moins égal à une fois et demie celui du métal, quand les parois du four sont déjà échauffées par de précédentes opérations.

Dans le district de Zacatecas, on se sert de fours

dont le foyer est à l'un des bouts, et séparé de la sole par un mur qui laisse à l'une de ses extrémités un passage étroit à la flamme pour pénétrer sur la sole. Ces fours n'ont généralement pas de cheminée élevée au-dessus de la voûte, qui est seulement percée d'un trou fort étroit, ce qui force la fumée et les vapeurs toujours très-abondantes de gaz sulfureux à chercher une issue par la petite porte cintrée qui sert à remuer le minerai et à le retirer quand le grillage est achevé. La charge se verse pour chaque nouvelle opération, par une autre ouverture pratiquée sur la voûte et qu'on bouche avec une pierre.

Les fourneaux de Guanaxuato, quoique loin d'être parfaits pour la distribution du calorique et la commodité du travail, sont cependant bien supérieurs à ceux de Zacatecas, où une grande partie du calorique se perd sans utilité dans le foyer, par suite du singulier système employé pour la communication entre celui-ci et la sole.

Les mines de cuivre sont assez abondantes; aussi divers gîtes fournissent-ils du minerai propre à la fabrication du *magistral;* cependant, celui de Tepezala est le plus employé, sans doute parce que le cuivre pyriteux y est dans une plus forte proportion relativement à la gangue. La situation de Tepezala, à dix-huit lieues de Zacatecas et environ quarante de Guanaxuato, est favorable pour le transport de ce minerai, qui s'effectue en chariots jusqu'à Zacatecas et au Fresnillo. Le filon principal se trouve sur la partie la plus élevée des montagnes qui forment le côté S.-E. de la vallée que traverse la route de Zacatecas à Aguascalientes. La *veta* qui est puissante, se montre de loin au jour, et coupe les *strates* d'un schiste argileux qui est généralement recouvert d'une couche de calcaire récent de deux à cinq mètres d'épaisseur; cette couche manque sur quelques points, vers le haut de la montagne, et on voit le schiste gris d'ardoise à découvert; près du contact avec le calcaire, les feuillets du premier en sont garnis, non pas à l'état cristallin, mais pâteux comme la couche supérieure, et font effervescence avec les acides.

Jusqu'à une profondeur d'environ cent cinquante mètres, le cuivre pyriteux a été altéré par les agents atmosphérique et l'infiltration des eaux; et cette partie du filon contient de l'oxyde rouge de cuivre, des carbonates bleus et verts et quelques silicates qu'on travaille par la fonte pour obtenir du cuivre métallique. A une plus grande profondeur, les sulfures existent sans altération, et c'est le minerai dont on fait le *magistral*. Dans la région où la décomposition des sulfures s'est effectuée, on trouve du sulfate de chaux dans l'intérieur de la veine; quelquefois les feuillets de schiste, au lieu d'être garnis de chaux, sont, au contraire, remplis de petits cristaux de carbonate de cuivre.

Dans la partie basse, le cuivre pyriteux se trouve accompagné de quartz et chaux carbonatée. Cette dernière substance doit être un peu nuisible, en absorbant une partie de l'acide sulfurique produit au grillage ; mais elle est peu abondante, ainsi qu'on peut s'en convaincre par l'analyse que M. Berthier a pris la peine de faire d'un *magistral* de première qualité que j'avais apporté de Guanaxuato.

Sulfate de cuivre anhydre	0,190
Sulfate de fer	0,005
Sulfate de chaux	0,025
Oxyde de fer	0,250
Oxyde de cuivre	0,040
Acide sulfurique	0,008
Gangue pierreuse verte	0,432
Eau	0,050
	1,000

On voit combien est près d'être complétement atteint le but de l'opération, qui est de convertir à l'état de sulfate la plus grande partie du cuivre contenu dans le minerai, en détruisant le sulfate de fer.

Les patriciens connaissent la force du *magistral* au degré de chaleur qu'il produit dans la main en y mêlant quelques gouttes d'eau. Deux ou trois mois après le grillage, le *magistral*, en absorbant l'humidité de l'atmosphère, perd presque entièrement cette propriété qui n'est due qu'à la combinaison de l'eau avec le sulfate anhydre. Lorsque l'addition de l'eau ne produit pas de chaleur dans le *magistral*, on prétend qu'on ne peut plus s'en servir, et on le grille de nouveau, mais beaucoup moins longtemps.

La quantité d'eau que le *magistral* peut absorber à l'atmosphère, quand son sulfate anhydre devient hydraté, est tellement petite, comparée à la quantité d'eau contenue dans les boues métalliques, quand on le mêle avec elles, qu'il doit subitement passer à l'état hydraté, au moment même du contact, avant d'avoir commencé la manœuvre du mélange des matières sur lesquelles il doit agir; et on doit penser qu'à l'exception de l'augmentation de poids que l'eau absorbée de l'atmosphère produit dans le rapport du sulfate de cuivre contenu dans la masse, le *magistral* ne perd pas ses propriétés; cependant, comme l'opinion contraire a été soutenue par plusieurs personnes, j'ai cru devoir indiquer, sans y croire, cette inertie du *magistral* quelques mois après le grillage. On a au surplus une preuve pratique pour l'emploi sans inconvénient du sulfate de cuivre hydraté, dans l'usage avantageux qui, depuis quelques années, a été fait du sulfate de cuivre obtenu dans les ateliers de départ, où la séparation de l'or et de l'argent s'effectue par l'acide sulfurique. Cet agent a été préféré aux divers *magistrales* par tous les exploitants éclai-

rés, qui, par son emploi, se sont affranchis des inconvénients inévitables de la différence d'action du *magistral* dont l'énergie varie sans cesse, soit par la
température du grillage, soit par la proportion de
gangue dans le minerai, laquelle ne saurait être fixe.

Le prix du minerai de *magistral* de Tepezala est,
à Guanaxuato, pour la toute première qualité, de
dix à onze piastres la *carga* de 3oo livres (138^k), et
sept à huit piastres pour la qualité inférieure.

Le sulfate de cuivre des ateliers de départ vaut
ordinairement de quatorze à quinze piastres le
quintal espagnol (46^k).

A Zacatecas, le *magistral* (seconde qualité) vaut
de trois à cinq piastres la *carga;* ce prix est le même
au Fresnillo.

Dans les petites exploitations, on préfère employer des terres cuivreuses de Tepezala, que l'on
mêle au grillage avec des pyrites de fer qui abondent dans les schlichs obtenus par le lavage à la
planilla des résidus d'amalgamation.

Le grillage, dans tous les cas, ne se fait qu'après
avoir porphyrisé le minerai cuivreux à l'*arrastra*.

On a essayé au Fresnillo, mais sans y trouver, à
ce qu'il paraît, un avantage de prix sur le minerai
de Tepezala, un cuivre carbonaté et silicaté des
mines de Mazapil, dont voici la composition d'après
un essai fait au laboratoire de l'école des mines de
Paris, sur un échantillon que j'y avais apporté :

Oxyde de cuivre.. 0,335
Peroxyde de fer... 0,347
Silice.. 0,150
Acide carbonique et eau.............................. 0,168

Sans trace d'argent..................................... 1,000

Le *magistral colorado* de Tepezala semble se rapprocher de cette composition ; mais les parties métalliques y sont beaucoup moins abondantes ; sa valeur est à peu près les deux tiers de celle du *magistral negro* ou pyriteux.

CHAUX. — La chaux ou les cendres, qui jadis étaient un des ingrédients constants de l'amalgamation, sont très-rarement employées à présent, et seulement comme palliatif quand il y a surabondance de *magistral* ou que, par suite de l'état de la température atmosphérique, son action se trouve trop vive. La plus grande partie des minerais traités au *patio* le sont aujourd'hui sans le secours de la chaux. Cependant plusieurs vieux praticiens continuent à l'employer avant de procéder au lavage.

MERCURE. — Aussitôt que l'amalgamation fut appliquée à la réduction du minerai, en 1557, l'Espagne monopolisa cet agent, et par *cedula* du 4 mars 1559, l'importation au Mexique en fut défendue. Jusqu'en 1767, le quintal de mercure (46ᵏ) se vendait par le gouvernement à soixante ducats (82,70 piastres) ; mais on accordait un terme pour le payement qui a varié de six mois à un an.

Depuis 1609, il avait été ordonné que l'on délivrerait aux mineurs du Pérou, le mercure au prix coûtant ; cela motiva des demandes de baisse sur le prix auquel on le comptait aux mineurs mexicains ; et, en 1727, le vice-roi en fit inutilement la demande à Madrid, en l'appuyant sur des documents prouvant que le quintal de mercure de l'*Almaden* revenait à peine à treize piastres à Séville, et à trente piastres à Mexico. Ces demandes, répétées en 1742, ne furent accordées qu'en 1767 ; alors le prix fut réduit d'un quart et fixé à soixante-deux piastres le quintal (46^k) (*).

L'influence favorable de cette réduction de prix sur le produit des mines est démontrée par les quantités de mercure livrées, et celle de marcs d'argent frappés en monnaie pendant les cinq années qui ont précédé et suivi la date de cette ordonnance :

De 1761 à 1766	on livra 35,755 quint. de mercure et l'on frappa	6,435,837 marcs.
De 1766 à 1771	on livra 42,618 » » » »	7,242,146
Augmentation...	6,863 quintaux.	806,309 marcs.

L'exposé de tels résultats détermina le gouvernement espagnol à un nouveau rabais, et, en 1776, le prix fut réduit à 42,36 piastres le quintal ; un

(*) Voir l'*Informe dado por el establecimento de mineria a la comision de industria del congreso general*, Mexico, 1836.

nouvel état formé sur les bases du précédent donna les chiffres suivants :

De 1772 à 1776	on livra 33,610 quint. de mercure et l'on frappa	8,965,950 marcs.
De 1777 à 1781	on livra 59,221 » » » »	11,293,374
Augmentation... 5,411 quintaux.		2,331,423 marcs.

Jusqu'à l'Indépendance du Mexique, le prix du mercure se maintint à ce dernier taux, et pendant plusieurs années, après cette époque, le commerce, devenu libre, le livrait au Mexique entre cinquante et soixante-dix piastres, suivant la rareté, jusqu'à ce que le gouvernement espagnol fît un marché avec un capitaliste puissant, qui, en monopolisant cet agent indispensable, jusqu'à présent, aux ateliers métallurgiques du Mexique, en a fait augmenter le prix jusqu'à cent trente et cent cinquante piastres, suivant la distance à laquelle les mines se trouvent de la mer.

Le mercure employé au Mexique paraît avoir été surtout extrait de l'*Almaden;* celui des mines du Pérou ne semble jamais y être entré pour une forte proportion; quant à celles du Mexique, de nombreuses tentatives d'exploitation, successivement répétées depuis plus de deux siècles, n'ont jusqu'à présent fourni aucun résultat important. Protégée d'abord par le gouvernement espagnol, tout en forçant à lui livrer le mercure à un prix fixe, l'exploitation des mines de cinabre fut défendue vers le commencement du siècle passé, ainsi qu'on peut le voir par des documents intéressants contenus dans les commentaires de Gamboa sur les *ordenanzas de mineria*, chap. II. Cette prohibition fut levée après quelques années ; et les recherches, suivies avec tout le zèle qu'inspire l'emploi journalier de ce métal, n'ont servi qu'à assurer l'existence de nombreux gîtes de cinabre, sans fournir des minerais assez riches pour laisser une marge suffisante pour leur traitement.

On trouve le cinabre au *Gigante*, près de Guanaxuato, au *Rincon de Centeno*, près de Queretaro, aux environs de Temascaltepec, dans l'État de Mexico, au *Durasno*, à *Sierra de Pinos* et autres lieux dans le département de S. Luis Potosi ; à *Melilla*, dans celui de Zacatecas ; au *Doctor*, dans celui de Queretaro. Ces dernières mines fournissent aussi du mercure natif et un mercure argental, mais qui, jusqu'à présent, n'a point motivé d'exploitation pour l'argent, comme cela se pratique au Chili, d'après les observations intéressantes qu'a publiées M. Domeiko.

Ce cinabre se trouve dans des terrains que M. de Humboldt considère comme du grès rouge, et qui se rencontrent fréquemment au Mexique. Plus loin, en parlant des traitements au mercure et des causes qui peuvent influer sur le coût de la production de l'argent, j'entrerai dans tous les détails nécessaires sur la quantité de mercure consommée et sur l'influence exercée par son plus ou moins de valeur.

---

§ V. DE L'AMALGAMATION A FROID, OU BENEFICIO DE PATIO.

S'il n'existe aucun document indiquant par quelles voies Bartolomé Medina soit arrivé à découvrir le *beneficio de patio*, il en est par contre plusieurs qui prouvent que, à l'exception d'un emploi plus rare de la chaux, et de la substitution, sur beaucoup de points, des chevaux ou mules aux pieds des hommes pour fouler le minerai, fort peu de changements ont été introduits dans cette méthode depuis sa découverte.

On trouve dans le chapitre XXII des *Comentarios a las ordenanzas de mineria* de Gamboa (Madrid, 1761) un résumé du procédé et des principes posés par divers auteurs qui en avaient traité antérieurement.

Les mêmes détails, avec quelques observations nouvelles, sont reproduits dans l'*Ensayo de metalurgia* de Xavier de Sarria (Mexico, 1784). On les retrouve encore dans la *Nueva teorica y pratica del beneficio de los metales* de Garces (Mexico, 1802).

Enfin, en 1805, Sonneschmidt fit imprimer son *Tratado de la amalgamacion de Mexico*, dans lequel il décrivit tous les procédés usités, en y joignant toutes les remarques théoriques et pratiques que pouvaient lui fournir les progrès de la chimie, ressource dont manquaient presque absolument ceux qui avaient traité ce sujet avant lui.

Après toutes les descriptions déjà données de l'amalgamation du *patio*, il serait superflu de détailler de nouveau toute cette opération, si cette exposition n'était pas indispensable pour l'intelligence des calculs relatifs au coût de chaque partie de l'opération, qui, je crois, n'ont jamais été indiqués, et semblent nécessaires pour apprécier les variations dont la production de l'argent est susceptible. Les chiffres de ces travaux mécaniques aideront aussi à faire entrevoir la difficulté de mettre en pratique divers projets d'amélioration indiqués par plusieurs savants, et sur l'application avantageuse desquels je hasarderai quelques observations.

Les minerais, au sortir des *arrastras* ou *tahonas*, sont déposés à l'état presque liquide dans des bassins en maçonnerie appelés *cajetes* ou *lameros*; le nom de *lama* étant le terme technique employé pour désigner le minerai porphyrisé, et celui de *granza* ne s'appliquant qu'au minerai bocardé.

On désigne les quantités de minerais porphyrisés par le nombre de *montones*. Cette mesure correspond :

à Guanaxuato, à.......... 3,200 livres espagnoles (1,472 k.)
à Zacatecas, à........... 2,000   »   »   (920)
dans quelques districts, à 1,800   »   »   (828)

D'un certain nombre de ces *montones*, on forme la tourte (*torta*), qui contient souvent, à Guanaxuato, quinze à seize cents quintaux (69,000 à 73,600^k) de minerai, tandis qu'au Fresnillo, elle se compose de soixante *montones* de vingt quintaux ou cent vingt mille livres (55,200^k).

Une fois la quantité de minerai réunie pour la *torta*, on le porte dans le *patio*, qui n'est autre chose qu'une vaste cour, dont le sol, recouvert de dalles, est peu perméable à l'eau et ne l'est pas beaucoup plus au mercure. Le minerai, étant presque liquide, est versé dans des bassins provisoires, dont les bords sont des poutres recouvertes de crottin de cheval, qui suffisent pour le retenir dans un espace convenable. L'évaporation, favorisée sur le plateau du Mexique par une moindre pression atmosphérique et un ciel généralement serein, est assez active pour qu'entre quatre et huit jours, suivant la saison, l'excès d'humidité ait été enlevé, et que la quantité d'eau soit dans une proportion telle, que les pieds des animaux, en foulant les boues, puissent, sans trop d'efforts, arriver jusqu'au sol du *patio*. Au reste, cet état des boues varie beaucoup; il est bien plus sec à Guanaxuato que partout ailleurs. Une *torta* de cent cinquante mille livres (69,000^k) y occupe un cercle de quinze mètres de diamètre sur une élévation de 0^m,25.

On procède d'abord à *ensalmorar*, c'est-à-dire à mêler le sel dont la quantité varie peu et correspond, pour du sel marin, à soixante-quinze livres (34^k,50) pour chaque *monton* de trois mille deux cents livres (1472^k), ou un peu plus de 2 1/4 pour ^{o}/$_o$. On donne alors ce qu'on nomme un *repaso*, en faisant retourner la masse du minerai avec des pelles de bois, et y faisant marcher ensuite, pendant plusieurs heures, de huit à quinze chevaux ou mulets, suivant les dimensions de la *torta*.

Du mot *azogue*, employé de préférence au Mexique pour désigner le mercure, on a donné le nom d'*azogueros* aux directeurs d'amalgamation. Quelques-uns versent le *magistral* avec le sel, d'autres ne l'ajoutent que vingt-quatre heures après. D'après ce qui a été dit des causes qui peuvent modifier l'énergie de cet ingrédient, on conçoit que les quantités employées ne sauraient être fixes, et doivent aussi varier suivant la nature du minerai; on en emploie, à Guanaxuato, de trente à soixante livres (de 13^k,80 à 27^k,60) par *monton* de trente-deux quintaux (1472^k).

Le mélange du sel et du *magistral* étant bien opéré, on commence à mettre du mercure; cette première dose est appelée *incorporo*; elle contient les deux tiers du mercure destiné pour l'opération, dont la quantité s'évalue approximativement à six fois le poids de l'argent que l'on pense extraire. Aussitôt après l'*incorporo*, on donne un nouveau *repaso*.

C'est par l'inspection du mercure et de l'amalgame que les *azogueros* suivent toutes les phases de l'opération, en faisant très-fréquemment des essais appelés *tentaduras* ; pour cela, ils lavent environ huit onces (230^{gr}) de minerai, recueilli sur vingt ou trente points de la *torta*, dans une capsule de faïence, ou dans une corne de bœuf ouverte, ou dans une espèce de calebasse (pl. 3, fig. 4) vernie, fruit d'un arbre de terre chaude, que les Indiens appellent *xicalcuahuitl*. En délayant d'abord la pâte avec les doigts, et en imprimant ensuite des mouvements oscillatoires à la surface d'un bassin rempli d'eau, laquelle entraîne toutes les parties légères du minerai, il ne reste dans le fond de la sébile que les parties métalliques et le mercure ; en conservant alors un peu d'eau limpide dans la sébile, que l'on tient inclinée, et imprimant un mouvement très-doux, les diverses substances se rangent de la manière suivante. Sur le bord supérieur se trouvent les parties de mercure altérées (*desechos*) et très-divisées, quelque peu d'amalgame d'argent en grains très-fins, qui lui ont fait donner le nom de limaille d'argent (*limadura*); le schlich métallique vient ensuite (*asiento*), et plus bas, se trouve le mercure liquide ou l'amalgame déjà solidifié.

Après avoir séparé du schlich métallique la *limadura*, l'*azoguero* la frotte en appuyant le pouce contre la sébile ; et, suivant sa couleur, et le plus ou moins de difficulté qu'il éprouve à la faire passer à l'état d'amalgame plus sec, à formes irrégulières, qu'on appelle *pasillas*, il juge du commencement du travail. La *tentadura* prise après le *repaso* qui suit l'*incorporo*, à moins que le minerai ne soit très-riche en argent natif, ne donne, dans le bas, que du mercure liquide, et dans le bord supérieur, un peu de mercure très-divisé et un commencement de *limadura*. Aussi, sur la première *tentadura*, doit-on surtout bien observer la couleur du mercure. Quand il conserve sa couleur naturelle, ou simplement une nuance bronzée à sa surface, c'est signe que l'opération marche lentement, on dit que la *torta* a froid. Si la surface du mercure est un peu grise, l'opération marche bien ; mais si cette nuance est foncée, et que la partie supérieure de la *tentadura* présente une poussière gris cendré qui refuse de se réunir en globules par la friction, l'opération marche trop vite ; le mercure est attaqué, et l'on dit que la *torta* s'est échauffée.

En admettant que les proportions du *magistral* aient été telles que l'opération chemine convenablement, vingt-quatre heures après l'*incorporo*, on trouve de l'amalgame dans le mercure liquide ; en l'exprimant, on aperçoit peu de *desecho* à l'autre

extrémité où il a été remplacé par de la *limadura*
plus grosse, plus consistante qui, par la friction,
se convertit en *pasillas*.

Les *repasos* sont un des moyens d'activer l'action
du *magistral*; on n'y a recours que lorsque l'inspection journalière de la *limadura* et du mercure en
indique le besoin. Après 15, 20, 30 jours, suivant
la saison et la nature du minerai, le mercure n'est
plus liquide, il est transformé en amalgame sec qui
finit par ne plus laisser échapper la moindre goutte
en le comprimant entre l'index et le pouce; alors
on ajoute plus de mercure; cela s'appelle *cebar*. On
verse ordinairement 3/12 de la quantité totale du
mercure qui met environ 10 jours à se convertir
en amalgame sec; le dernier douzième s'ajoute, et,
en général, il ne se sèche pas entièrement; si cela
arrivait, on augmenterait la quantité du mercure,
jusqu'à ce que l'on ait acquis la certitude qu'il ne
peut plus se solidifier, quoique la *torta* soit dans un
état convenable pour faciliter l'amalgamation; alors
l'*azoguero* dit que la *torta* a rendu (*rendido*), c'est-
à-dire qu'elle a livré tout l'argent que le mercure
peut lui enlever.

Si, dans le cours de l'opération, on s'aperçoit,
en répétant les *repasos*, que la *limadura* et l'amalgame, déjà réunis en corps, n'augmentent pas, la
torta est froide; on y ajoute du *magistral*, et l'amalgamation recommence. Si, au contraire, le mercure

est recouvert d'une pellicule gris foncé, et si la *limadura* est remplacée par du *desecho*, on verse de la chaux ou des cendres pour refroidir la *torta* qui s'est trop échauffée; on suspend les *repasos*, et on ne les reprend que lorsque les symptômes alarmants ont disparu par l'effet de ces palliatifs que les *azogueros* redoutent toujours d'employer, parce qu'ils retardent l'opération et nuisent au rendement d'argent, sans revivifier la partie de mercure déjà attaquée inutilement.

On voit par là que c'est avec raison que Barba comparaît la sébile à un miroir où l'*azoguero* peut voir tous les traits du minerai soumis au traitement. Sans vouloir isoler cet examen des diverses parties de la *tentadura*, on peut dire que la couleur du mercure guide pour la proportion du *magistral*; que l'état de la *limadura* indique les progrès journaliers, et que la solidité, plus ou moins grande de l'amalgame réuni, détermine l'addition du mercure et le terme de l'opération.

A Guanaxuato, les *azogueros* les plus habiles ne craignent pas, quand ils connaissent bien un mélange de minerai, de tenir leur *torta* un peu chaude, et prétendent y trouver avantage de temps et de rendement d'argent, sans plus de perte de mercure. A Zacatecas et au Fresnillo, où le minerai abonde en sulfures métalliques, on emploie plus de *magistral*, surtout en présence de la galène; la couleur du mercure est habituellement telle, qu'un *azoguero* de Guanaxuato en serait fort inquiet ; mais avec ces minerais, il suffit, quand ces symptômes se présentent avec trop de force, de laisser quelques jours la *torta* sans *repasos* ; alors, sans addition de chaux, l'opération reprend une marche régulière. Cependant, en hiver, la conduite de l'amalgamation demande, à Zacatecas, surtout au Fresnillo, des précautions particulières, par la tendance qu'ont les *tortas* à s'échauffer pendant les jours froids, quoique l'amalgamation soit fort retardée. J'indiquerai plus loin la cause probable de ce singulier effet de l'abaissement de la température (*).

Les caractères de la *tentadura* ne sont bien distincts que pour ceux qui les ont longtemps étudiés avec patience ; mais, pour ceux-ci, ils paraissent avec assez de clarté, pour qu'à moins d'anomalies fort rares, deux *azogueros* portent toujours le même jugement sur la situation d'une *torta* dans le cours du travail ; mais ils ne sont pas aussi certains du point auquel il convient de considérer l'opération comme terminée ; et de là, résultent des différences de rendement assez considérables. Dans une espèce de concours entre divers *azogueros*, sur un même minerai mélangé et pesé avec la plus grande exacti-

(*) Voir ci-après le traitement du Fresnillo, chap. IV.

tude, les résultats du meilleur au moins habile présentèrent une différence de 7 p. % sur l'argent obtenu, quoique les compétiteurs fussent tous des gens habiles, et que le produit annuel en argent du minerai traité par chacun d'eux présentât une valeur de plusieurs centaines de mille piastres.

Une fois que la *torta* paraît avoir *rendido*, on se dispose à laver. A Guanaxuato, on transporte de suite le minerai du *patio* au lavoir, dans le fond duquel l'amalgame reste mêlé avec environ un huitième du poids du minerai. A Zacatecas et au Fresnillo, avant de porter au lavoir, on ajoute à la *torta* une quantité de mercure représentant 75 à 80 p. % de celle employée précédemment. Cette addition s'appelle le bain (*baño*), et on pousse le lavage jusqu'à ce que l'amalgame liquide reste presque complétement pur au fond du lavoir (*lavadero*) (voir le *lavadero* employé au Fresnillo, pl. II, fig. 2).

A Guanaxuato, les *lavaderos* sont des cuves en bois ou en maçonnerie dont voici les dimensions prises dans des *haciendas* principales :

Diamètre, 3^m; profondeur, 1^m,70. Les rateaux en bois servant d'agitateurs, 0^m,55. Trois de ces cuves communiquent ensemble par des ouvertures de 0^m,20 de hauteur et de 0^m,30 de largeur qui sont placées, l'une à 0^m,20, l'autre à 0^m,90 du fond du *lavadero*. Il y a en outre à la dernière cuve deux trous de décharge; le plus élevé est à $0^m,18$ du fond, et son diamètre est de $0^m,12$; il sert à l'écoulement des eaux; le plus bas, ne s'ouvrant que pour finir de nettoyer le fond, a $0^m,06$ de diamètre et touche le fond de la cuve.

Chaque opération se compose de trois *montones* de trente quintaux ($4,140^k$) de minerai qu'on verse peu à peu, sans jamais laisser arrêter les quatre mules qui donnent le mouvement aux rateaux des trois cuves, au moyen d'un engrenage. Pendant trois quarts d'heure, le rateau fait six tours par minute; ensuite, pendant deux heures trois quarts, il n'en fait plus que trois. On estime à environ un huitième du poids de la *torta*, le dépôt qui reste dans le fond des cuves après qu'on a laissé échapper les eaux par le trou de décharge situé à $0^m,18$ du fond. Ce dépôt, mêlé d'amalgame sec, est enlevé dans de grandes sébiles en bois (*bateas*) qui servent à séparer l'amalgame en le lavant à la main dans de grands bassins remplis d'eau. Ce dernier résidu, appelé *relaves*, est soumis à un nouveau traitement que j'indiquerai plus loin.

Au Fresnillo, le lavage s'exécute dans une seule cuve en maçonnerie, de $2^m,75$ de diamètre et de $2^m,33$ de profondeur. Pour éviter l'infiltration du mercure par le bas, les fonds de ces cuves, au Fresnillo et dans les principales *haciendas* de Zacatecas, sont des disques de porphyre de $3^m,40$ de diamètre et de $0^m,60$ d'épaisseur.

Deux de ces cuves, mais sans communication, sont placées à côté l'une de l'autre, de sorte qu'un même manége attelé de quatre mules fait marcher les rateaux de deux cuves. Le mouvement est plus accéléré qu'à Guanaxuato, et chaque cuve lave par heure 2 1/2 *montones* de vingt quintaux (2300^k), et l'amalgame, presque entièrement dépouillé de minerai, est extrait du fond du *lavadero* sans avoir besoin de lavage à la main. La figure 2, pl. II, est le dessin exact d'un *lavadero* du Fresnillo.

Cette méthode plus expéditive est bien moins parfaite que celle de Guanaxuato; aussi, le lavage des résidus aux *planillas*, qui est superflu dans cette dernière ville, est indispensable et produit beaucoup d'amalgame à Zacatecas et au Fresnillo. Au lieu de cuves à rateaux, on se sert à Real del Monte, à Tasco, et dans les districts de mines voisines de Mexico, d'une caisse en bois dans laquelle arrive un courant d'eau qui s'écoule ensuite par des trous de décharge placés à différents niveaux. Cette caisse étant à peu près pleine d'eau, on y verse le minerai que des hommes remuent avec des pelles, en ouvrant successivement les trous de décharge, jusqu'à ce que les parties les plus légères d'abord, et les plus lourdes ensuite, entraînées par l'eau, laissent l'amalgame presque pur sur le fond de la caisse. Au sortir de celle-ci, les eaux chargées de minerai suivent, pendant une distance de trente à quarante mètres, des conduits inclinés construits avec des planches à rainures ; par ce moyen, une partie de l'amalgame, entraîné hors de la caisse, s'arrête dans ces rainures, où on le recueille à chaque opération. Cette méthode est sans contredit la plus coûteuse pour la main-d'œuvre, et surtout la plus ruineuse par les pertes de mercure et d'argent qui en sont la conséquence.

Le transport, du *patio* au *lavadero*, se fait sur des brancards garnis de crottin de cheval, pour empêcher les boues de se répandre dans le trajet.

Une fois le mercure bien dépouillé des derniers fragments de minerai, en l'essuyant avec de la flanelle, on le filtre dans des chausses dont la partie supérieure est en cuir et le fond inférieur en toile à voile bien serrée ; le poids de l'amalgame est suffisant pour qu'une partie considérable du mercure filtre à l'état liquide, et tombe dans une cuve garnie de cuir, placée au-dessous. Dans l'amalgame qui reste sur le filtre, on peut évaluer, en commune, que la proportion du mercure équivaut à quatre ou cinq fois le poids de l'argent. Ces proportions varient suivant la masse sur laquelle on opère, l'argent étant plus abondant quand la quantité filtrée atteint un plus grand poids. L'amalgame du haut du filtre est beaucoup plus riche que celui du milieu, et sur-

tout que celui de la partie basse, qui, pris isolément, ne contient souvent pas plus d'un septième
d'argent.

Placé sur des tables couvertes en cuir, l'amalgame, au sortir de la chausse, est moulé et comprimé dans de petits moules triangulaires en bois,
formant des fractions de disque appelées *marquetas*.
Cette disposition est nécessaire pour former aisément, avec ces morceaux, une colonne destinée
à être recouverte par une cloche de bronze (*), pour
séparer par la chaleur le mercure de l'argent.

Cette opération, qu'on appelle *refogar*, s'exécute
en plaçant la colonne d'amalgame sur un support
en fer reposant, sans en couvrir entièrement l'orifice, sur un réservoir en maçonnerie, dans lequel
on maintient une quantité d'eau qui se renouvelle
sans cesse ; par-dessus la colonne, on fait descendre,
au moyen d'une poulie, la cloche de bronze (pl. ii,
fig. 4), que l'on entoure de briques circulaires à
une certaine distance ; l'intervalle est rempli de
charbon qui communique une température suffisante pour que le mercure se volatilise, puis se
condense dans le courant d'eau froide entretenu
dans le bas de l'appareil. Les bords de la cloche
reposent dans une rainure quelquefois remplie
d'eau, d'autres fois munie d'un lut de terre glaise

(*) *Capellina.*

suffisant pour défendre tout passage au mercure. Après huit à dix heures de feu, l'opération est terminée; quand elle est conduite avec soin, la perte en mercure est insignifiante et ne dépasse pas une once (28^{gr},760) sur cent livres (46^{k}) de mercure retiré.

Dans les *tortas* bien lavées, l'argent obtenu est très-fin, et généralement on le reçoit comme pur dans les hôtels des monnaies; cependant, il doit en résulter pour ces établissements une perte positive, car on sait combien il est difficile de se procurer de l'argent à $\frac{1000}{1000}$. Je reviendrai sur cette question en parlant des essais.

L'argent, après la distillation du mercure, est fondu en lingots qui, d'après les *ordenanzas* espagnoles, ne doivent pas dépasser un poids de cent trente-six marcs (31^{k},28). Quelques grandes exploitations ont le privilége de convertir elles-mêmes leur argent en lingots, mais, en général, la loi oblige à ce que cette fonte se fasse dans les laboratoires (*oficinas*) des essayeurs nommés par le gouvernement et établis dans les principaux districts de mines.

On voit qu'une fois le minerai trituré, l'argent est extrait de ses gangues par le *beneficio de patio,* sans aucun appareil autre qu'un lavoir et une cloché de bronze, sans autre main-d'œuvre que le foulage des boues par le pied des hommes ou des ani=

maux, sans autre combustible que celui nécessaire au grillage du *magistral* et à l'évaporation de l'amalgame, et enfin, sans autre ingrédient que

2 à 3 pour o/o de sel,

1 à 3 de *magistral*,

et avec une quantité de mercure perdue, sur laquelle il est nécessaire d'entrer dans quelques détails.

Depuis une date qui n'est pas connue, les *azogueros* ont établi comme un principe qu'une quantité d'argent ne saurait être obtenue par le mercure sans causer la destruction d'une quantité égale de ce dernier métal. Ils ont appelé ce déficit *consumido*; il y en a en outre une quantité de plus pour arriver à la totalité du manque de mercure à la fin de l'opération, et cette quantité, que les *azogueros* considèrent comme perte mécanique ou causée par défaut de soins, est appelée *perdida*. On voit que tout ceci se réduit à diviser la perte totale en deux fractions; l'une fixe, l'autre variable, à chacune desquelles on donne un nom différent.

Tous ces calculs se rapportent à un marc d'argent obtenu, équivalent à huit onces (229^{gr},880); ainsi, quand à Guanaxuato le déficit total du mercure a été de douze onces pour chaque marc d'argent obtenu, l'*azoguero*, pour établir sa comptabilité, dit toujours :

Consumido................... 8 onces (229,880 gr.)
Perdida.................... 4 » (114,940)

Le principe d'une perte de mercure égale au moins au poids de l'argent obtenu, est un préjugé tellement enraciné chez la plupart des *azogueros*, que c'est peine perdue de discuter avec eux sur ce point. En vain leur dit-on que l'argent pur s'unit au mercure en formant un amalgame dont le poids représente celui des deux métaux pesés séparément; que dans le *beneficio de cazo*, comme je le dirai plus tard, la perte est presque nulle, et enfin que dans des minerais très-riches en argent natif, comme quelques sortes de la mine de S. Clemente de Zacatecas, le manque total ne s'élève quelquefois qu'à sept onces de mercure pour huit onces d'argent.

Le déficit total du mercure varie beaucoup suivant la nature du minerai, à moins de la présence assez rare d'argent à l'état natif en proportion considérable; elle varie depuis dix jusqu'à vingt-quatre onces par marc d'argent retiré. Cette question de la perte du mercure est le point le plus important du *beneficio de patio*, qu'on le considère sous le rapport de la science ou sous celui de l'industrie : aussi est-il indispensable de la traiter avec les plus grands détails; mais comme ceux-ci manqueraient de clarté s'ils n'étaient précédés d'un examen raisonné des phénomènes de l'opération, il m'a semblé nécessaire d'indiquer les lumières que la théorie

9*

a jetées sur ces faits, avant de dire les modifications que les diverses espèces de minerai doivent apporter autant dans la perte du mercure que dans le produit en argent.

Observations sur la théorie du BENEFICIO DE PATIO.

On ignore complétement quelles étaient les idées de Medina sur la théorie de sa découverte; celles de Barba nous ont été transmises, et en lisant son ouvrage, on trouve, à côté d'observations fort sensées sur les faits, des opinions sur les causes, empreintes des raisonnements des alchimistes, dont cet auteur partageait les idées sur la transmutation des métaux, au point d'assurer que la couperose possédait la propriété de changer en cuivre le fer qu'on plongeait dans sa dissolution. Ce qui semble le plus digne d'attention dans l'œuvre de Barba, c'est la classification des minerais pour la fonte et l'amalgamation. Il recommande le premier traitement pour ceux qui possèdent beaucoup de parties métalliques brillantes; et le second pour ceux où cet état a disparu. Cette observation, pleine de justesse et basée sur les caractères extérieurs des minerais, est accompagnée de réflexions intéressantes sur l'action destructive exercée sur le mercure par les sulfates de fer ou de cuivre en contact avec le sel marin.

L'opinion la plus générale qu'on retrouve dans tous les auteurs qui ont écrit sur l'amalgamation jusqu'à Sonneschmidt, est celle-ci : « Dans les mine-« rais, l'argent se trouve recouvert par diverses « substances, comme le soufre, l'arsenic, l'antimoine, « qu'ils nomment *Maletias*, et cette enveloppe l'em-« pêche de pouvoir s'unir au mercure. Le sel marin « a la propriété de nettoyer (*limpiar*) la surface de « l'argent de ces impuretés; mais cette action ne « peut s'exercer qu'à l'aide de la chaleur que le *ma-« gistral* introduit dans le mélange convenablement « humecté. » De ces idées sont venus les mots de froid et de chaud appliqués à la *torta.*

Sonneschmidt les a combattues par des explications sans réplique, appuyées d'un côté sur une partie des phénomènes les plus patents de l'opération, et de l'autre sur des raisonnements que les progrès récents de la chimie lui permirent d'appliquer à son explication théorique de tout le *beneficio de patio.* En voici le résumé. Ce n'est qu'à l'état natif que l'argent peut se combiner avec le mercure, et si, en broyant avec du mercure quelques espèces de mine-rais qui ne renferment pas de l'argent natif, on obtient un peu d'amalgame, c'est que dans le mine-rai même il se trouve des parties métalliques capa-bles de réduire l'argent existant à un état complexe. Mais ces composés, ainsi que l'argent natif, sont susceptibles de passer à l'état d'argent muriaté, en.

les mettant en contact avec l'acide muriatique libre
que l'acide sulfurique du *magistral* dégage dans une
dissolution de sel marin. Ce passage momentané
de l'argent à l'état muriaté pourrait être détruit par
le mélange de terres alcalines ; mais l'argent réduit
serait à l'état d'oxyde et ne s'unirait point au mercure ; quelques métaux ayant la propriété de séparer
d'autres métaux à l'état de pureté des acides auxquels ils sont unis, le mercure joue ce rôle vis-à-
vis de l'argent, qui passe à l'état natif en abandonnant l'acide muriatique au mercure qui se détruit
en partie. Cette action de l'acide muriatique, lors de
la réduction de l'argent, et l'action exercée par l'a-
cide muriatique sur le mercure directement, sont
les deux causes de la perte de ce métal, l'action directe se manifestant chaque fois qu'il faut ajouter
du *magistral*. Le mercure manquant est dans les
résidus ou à l'état de combinaison avec l'acide muriatique, ou à l'état de pureté ; cette division est pour
Sonneschmidt la manière d'envisager le *consumido*
et la *perdida* ; le premier représente la perte chimique, la seconde, la perte mécanique, mais sans
adopter le chiffre fixe des *azogueros* pour le premier.

On voit, dans cette théorie, que le sel marin et le
sulfate de cuivre ne jouent un rôle que par les acides qu'ils renferment ; il était réservé à d'autres
observateurs de faire connaître l'influence du cuivre

et celle du sel marin indépendante de sa décomposition.

Après l'adoption de la chimie atomistique, on voulut rapporter à des proportions fixes la perte du mercure, et l'on vit que si c'était du protochlorure de mercure, $Cl\,Hg$, qui était formé, la quantité de mercure était à celle de l'argent :: 25 : 27, tandis qu'elle était :: 25 : 54, si c'était du deutochlorure; $Cl^2\,Hg$. Mais il est impossible d'appliquer ce genre de recherches à l'opération en grand, car la proportion du mercure chloruré par la réduction de l'argent est modifiée par la quantité indéfinie de ce dernier métal existant dans le minerai à l'état natif; la perte mécanique du mercure ne saurait non plus être évaluée exactement ; il est donc impossible de vouloir réduire à ces formules les opérations du *patio*, au résultat desquelles concourent tant de causes si différentes et si difficiles à apprécier.

M. Karsten est, je crois, le premier qui ait indiqué l'utilité du sel marin, comme dissolvant du chlorure d'argent, en multipliant par cela même les points de contact. Ce savant indiqua aussi, sans appuyer cette assertion d'une expérience concluante, que l'emploi du *magistral* avait pour objet la formation du bichlorure de cuivre, qui, en pénétrant dans le métal, transforme la surface des molécules d'argent en chlorure. Vers la même époque, M. Boussingault vint confirmer par une expérience concluante l'action du bichlorure de cuivre indiquée par M. Karsten; en mettant du sulfure d'argent en contact avec du bichlorure de cuivre et du sel marin, il obtint du chlorure d'argent et du sulfure de cuivre; il démontra également que le bichlorure de cuivre passait en partie à l'état de protochlorure, soluble dans la dissolution de sel marin.

Par ces nouvelles découvertes, ajoutées aux premières recherches rationnelles dues à Sonneschmidt, on voit que, dans le *patio*, l'argent à l'état natif s'unit sans difficulté au mercure ; que le sulfure d'argent, converti en chlorure par la décomposition du bichlorure de cuivre, créé par l'action du sulfate de cuivre sur le chlorure de sodium, se dissout dans l'eau chargée de sel marin en excès, et que, réduit ensuite par le mercure, il passe à l'état métallique pour s'amalgamer.

Pour l'argent métallique et l'argent sulfuré, l'opération est théoriquement éclaircie; mais il reste encore une étude plus compliquée à faire, c'est celle des sulfures complexes qui se réduisent avec une grande difficulté au *patio* ; l'argent rouge antimonié sulfuré $6\overset{\cdot}{A}g + \overset{\cdots}{S}b$, par exemple, se travaille moins facilement que l'argent antimonié sulfuré noir $3\overset{\cdot}{A}g + \overset{\cdots}{S}b$, tandis que des cuivres gris (*fahlherz*), dont les mines de Ramos ont fourni des masses fort riches, sont souvent dociles à l'amalgamation.

Il est naturel de supposer que dans la réduction

du chlorure d'argent par le mercure, ce dernier métal passe simplement à l'état de protochlorure; cependant ce sel se réduisant par moitié à l'état métallique, l'autre moitié devenant du deutochlorure, quand on le fait bouillir dans une dissolution concentrée de sel marin, il était possible de penser que ce changement s'opérât en partie à la température ordinaire. J'ai fait quelques essais sur les dissolutions concentrées des eaux de lavage de Guanaxuato, qui semblent prouver qu'il n'y a pas de deutochlorure de mercure formé.

Ces eaux, qui donnaient un précipité blanc par le cyanure ferroso-potassique, et un dépôt de chlorure d'oxyde de cuivre par un long repos à l'air, n'indiquaient nullement la présence du mercure avec l'iodure de potassium; mais j'ai, au reste, employé un moyen électro-chimique fourni par M. Becquerel, qui ne m'a laissé aucun doute sur l'absence dans ces eaux de tout sel de mercure soluble. Pour cela, je les ai soumises, après concentration, à l'action d'un couple zinc et or, en séparant le zinc de la dissolution par un diaphragme en porcelaine, dans lequel j'ai versé d'abord de l'eau salée très-concentrée, puis de l'eau aiguisée d'acide nitrique; le courant, assez fort pour décomposer l'eau, n'a pas produit la moindre trace d'amalgame sur la surface polie de la lame d'or.

En examinant l'opération du *beneficio de patio*,

à l'aide des nouvelles explications fournies par MM. Karsten et Boussingault, il n'est pas permis de douter que la présence du deutochlorure de cuivre nécessaire à la chloruration des sulfures d'argent, exerce aussi une action chlorurante sur le mercure, indépendante de la chloruration qui résulte de la réduction par ce métal du chlorure d'argent. On est donc porté à penser qu'il y aurait amélioration en n'introduisant d'abord dans les boues que du sel et du *magistral* pour achever la chloruration de l'argent avant de verser le mercure; cela paraît même si naturel, que cette observation, qui se présente de prime abord à toute personne qui étudie l'amalgamation américaine, a été faite depuis longtemps, même avant les éclaircissements fournis par Sonneschmidt; et on trouve cette idée bien nettement expliquée dans Sarabia, en 1784; dès lors, l'action chlorurante sur l'argent, provenant de la réunion du sel marin et du *magistral*, avait été considérée comme pouvant être isolée ou précéder celle du mercure; on avait même cherché à mettre à exécution cette division dans le *beneficio de curtido*, qui n'est qu'une modification du procédé actuel, dans laquelle on laisse, pendant un certain nombre de jours, les boues mélangées de sel et de *magistral*, avant de mettre le mercure.

Pour que le but fût complétement atteint, il faudrait, avant de mettre le mercure, employer une substance alcaline produisant la décomposition du deutochlorure de cuivre mis en excès pour activer la chloruration de l'argent, et qui, n'ayant pas été employé en totalité, agirait sur le mercure : il faudrait que cet alcali n'eût pas l'influence de la chaux qu'indique Sonneschmidt, de déchlorurer l'argent, il est vrai, mais en le faisant passer à un état qui ne lui permet pas de s'unir au mercure, action qui au reste n'a pas encore été bien étudiée. Ce résultat obtenu, cette partie de la perte chimique du mercure serait évitée. Pour remédier à l'autre partie due à la réduction du chlorure d'argent par le mercure, on a proposé de mêler aux boues de la limaille de fer; on a même indiqué et essayé comme moyen de réduction, tout en préservant le mercure, l'addition d'amalgame de cuivre et de zinc, en se basant probablement sur la singulière propriété que possède le mercure dans son union avec des métaux plus oxydables que lui, de laisser arriver le courant électro-négatif jusqu'à ces corps, sans être lui-même altéré par ce passage.

Les avantages du *beneficio de curtido* ont été très-contestés, non-seulement pour la perte moindre du mercure, puisqu'on ne réduisait pas préalablement le reste du bichlorure de cuivre, mais surtout pour le rendement en argent qui était inférieur à celui obtenu par le procédé ordinaire; on y a donc presque complétement renoncé.

Les expériences avec les amalgames de cuivre et de zinc n'ont pas jusqu'à présent obtenu de grands succès dans les tentatives d'application en grand; celles qui ont été faites au Fresnillo avec le premier de ces amalgames, ont donné un produit d'argent et un manque de mercure semblables aux résultats obtenus en même temps sur une même quantité du même minerai, par le plus habile des *azogueros* de la compagnie. A Guadalupe y Calvo, dans le département de Chihuahua, deux exploitations considérables travaillent néanmoins leur minerai avec de l'amalgame de cuivre, procédé qui sera décrit plus loin en parlant de ces mines. Il faudrait se garder d'en conclure que cette innovation, calculée pour effectuer la réduction du chlorure d'argent en présence du mercure par un autre métal plus oxydable, intimement mélangé avec lui et destiné à empêcher sa combinaison avec les corps électro-négatifs, ne puisse être la source d'une diminution considérable dans la perte du mercure; si cet avantage n'a pas encore été démontré, cela peut tenir à une infinité de causes secondaires dont abondent les phénomènes qui se rattachent à l'électro-chimie, pour la plupart d'un ordre trop élevé pour ne pas échapper souvent, et même, dans quelques cas, pour ne pouvoir être compris par les personnes qui ont suivi ces expériences.

Pour obtenir une diminution sur la perte du mercure, il semble qu'il eût été convenable de ne pas étendre l'action préservative du cuivre et du zinc à autre chose qu'à la réduction du chlorure d'argent, en n'introduisant ces amalgames qu'à une époque à laquelle la chloruration des sulfures d'argent déjà opérée aurait permis de se débarrasser de l'excès de bichlorure de cuivre ou de sulfate de cuivre du *magistral* qui le produit; mais ceci suppose, comme dans le *beneficio de curtido*, la possibilité d'obtenir un bon résultat en argent, en séparant en deux époques distinctes la chloruration de l'amalgamation; et je crois qu'on ne s'est jamais assez arrêté à considérer l'influence que cette division pouvait exercer sur le rendement d'argent, question encore plus intéressante que la perte plus ou moins grande du mercure.

Il est assez difficile d'apprécier sur du sulfure d'argent artificiel, toujours moins compacte que le naturel, jusqu'à quelle profondeur pénètre, dans un temps donné, l'action chlorurante du bichlorure de cuivre au degré de concentration où il existe dans les eaux des boues du *patio*; cependant, si l'on considère qu'en maintenant pendant plusieurs jours une lame très-mince d'argent métallique sous l'action sulfurante et énergique d'un sulfure alcalin, mêlé d'eau, on ne parvient à sulfurer qu'une très-faible partie de la surface, l'intérieur de la lame, mis à découvert par un instrument tranchant, conservant son éclat métallique, il est permis de croire que la chloruration ne pénètre pas fort avant dans les molécules, même dans celles réduites par la trituration à un petit volume. D'après cela, on doit admettre que non-seulement le renouvellement des surfaces, mais encore leur dépouillement par friction, produit dans le foulage des boues, jouent dans l'opération un rôle important, et que, sans ce frottement, l'action dissolvante du sel marin sur le chlorure d'argent formé, ne serait pas suffisante, attendu le peu de liquidité des boues et le peu de concentration des eaux qui diminuent naturellement cette faculté dissolvante.

Des recherches sur le pouvoir dissolvant de l'eau salée devenaient nécessaires pour expliquer plus clairement les phénomènes de l'amalgamation mexicaine; de nombreuses expériences entreprises dans ce but m'ont fourni les résultats suivants :

L'eau saturée de sel marin en contient une quantité sensiblement égale au tiers du poids de ce liquide. Un litre d'eau saturée de sel marin ne dissout à la température de + 10° que 0^{gr},570 d'argent récemment combiné avec le chlore. La faculté dissolvante du sel marin dissous dans l'eau pour l'argent est donc comme 333,000 : 570, ce qui équivaut à dire que la quantité d'argent unie au chlore que peut dissoudre l'eau saturée de sel marin, représente 0,0017 du poids du sel marin employé.

L'influence de la température sur ce pouvoir dissolvant de l'eau salée était intéressante à étudier pour l'amalgamation à chaud, et la moyenne d'un grand nombre d'expériences m'engage à considérer qu'un peu au-dessous de la température de l'eau bouillante, la quantité d'argent dissoute est sensiblement quadruple de celle qui se dissout à + 10°. Il est à remarquer, en outre, qu'en approchant du point de congélation, le pouvoir dissolvant devient presque nul ; remarque qui peut servir à expliquer quelques phénomènes particuliers observés en hiver, et dont je parlerai en décrivant le traitement du district de Fresnillo, où ils se sont présentés fréquemment.

On voit donc que la décomposition des sulfures d'argent en chlorure ne se réalise pas spontanément dans toute l'épaisseur des molécules, mais seulement par couches superficielles, qui, à moins de les enlever au fur et à mesure qu'elles se forment, par des moyens physiques et chimiques, préservent de toute altération les couches inférieures ; ceci entraîne également, pour obtenir une chloruration parfaite, l'obligation de foulage ou *repasos* répétés, et présente une autre difficulté plus coûteuse à vaincre, qui serait l'emploi d'une masse considérable de sel marin, suffisante pour donner aux eaux le pouvoir de tenir à la fois en dissolution

tout le chlorure d'argent que la richesse des sulfures du minerai peut produire. Sans l'emploi
des mêmes moyens mécaniques et aussi répétés que ceux du *beneficio* ordinaire, et sans la
dépense d'une quantité de sel marin beaucoup plus
forte que celle qui, dans le procédé actuel, est suffisante, parce que le chlorure d'argent qu'elle
tient en dissolution, en se réduisant, lui permet
d'en dissoudre une nouvelle quantité, il ne semble
pas possible d'obtenir les mêmes rendements d'argent en séparant la chloruration par *voie humide*
de la réduction et de l'amalgamation. J'emploie
l'expression de *voie humide*, parce qu'on pourrait
citer les résultats du procédé de Freyberg comme
étant en opposition avec la chloruration par couches; mais, comme on sait, en Saxe, la chloruration exécutée à une température élevée, au moyen
d'un excès de chlore, produit par l'action des sulfates métalliques sur un poids de sel marin quadruple de celui employé comme chlorurant et dissolvant au Mexique, doit pénétrer bien plus avant
les molécules, d'autant plus que, lorsque le chlore
est produit, les sulfates d'argent et des métaux
qui l'accompagnent, convertis en sulfates au commencement du grillage, doivent aisément passer à
l'état de chlorures, en abandonnant leur acide sulfurique à la soude qui leur cède son chlore.

En résumé, il paraît difficile d'apporter des

améliorations partielles dans l'amalgamation du *patio*, attendu :

1° Que par le moyen de chloruration peu énergique qu'elle comporte, cette opération ne peut s'effectuer convenablement qu'en dissolvant le chlorure d'argent à mesure qu'il est produit ;

2° Qu'en employant le sel marin comme dissolvant en proportion suffisante pour dissoudre en même temps tout le chlorure d'argent produit, il faudrait en consommer une quantité telle, qu'au prix élevé de cette substance au Mexique, cette dépense dépasserait celle de la perte du mercure ;

3° Que la réduction du chlorure d'argent par un autre métal avant de verser le mercure, entraînant l'obligation d'avoir détruit préalablement les bichlorures de cuivre ou perchlorures de fer qui, s'ils existaient encore dans les eaux, feraient passer de nouveau à l'état de chlorure l'argent réduit à l'état métallique, cette réduction demande forcément l'emploi de la quantité considérable de sel dont on vient de signaler l'inconvénient sous le point de vue de la dépense.

On peut donc presque conclure que l'amalgamation, sans aucun emploi de combustible, continuera à motiver une perte considérable de mercure, tant que la chimie n'aura pas indiqué un autre mode de chloruration plus énergique par voie humide, et un dissolvant plus actif que le sel marin, ou moins coûteux que l'ammoniaque, qui, à cause de sa volatilité et de son coût, même en se le procurant avec de l'urine pourrie mêlée à de la chaux, ne pourrait s'obtenir à un prix assez modéré et en quantité suffisante pour les masses de minerai à travailler.

Après avoir indiqué combien les réactions des divers composés employés dans le *patio* rendent presque inévitable la perte du mercure, il reste à examiner quelles chances de succès se présentent pour extraire ce métal des résidus.

On peut, je crois, affirmer que dans l'opération bien conduite, il n'existe pas de sels de mercure solubles dans l'eau; mais il n'a jamais été prouvé qu'en sus de la partie perdue mécaniquement à l'état liquide ou d'amalgame, et de celle convertie en protochlorure, il n'y ait pas du sulfure de mercure qui peut se former par le soufre libre, que M. Boussingault prétend se produire en partie dans la réduction du sulfure d'argent par le bichlorure de cuivre, et enfin du mercure oxydé, ou au moins si divisé qu'il s'entoure d'air et qu'il perd la faculté de s'unir aux molécules liquides.

La perte commune du mercure pour un marc d'argent obtenu, est évaluée de manière différente; dans le rapport intéressant présenté en 1836 à la Chambre des députés du Mexique, par la direction de la *Mineria*, on la porte à une livre, quantité qui me paraît trop élevée, mais qui ne l'est pas tellement qu'on puisse craindre d'arriver à des résultats trop éloignés de la vérité, en la prenant provisoirement pour base dans les calculs à établir pour connaître avec quelle proportion de minerai le mercure est mélangé dans les résidus. D'un autre côté, en évaluant à 0,002 la quantité commune d'argent extraite du minerai par l'amalgamation mexicaine, on peut dire qu'en supposant que l'infiltration à travers les joints des dalles du *patio* ou les parois du lavoir fût nulle, et que l'évaporation à la température ordinaire, ou l'entraînement par les eaux des molécules très-divisées, ne fussent pas une cause de perte, on arrive à un poids de mercure qui est à celui des résidus :: 4 : 1000.

Après ces considérations probables pour justifier le manque dans les résidus d'une partie du mercure perdu, il faut ajouter celui qui se volatilise dans la distillation de l'amalgame; mais cette cause de perte est beaucoup moins forte que ne l'ont supposé plusieurs savants en parlant de cette partie de l'opération; il suffira de dire qu'au Fresnillo, elle s'exécute sans que le déficit dépasse 0,001 du mercure contenu dans l'amalgame.

Toutes ces causes tendant à démontrer qu'une partie du mercure manquant n'existe pas dans les résidus, engagent à calculer celle qui s'y trouve à

o,oo3. Certainement, si l'on estime à quatre millions de quintaux le poids du minerai soumis annuellement à l'amalgamation mexicaine, on trouve
qu'il passe dans les résidus, dans ce même laps de
temps, un poids de mercure égal à douze mille
quintaux, qui, au prix actuel de cent trente piastres le quintal (46[k]), représentent une valeur de
un. million cinq cent soixante mille piastres;
somme énorme, bien faite pour éveiller le zèle de
la science et de l'industrie, mais pour la réalisation
de laquelle leurs efforts réunis semblent devoir
être infructueux, si on examine en même temps
les moyens qu'on peut employer pour atteindre ce
but.

Le premier qui se présente est la distillation;
mais on ne s'y arrête pas, le degré de température
à obtenir et à maintenir pendant un assez long
espace de temps sur des masses semblables dans
des appareils fermés, ne permettant pas d'établir
de comparaison entre la petite valeur du produit à
obtenir, et celle du combustible nécessaire, même
s'il était sur les lieux beaucoup plus abondant; on
passe donc de suite à quelque procédé fondé sur
la voie humide.

Il est naturel de penser qu'en présence du sel
marin dont, malgré le lavage, les résidus restent
imprégnés, au point que leur surface ne tarde pas
à se couvrir d'efflorescences, le mercure passe en-

tièrement à l'état de protochlorure insoluble, qu'il convient de transformer en bichlorure pour pouvoir le dissoudre, et ensuite réduire le mercure à l'état métallique par un des métaux qui le précipitent de ses dissolutions. Des chimistes éclairés ont détaillé les moyens qu'ils conseillaient d'employer pour arriver à ce dernier résultat; mais comme leur application demande des manipulations répétées, des appareils très-vastes, et l'emploi d'auxiliaires qui ne pourront de longtemps être produits économiquement au Mexique, tels que les acides chlorhydrique et sulfurique, il est permis de dire que ces moyens, praticables au milieu d'une civilisation industrielle fort avancée, ne sauraient l'être dans l'état très-primitif des principaux districts de mines, dans lesquels, au surplus, la cherté du chlorure de sodium a déjà été indiquée, et s'opposerait complétement à la production de l'agent chlorurant, indispensable dans cette méthode.

L'extraction du mercure des résidus semble donc aussi peu profitable que sa perte paraît difficile à éviter dans l'amalgamation du *patio;* cependant, on pourrait tenter avec plus de chances quelques améliorations pour ce dernier point, même avec des frais égaux ou supérieurs à ceux du procédé actuel, si la nouvelle méthode avait aussi une influence favorable sur le rendement en argent.

Pour une infinité de minerais, la proportion d'argent laissée par le travail du *patio* n'est pas moindre de 40 p. % de la quantité totale indiquée par les essais docimastiques faits sur le minerai avant le traitement. Ces résidus, il est vrai, sont concentrés par le lavage, et les schlichs sont soumis à un nouveau *beneficio*, qui ne diffère du premier, le plus souvent, que par un grillage à basse température, qu'on exécute avant de les passer une seconde fois au *patio*. Dans l'état de division extrême où se trouve le minerai après la première opération, cette concentration par le lavage des résidus dans les *planillas* ne s'opère qu'en perdant la plus grande partie de l'argent qui est entraîné par les eaux; le traitement de ces schlichs est ensuite lui-même très-défectueux, et c'est en vain que les *azogueros* cherchent à prétendre, quand les résidus du premier traitement sont trop riches, qu'ils en retirent l'argent par d'autres opérations; la plus grande partie de cette valeur ne reparaît plus, et celle qu'on obtient est réduite à bien peu de chose quand on a déduit les frais de concentration, le grillage et le coût du second traitement. On devrait donc apporter beaucoup plus d'attention qu'on ne le fait généralement à la différence qui existe entre les essais et le rendement du *patio*; mais pour cela, il faudrait que les essais fussent généralement pratiqués, et les *azogueros* ont un tel intérêt

à les empêcher, pour cacher les écarts de leur pratique, qu'ils ont persuadé à la plupart des exploitants
que c'était une dépense inutile. A l'appui de cette
assertion, je citerai le district de Catorce, qui produit annuellement plus d'un million de piastres,
sans avoir un seul essayeur dans un rayon de cinquante lieues; et une des principales compagnies,
qui, avec un produit presque double, avait supprimé
pendant plusieurs années son laboratoire d'essais
comme dépense inutile, puisque ses indications ne
s'accordaient pas avec le rendement du *patio*.

Les compagnies anglaises en ont agi différem-
ment, et leurs *azogueros* ont fini par convenir que
les essais sur la teneur du minerai leur étaient
d'un grand secours pour la conduite des *tortas*.
En décrivant les principaux districts, j'indiquerai
la teneur fournie par mes essais sur des résidus, et
celles qui m'ont été indiquées d'après les essayeurs,
là où ils existent. Il y a entre la richesse de ces
résidus une variation extrême suivant la nature
des minerais qui les ont fournis, et c'est le point
important qui se rattache à la question d'amélioration de traitement. J'ai déjà indiqué que l'argent
natif et l'argent sulfuré simple se traitent bien
plus complétement que les sulfures d'argent plus
complexes; j'ajouterai que cette difficulté devient
encore plus grande autant pour la perte du mercure que pour celle de l'argent, à mesure que le mi-

nerai contient une plus grande proportion d'autres
sulfures métalliques; on pourrait même, je crois,
dire à l'avance, au moyen d'essais qui ne sont pas
très-compliqués, quelle est la quantité d'argent que
l'*azoguero* le plus habile ne pourra pas dépasser
dans le traitement de telle ou telle espèce de minerai. Ces essais reposent sur les bases suivantes :

En soumettant à l'action de l'acide chlorhydrique pur et bouillant le minerai porphyrisé à un
même degré de finesse que pour le traitement en
grand, les divers sulfures d'argent sont attaqués et
passent à l'état de chlorure, tandis que l'argent
pur ne l'est point, et que les pyrites restent intactes, à moins qu'on ne prolonge très-longtemps
l'opération; en faisant ensuite digérer le tout dans
l'ammoniaque et filtrant, on peut, en essayant le
résidu après l'avoir lavé, connaître, par différence,
la quantité d'argent qui a été chloruré.

En triturant une quantité égale de minerai avec
du mercure, et séparant par le lavage l'amalgame
formé, on peut, par un autre essai, connaître la
quantité d'argent contenue dans le minerai à l'état
métallique.

La somme de l'argent métallique et de l'argent
chloruré, déduite de la teneur totale du minerai
déterminée déjà par un essai préalable, donne
pour différence la quantité d'argent qui, combiné
mécaniquement ou chimiquement avec les pyrites,

ne peut se séparer de ces dernières, car, dans l'amalgamation du *patio*, elles sont encore moins attaquées que par l'acide chlorhydrique bouillant.

On peut donc fractionner en deux lots la teneur totale du minerai, et connaître à l'avance la moindre richesse que doivent toujours contenir les résidus, dans les circonstances les plus favorables du traitement; mais cette richesse est nécessairement dépassée, parce que la chloruration du *patio* n'a jamais, même sur les sulfures d'argent, toute l'énergie de l'acide, qui chlorure aussi la galène, et met à découvert l'argent qu'elle peut contenir; ce qui n'a lieu qu'en faible partie dans le *patio*, où le sulfure de plomb n'est décomposé que superficiellement et seulement quand on emploie un excès de *magistral*.

On conçoit qu'à la simple inspection il soit possible d'apprécier, par la proportion des sulfures métalliques que contient un minerai, relativement à la partie pierreuse, quelle sera l'exactitude de son rendement au *patio*. Au reste, l'influence qu'exercent les sulfures métalliques est démontrée par la différence entre le produit et l'essai observés sur divers minerais, selon leur nature.

A Guanaxuato, dont le minerai surtout est composé d'argent natif ou sulfuré, avec peu de pyrites, de galène ou de blende, la perte n'est évaluée, d'après une suite d'essais, que de 5 à 7 pour % de la

richesse totale; mais d'après mes essais, je ne
la crois pas moindre de........... 10 p. %

Au Fresnillo, sur le produit d'une
année comparée aux essais, minerai
chargé de galène, pyrites et blende.. 28 p. %

A *Veta grande* (Zacatecas), minerai
quartzeux contenant peu de sulfures
métalliques, mais beaucoup d'argent
sulfuré, antimonié rouge et noir, la
différence des essais sur le produit a
varié de .... 35 à 40 p. %

Il est donc facile de voir que pour les minerais
complexes, qui sont les plus abondants, une extraction plus exacte de l'argent, combinée avec
une économie de mercure, pourrait laisser encore
beaucoup de marge à un procédé nouveau, lors
même que son application rendrait nécessaires des
appareils plus dispendieux, et une somme de débours, de main-d'œuvre ou d'ingrédients, supérieure à celle exigée pour le *patio*. C'est donc surtout aux innovations qui peuvent atteindre ce
double but, que doivent tendre les travaux entrepris par les métallurgistes européens, qui peuvent
désirer aider de leurs lumières l'industrie des mines
d'argent au Mexique.

On ne peut s'empêcher de trouver bien étrange,
en effet, que le vieux continent n'ait pas pu fournir au nouveau monde quelques modifications

utiles à la découverte de Medina, qui a été pratiquée presque pendant trois siècles, sans que les progrès de la chimie y aient introduit des changements notables. J'ai acquis la certitude que cette assertion ne saurait être contestée à la suite de recherches que j'ai faites dans les archives de la famille de Cortez, dont les premiers descendants, portant le titre de marquis del Valle de Oaxaca, continuèrent le travail des mines de Tasco. Il existe, en effet, dans ces archives, gardées soigneusement dans l'hôpital de Jésus, fondé à Mexico par Cortez, plusieurs dossiers parfaitement conservés, et dont l'écriture, malgré les nombreuses abréviations, devient, après un peu d'étude, parfaitement intelligible à toute personne bien familiarisée avec la langue espagnole. Malheureusement, ces document ne se suivent pas, et, malgré mes désirs, il m'a été impossible d'en extraire des renseignements assez complets pour calculer les débours de l'exploitation ou de l'amalgamation ; mais j'ai eu la satisfaction d'en retirer des chiffres qui ne laissent aucun doute sur la teneur moyenne fournie par les minerais exploités à cette époque, ainsi que sur la quantité de mercure perdu relative à un marc d'argent obtenu. Voici le résumé des documents que j'ai déchiffrés et dont les dates s'étendent de 1570 à 1585 :

QUINTAUX LE MINERAI.	MARCS D'ARGENT OBTENU.	LIVRES DE MERCURE PERDU.
2,370 ou livres 237,000.	772 1/4.	581.

Un marc d'argent égalant une demi-livre, on voit que l'argent extrait est au poids du minerai comme 16 : 10,000, et que la perte du mercure correspond à 12 onces par marc, proportions sensiblement les mêmes que celles observées dans les minerais et l'amalgamation de l'époque actuelle.

---

§ VI. DE L'AMALGAMATION A CHAUD, OU TRAITEMENT AU CAZO.

Le traitement des minerais d'argent par l'amalgamation à chaud, dans une chaudière de cuivre, n'a pas été employé au Mexique aussi généralement que dans l'Amérique du Sud, sans doute parce que les combinaisons minéralogiques de l'argent, qui peuvent être travaillées par ce procédé, sont moins abondantes dans la première que dans cette autre partie de l'ancienne domination espagnole. Par la description de l'opération, il sera facile de comprendre que ce procédé, au moins tel qu'il a été usité jusqu'à présent, ne peut s'employer que pour certaines espèces de minerais dans lesquels l'argent se trouve à l'état natif de chlorure, de bromure, et probablement, dans quelques cas, avec mélange d'iodure.

Le minerai travaillé au *cazo* est presque toujours de l'espèce nommée *colorados*, sauf quelques rares exceptions dont il sera question plus loin. Après l'avoir bocardé à la main, ou avec le secours des *molinos*, il est porphyrisé à l'*arrastra*, comme pour le *beneficio de patio*, avec cette différence cependant, que la concentration par le lavage qu'on lui fait subir ensuite, engage, pour éviter les pertes, à ne pas pousser la mouture aussi loin, afin que les parties d'argent qui sont généralement moins disséminées que dans les minerais *negros*, puissent, à l'aide de leur grosseur, courir moins de chances d'être entraînées par l'eau. Cette concentration s'exécute avec l'appareil nommé *planilla*, qui a été décrit précédemment. Réduit à environ 2 p. % de son poids primitif, le minerai est versé de suite dans le *cazo*, ou chaudière à fond de cuivre, dont les bords sont formés de douves en bois ou en pierre.

Celui de ces appareils le plus généralement et le plus anciennement usité (pl. III, fig. 3) est d'une dimension qui dépasse rarement o^m,70 en diamètre dans le fond; il atteint un mètre dans la partie supérieure, tandis que sa profondeur est d'environ o^m,5o.

Le fond de l'appareil est en cuivre fondu, dont l'épaisseur varie de o^m,o3 à o^m,o8, suivant la durée du service. Les douves sont emboîtées sur le fond de cuivre, au moyen d'une entaille pratiquée dans la base de celles-ci, et tous les joints sont lutés avec de l'argile, dont une couche assez épaisse entoure toute la circonférence extérieure, contre laquelle on la maintient par un mur en briques séchées au soleil.

Le fond de cuivre, qui repose par sa circonférence sur ce même mur, forme le toit d'un foyer sans grille ni cheminée, et muni d'une seule ouverture, servant d'entrée au combustible et de sortie aux cendres et à la fumée.

On allume le feu, on verse dans le *cazo* une quantité d'eau calculée pour former une bouillie très-liquide avec le minerai qu'on vide aussitôt. Quand la température du mélange arrive à l'ébullition et que les bouillonnements l'agitent complétement, on ajoute le sel marin dans une proportion qui varie de 10 à 20 p. $_0/^0$ du poids du minerai. Il est nécessaire d'attendre que le liquide soit en ébullition pour ajouter le sel, qui, sans cette précaution, se déposerait et formerait avec le minerai une masse solide, adhérente au cuivre, dont on ne pourrait la séparer qu'en vidant l'appareil.

Une fois le sel ajouté, un ouvrier, accroupi sur le bord du *cazo*, remue sans cesse le bain avec une massue de bois, en exerçant une friction continue sur le fond de cuivre. C'est à cette époque qu'on

commence à mettre le mercure. La quantité est proportionnelle à la richesse du minerai, et, dans toute
l'opération, elle ne doit pas dépasser le double du
poids de l'argent. On en verse d'abord un quart;
une heure après, l'ouvrier prend un essai du minerai,
en se servant d'une corne recourbée et placée au
bout d'un long manche; et, en raclant le fond de
la chaudière, il recueille la partie la plus pesante
du minerai et de l'amalgame. Par le lavage à la sébile, il enlève les parties les plus légères et découvre l'amalgame, qui, si l'opération marche bien,
se présente sous la forme de grains très-fins, d'une
couleur gris de plomb clair. Cette espèce d'amalgame est appelée poussière (*polveo*), et on sait
par expérience que le mercure est alors uni à une
quantité d'argent qui est sensiblement la moitié
du poids du premier métal.

On jette une nouvelle quantité de mercure et on
fait de nouveaux essais jusqu'à ce qu'on s'aperçoive
que l'aspect de l'amalgame varie en division et en
dureté. On considère alors l'opération comme terminée; mais les ouvriers, avant de la suspendre,
font encore un autre essai qu'ils appellent épreuve
crue (*prueva en crudo*). Pour cela, ils lavent dans
leur cuiller de corne une certaine quantité d'amalgame, de manière à expulser entièrement le minerai; ils ajoutent un peu de mercure, et en frottant
le tout avec les doigts, ils observent si le mercure

ajouté à l'état liquide se solidifie; dans ce cas, ils continuent l'opération en versant dans le *cazo* une nouvelle dose de mercure, parce que cette expérience leur montre que ce métal est encore en proportion trop faible pour l'argent à extraire; dans le cas contraire, on vide avec des seaux tout le liquide, qui se rend dans un bassin où on le puise pour l'opération suivante. Le dépôt solide du minerai contenant l'amalgame est enlevé dans des baquets circulaires en bois, pour être de suite lavé dans ces grandes sébiles; mais on y ajoute d'abord une quantité de mercure sensiblement égale, plutôt inférieure que supérieure à celle qui a été employée dans le *cazo*, afin de former un amalgame moins sec, qui alors se réunit en masse, et n'est plus exposé à être entraîné par les eaux avec le résidu terreux. Cette consistance convenable à donner à l'amalgame pour laver sans perte, est un point important; en effet, à l'état de *polveo*, il est tellement divisé, que l'eau peut facilement en entraîner une partie; si au contraire il y a excès de mercure et que l'amalgame soit liquide, le laveur est exposé à ce que quelques parties soient projetées en dehors des bords de la sébile par la force des secousses nécessaires pour le nettoyer des derniers fragments de la gangue.

Le *cazo* semble être exactement l'appareil de Barba; mais depuis environ cinquante ans, on y a donné plus de développement dans le district de Catorce, dont les minerais par leur composition minéralogique se prêtent à cette espèce d'amalgamation, et, dans les exploitations importantes, on fait usage d'un *cazo* de plus grande dimension, qui porte le nom de *fondon* (*). Le diamètre du fond de cuivre est de 1ᵐ,75 à 2ᵐ,25; au lieu de la friction de la massue de bois, on obtient le même résultat, avec plus d'avantage, par deux cubes allongés de cuivre qui sont attachés à des barres de bois, traversant un arbre droit, reposant sur le centre de l'appareil, et recevant un mouvement giratoire par la marche d'une mule qui est attachée à l'une de ces barres. En un mot, le *fondon* est une *arrastra* dont le fond et les pierres, *voladoras*, sont en cuivre : comme pour le *cazo*, un foyer du même genre est établi en dessous; sur un des côtés on pratique un conduit, pour qu'en retirant une bonde, la totalité du contenu liquide et solide se rende dans un bassin, d'où l'on sépare les eaux pour procéder au lavage du minerai.

Le poids de la charge, qui pour chaque opération excède rarement 100 livres (46ᵏ) dans le *cazo*, est de 12 à 1500 (de 552 à 690ᵏ) dans le *fondon*. Pour les deux cas, la durée de l'opération n'excède pas six heures.

(*) Voir pl. III, fig. 2.

Avec la mauvaise construction des fourneaux, on conçoit aisément que la consommation de combustible doit être très-considérable, si on la compare à l'effet produit. On alimente le foyer avec des troncs de palmier, bois d'une grande légèreté, fournissant beaucoup de flamme et assez peu de calorique pour son volume.

L'amalgame lavé est exprimé comme dans l'opération du *patio ;* on soumet la partie sèche à la vaporisation pour en séparer le mercure. L'argent obtenu contient un peu de cuivre; aussi à Catorce lui fait-on subir un affinage, en le traitant avec un peu de plomb dans un fourneau de *galeme*, qui a été déjà décrit en parlant du traitement par la fonte.

Les schlamms et les boues séparés par le lavage sont assez riches en général pour être traités au *patio ;* on y mêle aussi les résidus du *cazo* qui ne sont pas exempts d'argent, autant parce qu'une partie de celui contenu dans le minerai n'est pas de nature à être réduit au *cazo*, que parce que l'opération n'est probablement pas assez complète pour extraire tout l'argent susceptible d'y être réduit; la crainte d'avoir de l'amalgame d'argent ou de mercure adhérent au cuivre, engage les *cazeadores* à n'employer qu'une quantité de mercure, souvent assez inférieure à celle nécessaire pour assurer la réunion de tout l'argent réduit à l'état métallique : inconvénient assez léger, puisqu'on le retrouve au traitement supplémentaire.

L'argent natif s'amalgame facilement; il en est de même pour les chlorures, bromures et iodures d'argent, qui se réduisent aisément par le cuivre, surtout quand ils sont tenus en dissolution dans de l'eau salée bouillante. On conçoit que tous ces composés peuvent céder par ce moyen leur argent au mercure. Mais il n'en est point ainsi pour les sulfures d'argent simples et complexes; c'est ce qui rend nécessaire le traitement supplémentaire du *patio*, qui alors s'exécute sans addition de *magistral* ou de sulfate de cuivre, les résidus du *cazo* se trouvant imprégnés d'une quantité de chlorure de cuivre suffisante pour opérer à froid la chloruration des sulfures d'argent.

Dans le traitement du *cazo*, la perte du mercure est presque nulle et purement mécanique; on retrouve, à la fin de l'opération, un poids d'amalgame sec, qui, joint au mercure exprimé, représente la totalité du poids de celui employé; mais comme cet amalgame contient un peu de cuivre, il en résulte une petite différence en moins, qui représente une perte de mercure assez insignifiante; puisque, sur une suite d'opérations, elle n'excède pas 2 ou 3 pour °/₀ de l'argent obtenu.

Dans le *cazo*, le chlorure et les autres combinaisons analogues de l'argent ne sont pas réduites.

comme dans le *patio* par le mercure, mais bien par le cuivre. En admettant que cette réduction donne lieu à la formation de bichlorures de cuivre qui ont une action chlorurante sur le mercure, celle-ci ne peut avoir lieu, parce que, en présence du cuivre métallique, ces bichlorures passent de suite à l'état de protochlorures, qui seuls existent dans la dissolution de sel marin, comme cela peut se constater par divers réactifs, le cyanure ferroso-potassique donnant un précipité blanc, et l'ammoniaque un précipité blanc qui, ensuite, bleuit à partir de la surface du liquide.

En supposant qu'une partie de la réduction du chlorure d'argent ou des autres combinaisons, qui se comportent comme lui, s'effectuât par le mercure, le protochlorure de ce métal, passant à l'état de bichlorure dans les dissolutions bouillantes de sel marin, reprendrait de suite l'état métallique en présence du cuivre. Ceci semble être confirmé par une remarque faite par les *cazeadores*, qui ont observé que, lorsque, par mégarde, la quantité de mercure versée a été telle par rapport à l'argent, qu'il y a ou adhérence d'amalgame d'argent, ou production d'amalgame de cuivre sur le fond de la chaudière, l'opération marche alors avec une extrême lenteur, et on trouve, dans ce cas, un manque de mercure considérable, dû probablement à ce que la réduction s'opère aux dépens de ce métal, qui, privé du contact immédiat du cuivre, ne peut que difficilement repasser à l'état métallique.

La condition la plus importante pour bien conduire l'amalgamation à chaud est d'éviter que la surface de cuivre se recouvre de mercure ou d'amalgame d'argent; par des expériences répétées, j'ai observé que tant que la proportion du mercure pour l'argent réduit à l'état métallique correspond à deux atomes de mercure pour un atome d'argent, il n'y a jamais adhérence sur le cuivre; j'ai même poussé sans inconvénient la proportion du mercure à quatre atomes pour un atome d'argent; mais, au delà de cette limite, l'adhérence se manifeste aussitôt, et, quoique l'amalgame devienne plus tard fort sec en prenant une plus grande quantité d'argent, il enlève rarement la couche de mercure adhérente au cuivre; l'opération se prolonge, et les résultats pour la perte du mercure et le rendement d'argent sont toujours mauvais.

L'emploi du *cazo*, comme on l'a vu, n'est général que pour les minerais *colorados*, dans lesquels la plus grande partie de l'argent n'est point unie au soufre. Cependant, on a quelquefois adapté ce mode de traitement aux minerais *negros*, en ajoutant du *magistral.* Alors on conçoit que la chloruration doit s'opérer comme dans le *patio*, avec une énergie due à l'accroissement de température. Mais aussi, le bichlorure de cuivre formé constamment en grande abondance, réagit sur le mercure; et la perte de ce métal dépasse quelquefois quatre fois le poids de l'argent obtenu ; aussi ce moyen est-il presque entièrement abandonné, et utilisé seulement quelquefois par les voleurs de minerais, qui préfèrent avant tout un résultat prompt et ne peuvent pas se soumettre sans danger à la longueur du procédé du *patio*.

En décrivant le district de Catorce, je parlerai des avantages que présente pour le traitement de certains minerais la réunion des deux méthodes d'amalgamation à chaud et à froid.

CHAPITRE III.

IMPÔTS SUR LES PRODUITS DES MINES. — MODE D'ESSAI DES MÉTAUX PRÉCIEUX ET DES MONNAIES. — SÉPARATION DE L'OR. — MONNAYAGE. — DE LA PRODUCTION EN 1841. — DE L'EXPORTATION.

Le gouvernement du Mexique s'abstient de toute intervention dans les produits des mines, tant que dure l'extraction et la réduction des minerais; mais aussitôt que l'or et l'argent sont séparés de leur gangue, cette intervention commence dans un double but de surveillance et de fiscalité. La conversion des métaux en lingots, les essais qui doivent déterminer leur titre, la séparation de l'or et de l'argent, le monnayage et l'exportation sont soumis à l'inspection du gouvernement. Ces diverses opérations, qui sont en quelque sorte le complément de l'art des mines, seront divisées dans ce chapitre, en indiquant les droits que le fisc prélève à diverses époques, pendant le trajet des métaux précieux, sous différentes formes, depuis les ateliers métallurgiques jusqu'à la mer.

L'on trouvera d'abord un court exposé historique des impôts divers auxquels les lingots ont été soumis depuis la conquête jusqu'en 1842.

Je m'étendrai un peu longuement sur les essais, afin de rendre plus intelligible le degré de finesse correspondant aux titres usités au Mexique pour les lingots et les monnaies mexicaines. Par les détails dans lesquels j'entrerai sur le mode de procéder au Mexique, on comprendra combien ces opérations se trouvent éloignées de l'exactitude dans laquelle les divers progrès de la chimie ont placé en France la science des essais.

L'art de l'affineur a eu trop d'influence depuis quelques années sur la fluctuation des métaux précieux et sur la répartition de l'or et de l'argent entre les nations les plus commerçantes de l'Europe, pour qu'il ne soit pas intéressant de faire connaître dans quel état se trouve cette industrie sur les lieux de production, et j'ai cru devoir fournir sur ce sujet des renseignements dont le manque a été signalé par plusieurs auteurs.

Le monnayage, pendant toute la durée de la domination espagnole, a été le meilleur indicateur de la production de l'or et de l'argent au Mexique, et c'est dans les archives de la *Casa de moneda de Mexico* que M. de Humboldt a puisé de précieux documents relatifs au monnayage, remontant à 1690, et qui n'avaient point été publiés avant lui. Cet hôtel des monnaies, constitué par *cedula* du 11 mai 1535 (*), fut pendant longtemps exploité par des particuliers nommés par le roi. Le monnayage pour compte du gouvernement ne commença qu'en 1733. Je me suis borné à former un tableau des sommes monnayées depuis cette époque à Mexico jusqu'en 1840 ; mais j'y ai joint séparément l'état des sommes monnayées dans les divers hôtels des monnaies de la république mexicaine, de 1811 à 1840, et enfin, j'ai réuni dans un dernier tableau le monnayage de 1841.

Jusqu'en 1810, ce ne fut que dans la capitale de la Nouvelle-Espagne que s'exécuta le monnayage ; c'était donc là que pouvaient être puisés les renseignements les plus certains pour connaître le chiffre de la production annuelle ; mais ce fut dans cette année que commença la lutte de l'Indépendance, et jusqu'en 1821, la guerre civile divisait de telle manière le pays, que les lingots ne pouvaient plus s'aventurer sur les routes pour gagner la capitale, ni l'argent monnayé retourner dans les dis-

____

(*) Gamboa, *Comentarios sobre las ordenanzas de mineria*, cap. 22, § XVII.

tricts de mines. Il fallut bien alors permettre l'établissement d'hôtels de monnaies provisoires dans
l'intérieur du pays, et cette époque est assez obscure pour la production de l'or et de l'argent.

En 1821, l'ordre se rétablit; mais, par suite du
système fédéral, chaque État ayant le droit de battre
monnaie, plusieurs en profitèrent, ceux surtout de
Guanaxuato et Zacatecas, qui occupent le premier
rang par l'importance de leurs mines. L'hôtel des
monnaies de Mexico ayant cessé d'être le seul, ce
moyen de connaître la production annuelle des
métaux précieux ne fut plus aussi sûr, soit parce
que les comptes de ces divers établissements n'é-
taient pas exactement transmis à la capitale, soit
parce que l'ouverture d'un plus grand nombre de
ports a facilité l'exportation des lingots en contre-
bande, soit enfin, parce que, à plusieurs reprises,
le gouvernement a lui-même accordé pour les lingots des permis d'exportation, qui ont souvent servi
pour des quantités plus considérables que celles
qu'ils spécifiaient.

Plus de régularité ayant été établie dans les hôtels des monnaies, et l'année 1841 s'étant écoulée
sans permis d'exportation pour les lingots, le monnayage de 1841 a pu de nouveau être l'indicateur
de la production, en ajoutant cependant une évaluation pour l'or et l'argent non monnayés exportés
clandestinement durant cette même année. La

réunion de ces deux chiffres, dont le dernier est nécessairement arbitraire, a servi à calculer, pour l'époque actuelle, la division des valeurs métalliques exportées annuellement du Mexique. Dans des calculs de cette nature, où les chiffres officiels ne sont pas complets, le vide à remplir devient aisément une cause d'erreur ; sans avoir la prétention d'en croire entièrement exempts les résultats auxquels conduisent les nombres que j'ai adoptés, je me bornerai à affirmer que j'ai employé tous les moyens dont je pouvais disposer, pour établir consciencieusement mes suppositions.

L'établissement d'un service régulier de paquebots entre les deux ports principaux du golfe du Mexique et l'Angleterre, et les fréquentes visites que font les navires de guerre de cette nation, pour embarquer, dans les ports de Guaimas, Mazatlan et S. Blas, les métaux précieux qui descendent vers le Pacifique, ont plus contribué que le chiffre même de son commerce d'importation, à la large part qui revient à la Grande-Bretagne dans l'exportation des produits des mines du Mexique. Les soins qu'a pris de bonne heure le gouvernement anglais, d'aider son commerce dans les anciennes colonies espagnoles, du secours de sa marine militaire, ont déterminé la nouvelle route que ces métaux précieux ont suivie pour venir d'Amérique en Europe. Quoique moins avancée que la

France pour utiliser ces métaux, l'Angleterre s'en est faite le conducteur maritime, et elle ne laisse sortir ces richesses de ses mains, pour venir sur le continent, qu'après en avoir retenu une partie plus que suffisante pour l'indemniser de ses dépenses. Dans l'examen de ce fait, il y a matière à de nombreuses réflexions, que les limites de cet ouvrage m'empêchent de chercher à développer, mais qui méritent toute l'attention des économistes qui voudront étudier l'influence de la vapeur sur la navigation transatlantique et sur l'avenir du commerce maritime en général.

<hr>

§ I. IMPOTS SUR LES PRODUITS DES MINES.

En Espagne, les mines appartenaient à la couronne et ne pouvaient être travaillées que sous permis spécial, stipulant la part des produits qui devaient revenir au trésor ; en 1504, peu après la découverte de l'Amérique, une ordonnance fixa au cinquième de la valeur ce droit, qui reçut de là le nom de *quinto* ; et le butin recueilli par Cortez et son armée fut soumis à cet impôt (*).

(*) GAMBOA, *Comentarios sobre las ordenanzas de Mineria*, 1761 ; et *Informe dado por el establecimiento de mineria de Megico, en* 1836.

Dès 1525, le travail des mines d'or et d'argent fut permis à tous ceux qui voudraient s'y livrer, avec obligation d'en payer les droits. En 1548, ce droit sur l'argent fut réduit au dixième de la valeur pour une durée de six années ; mais on continua à le percevoir sur ce pied par des prorogations successives jusqu'en 1572, où le dixième, au lieu du cinquième, fut admis sans autre restriction ; mais cette diminution (*) qui ne s'appliquait qu'à quelques districts, ne devint générale qu'en 1723. Une ordonnance de Charles-Quint fixa les droits de fonte, d'essai et marque, à un et demi pour cent de la valeur des métaux.

En 1584, Philippe II décréta qu'à l'avenir les mines d'Amérique ne seraient plus de simples concessions provisoires, mais qu'elles seraient la propriété de ceux qui les découvriraient, sous clause de se couformer pour le reste aux lois sur les mines.

Quelques autres impôts supplémentaires, établis à diverses époques et s'élevant ensemble à 2 3/4 p. %, furent abolis en 1777, et l'on ne laissa subsister que le dixième de la valeur et le droit de 1 1/2 p. % pour la fonte, l'essai et la marque.

Ces droits, qui continuèrent à exister sur ce pied jusqu'à l'émancipation du Mexique, furent abolis,

____

(*) Depuis cette époque, l'or, qui avait continué à payer un droit du cinquième de sa valeur, ne paya plus que le dixième.

ou, pour mieux dire, modifiés par le décret du 20 février 1822, qui fixe également tout ce qui concerne les droits à prélever sur l'or et l'argent, pour les diverses opérations d'essais, fonte, affinage, séparation de l'or et monnayage. Par ce décret, tous les droits sont réduits à 3 p. %, de la valeur des métaux.

On a depuis ajouté un droit de un réal par marc d'argent de onze deniers (0,916), évalué à huit piastres deux réaux, ou soixante-six réaux (ce qui équivaut environ à 1 1/2 p. %,), pour l'établissement *de mineria*. De sorte que la totalité des droits actuels sur les lingots est de 4 1/2 p. % pour l'argent.

3   p. %, pour l'or.

Les frais de fonte et d'essais ne sont plus un droit fixe, mais réglés sur un pied qui excède de fort peu leur véritable coût, qui est peu important.

---

§ II. MODE D'ESSAI DES MÉTAUX PRÉCIEUX ET DES MONNAIES.

Au Mexique, les essayeurs sont chargés non-seulement de déterminer le titre des lingots et des monnaies, et de poinçonner l'argenterie et les bijoux, mais aussi de faire exécuter chez eux la fonte de l'argent et de l'or, dans l'état où ils se trouvent à la fin du travail métallurgique nécessaire pour les séparer des gangues. Cette précaution a été prise dans le double but d'éviter la falsification des lingots et d'assurer le recouvrement des droits. La loi générale oblige à présenter au laboratoire de l'essayeur du district de mine, dans la juridiction duquel se trouve située l'usine, l'argent en *marquetas*, tel qu'il est après la volatilisation du mercure, ou les morceaux d'argent obtenus par le traitement par voie sèche, tels qu'on les retire de la coupelle. Quelques grandes exploitations, celles du Fresnillo et de Real del Monte, par exemple, ont obtenu le privilége de présenter leurs produits déjà convertis en lingots dans leur usine. On doit ajouter qu'il y a beaucoup de tolérance pour l'exécution de cette loi, et que souvent les essayeurs marquent, sans les refondre, des morceaux d'argent d'un grand poids, tels qu'ils sortent de la coupelle, quand ils ont été produits dans des usines bien connues. Cette tolérance pourra être préjudiciable le jour où l'on y pensera le moins; mais jusqu'à présent la fraude des lingots est inconnue au Mexique, et le petit nombre de différences qui se présentent quelquefois sont dues ou à quelque manque d'exactitude dans les essais, ou plutôt à des effets de liquation difficiles à éviter, et qui sont très-sensibles sur des lingots que la loi admet jusqu'au poids de 136 marcs (32ᵏ56).

Voici la division des fractions adoptée pour les essais des lingots et des monnaies :

Le titre de l'argent correspondant à 1000 est 12 deniers; chaque denier contient 24 grains; les demi-grains sont la plus petite fraction que l'on indique pour les essais d'argent. Un demi-grain équivaut donc approximativement à un millième 3/4.

Le titre de l'or correspondant à 1000 est 24 karats; chaque karat se divise en 200 grains; mais on emploie pour les essais d'or les mêmes poids qui servent à peser les essais d'argent, et la plus petite fraction de cette série de poids qui soit appréciable à la balance est le quart de grain, ou la 1152me partie. La plus petite fraction qu'on indique pour les essais d'or est donc approximativement un millième.

Le titre de l'argent allié d'or, quand c'est le premier métal qui domine, s'indique en deniers et grains pour l'argent, et en grains d'or, ou 4800mes pour l'or; mais comme 4800 ne peut pas se diviser sans fraction par 1152, il y a toujours des fractions de grain d'or que l'on est obligé de négliger, pour exprimer le titre en nombre rond.

On a depuis fort longtemps senti tout ce que cette division a de vicieux, et les essayeurs éclairés désireraient voir adopter le système décimal; mais, au Mexique comme ailleurs, ces modifications de vieux usages sont difficiles à faire accepter.

Les essais d'argent se font à la coupelle, à une température beaucoup plus élevée que celle usitée en France. On ne fait point de proportions exactes de plomb, suivant les titres. Les essayeurs n'emploient que deux doses de plomb différentes, l'une destinée à l'argent qui se rapproche de 12 deniers, et qui équivaut approximativement à une fois et demie la prise d'essai; l'autre, destinée au titre voisin de 0,900, équivaut à un peu moins de quatre fois la prise d'essai. Quand le titre se trouve de beaucoup au-dessous de 900, et que la coupellation ne fournit pas un bouton qui donne les symptômes d'une coupellation achevée, on le repasse dans une nouvelle coupelle avec un nouveau plomb, jusqu'à ce que l'argent du bouton paraisse pur. Ces plombs renferment généralement très-peu d'argent; cependant ils sont loin d'en être exempts, et on ne fait aucune compensation pour cet objet; on n'en fait pas non plus en sens inverse pour la perte d'argent proportionnelle à la durée de l'opération, suivant qu'on emploie plus ou moins de plomb. Si l'on ajoute que l'on retire les coupelles en dehors du moufle, dès que l'iris se manifeste, que les coupelles sont à pores très-larges, et que, pour éviter le rochage, les essayeurs mêlent à la prise d'essai un peu de cuivre, on pourra se convaincre qu'il est presque impossible de se rendre compte par estimation des conséquences que toutes ces circonstances opposées peuvent avoir dans l'exactitude des titres indiqués. Ayant monté, à Mexico, un appareil d'essai par la voie humide, d'après la méthode de M. Gay-Lussac, j'ai pu comparer les essais indiqués par les essayeurs mexicains aux titres véritables, et j'ai trouvé, à mon grand étonnement, que les différences observées, qui seraient jugées assez importantes en France, cessaient de l'être autant au Mexique, pour les conséquences, attendu la grande marge qui existe d'une fraction à une autre dans les essais mexicains.

Par exemple, des lingots marqués à douze deniers ou 1000 (titre que l'on ne peut, au reste, avoir l'espoir d'approcher d'un peu près que par des opérations chimiques répétées), donnaient 999 1/2. Le titre au-dessous le plus voisin pour l'essayeur mexicain, étant 11 deniers 23 grains 1/2, ce qui équivaut à 998 1/4, il marque à 1000 le lingot ayant 999 1/2.

J'ai plusieurs fois trouvé des différences en moins de 0,001 dans les titres voisins de 0,900; mais pour ces titres, comme pour ceux voisins de 1000, les conséquences sont peu importantes, puisque les essayeurs mexicains sont toujours obligés d'employer un système d'approximation pour remédier à l'écartement des degrés de leur échelle.

Dans les titres voisins de 0,950, j'ai souvent observé que les titres des essayeurs mexicains annonçaient quelquefois 0,002 d'argent de plus que le titre réel. Ces différences doivent provenir de ce que, pour cette finesse, la quantité de plomb ajoutée n'est plus assez considérable, quand c'est du cuivre allié à l'argent; mais, comme dans les lingots provenant des usines métallurgiques, c'est surtout du plomb qui forme l'alliage, parce que la coupellation en grand n'a pas été poussée assez loin, cette différence n'est pas habituelle.

Au-dessous de 0,900, les essais mexicains n'ont plus de régularité; et d'après la manière dont on a indiqué qu'on procède pour ces alliages, en les coupellant à plusieurs reprises dans des coupelles différentes, et avec des quantités de plomb qui ne sont point déterminées à l'avance, on conçoit qu'il puisse souvent y avoir, comme je l'ai observé, des écarts en plus et en moins de plusieurs millièmes. Ces titres au-dessous de 900 se rencontrent, au reste, fort rarement, l'argent provenant de l'amalgamation étant généralement au-dessus de 0,990, et celui de la fonte, rarement au-dessous de 0,950.

Si les essais d'argent n'ont pas, au Mexique, toute l'exactitude désirable, les essais d'or méritent encore plus ce reproche, par suite du peu de soin avec lequel ils sont pratiqués. On procède à l'inquartation; puis cet alliage coupellé est aplati au marteau et introduit dans des creusets en or. On les remplit en partie avec de l'acide nitrique rabaissé à 22°, que l'on ne remplace point au bout d'un certain temps avec de l'acide plus fort. L'acide employé n'est point mis à part, mais ressert de nouveau pendant un grand nombre de fois, au point que l'on observe souvent que le vase qui le contient se recouvre de cristaux de nitrate d'argent. On conçoit aisément que dans les essais d'or pratiqués ainsi, les dernières parties d'argent ne sont point dissoutes, et qu'il peut en résulter une différence en plus dans le poids de l'or; c'est ce qui arrive en effet quelquefois, et il existe à la monnaie de Philadelphie une note d'essais nombreux de quadruples des divers hôtels des monnaies du Mexique, qui, pour la plupart, se trouvent au-dessous de la tolérance accordée aux monnaies d'or, dont le titre moyen de 21 karats équivaut à 0,875.

Les contestations entre deux essayeurs sur le titre d'un même alliage sont jugées par l'*ensayador mayor*, dont le laboratoire est établi à Mexico. C'est aussi cet employé qui accorde, après examen, les diplômes d'essayeur.

§ III. SÉPARATION DE L'OR.

Depuis la fin du siècle dernier, l'industrie du départ de l'or, qui jusque-là n'avait point été réunie à la couronne, fit partie du travail de la monnaie de México. Cette opération se pratiqua, pour le compte du gouvernement, dans un vaste édifice, qui prit, du travail que l'on y exécutait, le nom de *Casa de apartado*. La séparation de l'or s'obtenait en dissolvant les lingots par l'acide nitrique, et en soumettant le nitrate d'argent à la distillation dans des cornues de verre, pour recueillir l'acide nitrique dégagé, et se procurer l'argent en brisant la cornue. Ces vases, ainsi que l'acide nitrique, étaient fabriqués à grands frais dans l'établissement même, et en quantité suffisante pour travailler annuellement par ce moyen jusqu'à deux cent mille marcs de lingots alliés d'or et d'argent.

Quel que fût le coût du procédé, il était amplement couvert par les droits que le gouvernement percevait. Ceux-ci s'élevaient non-seulement à cinq réaux et demi par marc d'alliage, mais on ne commençait à tenir compte de l'or aux propriétaires des lingots que lorsqu'il dépassait trente grains au marc, soit 0,006 1/4. Le gouvernement se réservait de faire lui-même, sans en tenir compte, la séparation des lingots dont l'or n'arrivait pas au moins à cette limite. On s'explique dès lors comment la *Casa de apartado* entrait pour une forte somme dans le bénéfice que la surintendance de la monnaie de Mexico versait chaque année dans le trésor espagnol.

A l'époque de l'Indépendance, la commission nommée pour chercher à rendre à l'industrie des mines son ancienne prospérité, fortement compromise par plusieurs années de guerre intestine, proposa au congrès de décréter le libre exercice de l'industrie du départ, et de réduire, dans l'atelier du gouvernement, le prix primitif de 5 réaux 1/2 à 3 réaux par marc, en tenant compte aux propriétaires des lingots de tout l'or contenu au-dessus de douze grains, soit 0,003 1/3.

Ce projet ayant eu la sanction du congrès, une des principales associations formées en Angleterre pour l'exploitation des mines en Amérique, la Compagnie-Unie, qui s'était intéressée dans les principales mines de Guanaxuato, établit, vers 1825, dans Mexico, en concurrence avec la *Casa de apartado*, un atelier pour exécuter le départ par l'acide sulfurique; elle construisit en conséquence les chambres de plomb nécessaires à la fabrication de cet agent, et fit venir de France les vases de platine et autres ustensiles employés dans ce procédé.

De 1827 à 1830, les États de Guanaxuato et

de Durango ayant traité avec des sociétés étrangères de l'établissement de monnaies et ateliers de départ dans chacune de ces deux villes, on se servit également du procédé par l'acide sulfurique, qui depuis lors a aussi été pratiqué à la monnaie de Chihuahua, et le sera bientôt à celle que le gouvernement a permis d'établir à Guadalupe y Calvo.

Par suite de la création de ces divers ateliers de départ, celui du gouvernement a vu son travail se restreindre beaucoup, quoique, pour accélérer autant que possible l'opération et en diminuer les frais, il ait substitué à l'ancienne méthode un procédé moins ruineux, qui consiste à dissoudre à froid les lingots convertis en grenailles dans des cuves en bois, enduites de résine sur toutes les surfaces, de façon à n'être point attaquées par l'acide nitrique. L'argent du nitrate formé est précipité par des lames de cuivre, et les nitrates de ce métal, soumis à la distillation, rendent la plus grande partie de leur acide nitrique, et tout leur cuivre qui sert à de nouvelles opérations.

Par un décret du 1er janvier 1842, le gouvernement mexicain est revenu sur la loi du 20 février 1822, qui déclarait libre l'industrie du départ, en ordonnant que les établissements particuliers cesseraient leurs travaux dès que la *Casa de apartado* serait en état de suffire au travail. Désireux de faire exécuter les opérations par l'acide sulfurique, le gouvernement a acheté depuis l'atelier particulier de Mexico, et a fait transporter tous les appareils à la *Casa de apartado.*

Tous les minerais d'argent du Mexique ne renferment pas d'or ; quelques-uns d'entre eux, comme ceux de Tasco, Catorce, et la plus forte partie des filons de Zacatecas, en sont presque entièrement privés. Les sortes d'argent qui contiennent en général toujours assez d'or pour payer les frais de départ, sont l'argent obtenu par la fonte ou celui retiré par le mercure dans les *arrastras ;* quant à l'argent provenant du *patio,* il ne contient pas en général plus de 0,001 à 0,001 1/2, quantité qui, si elle est très-suffisante à Paris, ne l'est pas au Mexique, pour offrir assez de marge en sus des frais de traitement, dont le chiffre élevé est dû, soit au prix de l'acide sulfurique, qui ne peut s'établir au Mexique à aussi bas prix qu'en Europe, par suite du prix du soufre et des petites quantités à fabriquer, soit à des débours nécessaires pour la surveillance multipliée, afin de réprimer autant que possible le vol, que les lois condamnent au Mexique comme ailleurs, il est vrai, mais que les juges n'y punissent presque jamais.

Dans les dernières années, la quantité de lingots soumis à l'opération du départ peut s'évaluer ainsi, dans les trois principaux ateliers :

à Mexico, ... 100,000 marcs 23,000 k.
à Guanaxuato, ... 50,000 » 11,500
à Durango, ... 35,000 » 8,050

La quantité travaillée à Chihuahua, et sur laquelle je n'ai pas de renseignements, ne doit pas dépasser 30,000 marcs.

Ce qu'on a dit sur le coût élevé de l'opération du départ au Mexique, serait singulièrement modifié, si les masses à travailler sur un même point étaient plus importantes; car s'il n'y avait, comme avant l'Indépendance, qu'une seule monnaie et un seul atelier de départ, l'opération serait alors assez peu coûteuse pour qu'il y eût avantage à dissoudre dans l'acide sulfurique, pour l'en précipiter ensuite, la presque totalité de l'argent produit annuellement dans la république; mais les distances qui séparent les divers districts de mines de la capitale ont impérieusement commandé la division du monnayage, et la centralisation n'est plus possible aujourd'hui.

A la fonte de la monnaie, les lingots provenant des ateliers de départ se trouvant mêlés avec ceux qui, bien que contenant de l'or, n'en ont pas assez pour laisser de la marge sur le coût du départ au Mexique, il en résulte que les piastres renferment en commune une quantité d'or suffisante pour les traiter avec avantage à Paris, par suite de la perfection acquise dans cette industrie si intimement liée à la fabrication de l'acide sulfurique, qui, comme on sait, se produit en France à plus bas prix que partout ailleurs. Ces causes devant subsister longtemps, j'ai cru devoir entrer dans tous ces détails, parce que cette petite quantité d'or contenue dans l'argent monnayé du Mexique ne laisse pas d'avoir une forte influence sur l'introduction en France des produits des mines mexicaines.

Si la totalité des lingots contenant de l'or en quantité suffisante pour être séparé au Mexique, était portée aux ateliers de départ, l'inspection de leurs registres fournirait de suite, à peu de chose près, la proportion dans laquelle l'or se trouve, au Mexique, dans le produit général des mines; mais il n'en est point ainsi; les permis d'exportation, et surtout l'exportation frauduleuse s'exerçant surtout sur les lingots riches en or, qui, sous un petit volume, présentent une plus grande valeur, rendent impossible tout calcul général de ce genre; cependant, pour les districts à l'entour de Mexico, les résultats de l'atelier de départ, pendant l'année 1841, durant laquelle il n'y eut pas de permis, peuvent donner une idée de cette proportion d'or pour ces districts où il est peu abondant; elle a correspondu à 0,006 du poids de l'argent.

§ IV. MONNAYAGE.

Sous le gouvernement espagnol, malgré les réclamations faites à plusieurs reprises par les mineurs de la partie septentrionale du Mexique, pour qui le long transport des lingots et des espèces monnayées était une grande charge, l'hôtel des monnaies de la capitale continua d'être le seul établissement de ce genre. Cependant celui de Zacatecas fut créé en 1811; les autres sont d'une date postérieure à l'Indépendance.

L'administration de la monnaie de Mexico, confiée à un surintendant qui jouissait de prérogatives remarquables attachées à cet emploi, était régie par des ordonnances spéciales, qui, avec celles concernant les essayeurs et la *Casa de apartado*, formaient le complément des lois sur les mines. Réduite à un dixième de l'importance qu'elle avait au commencement de ce siècle, par suite de la division du monnayage sur plusieurs points, la *Casa de moneda* de Mexico a conservé le même nombre d'employés, les mêmes ustensiles et les mêmes poids ou mesures que sous le gouvernement espagnol.

Le titre de l'argent monnayé, primitivement de 11 deniers (0,917), était déjà depuis longtemps réduit à 10 deniers 20 grains (0,903) par la cour de

Madrid, qui, en donnant à un essayeur des monnaies son diplôme, lui remettait (en l'obligeant à
faire serment de n'en point parler) pour essayer
l'argent du monnayage, un poids particulier qui,
quoique marqué comme correspondant à 11 deniers, n'équivalait véritablement qu'à 10 deniers 20 grains. Ce dernier titre est maintenant
avoué par les monnaies mexicaines et clairement
exprimé sur les piastres; le titre de l'or est de
21 karats ou 0,875 de fin.

Toute la distribution du système monétaire roule
sur le marc castillan (*); un de ces marcs donne
huit piastres et demie d'argent, et huit onces ou
quadruple et demi d'or.

La monnaie compte la valeur de l'argent en lingots présenté pour être frappé à raison de 8 piastres 1/4 le marc, au titre de 11 deniers. Comme elle
livre un marc d'argent monnayé au titre de 10 grains
20 deniers pour 8 piastres 4 réaux, l'établissement gagne d'abord 2 réaux pour différence de
prix, plus, une différence de 4 grains sur le titre,
qui équivalent à un réal par marc; de sorte que le
monnayage des piastres coûte, à Mexico, au propriétaire des lingots, 3 réaux par marc, ce qui,
sur une valeur de 8 piastres 1/4 ou 66 réaux, représente sensiblement 4 1/2 pour %.

(*) Le marc castillan = 229^{gram},880784.

Un marc d'or à 22 karats est reçu à ce titre au prix de 135 piastres 3/4, et la monnaie est censée ne retenir que 2 réaux ou un quart de piastre par marc pour le monnayage ; mais comme l'or monnayé est au titre de 21 karats, le monnayage ressort aussi approximativement à 4 1/2 p. %.

La tolérance de titre est équivalente, à très-peu de chose près, à 0,003 en dessus et en dessous du titre légal.

Les modules, les poids, les titres sont les mêmes que ceux des anciennes monnaies espagnoles. La gravure seule a été changée ; et l'ensemble du monnayage, au lieu de s'être amélioré, est devenu peut-être moins bon depuis quelques années ; cela tient à ce que les ustensiles datent de plus d'un siècle, et laissent dès lors beaucoup à désirer. Un laminage imparfait nécessite l'emploi de la lime sur un grand nombre de flans pour les mettre au poids ; la rondeur des flans est détruite, et les anciens balanciers, ne contenant point le flan à un point fixe entre les coins, il résulte de toutes ces causes des pièces fort mal frappées.

Le gouvernement a depuis plusieurs années senti combien il était urgent d'améliorer cet état de choses, aussi nuisible sous le point de vue de la contrefaçon que peu satisfaisant pour l'amour-propre national ; mais cette bonne intention n'a pas eu d'effet jusqu'à présent, autant par suite de la gêne du trésor pour subvenir aux frais d'un nouveau matériel, que par une difficulté d'une autre nature assez embarrassante à surmonter; la voici : en changeant les machines, on proposait de changer aussi les poids et les dimensions des pièces, et d'y appliquer, ainsi qu'aux essais, le système décimal, dont la simplicité serait d'une admirable utilité pour l'industrie des mines au Mexique. Sur cette question, il y a une opposition très-vive de la part des vieux employés, qui, au Mexique comme ailleurs, repoussent toute innovation, et un changement insignifiant sur la gravure des coins est la seule qu'on paraisse disposé à adopter. Ces variations partielles sur les monnaies du Mexique ont un inconvénient grave, auquel on a fait assez peu d'attention; c'est que, bien que la majeure partie des piastres mexicaines arrivent encore à Paris pour perdre leur empreinte dans le creuset des affineurs, néanmoins, la piastre est la monnaie la plus universelle; c'est celle qui, pendant des siècles, a particulièrement servi pour les grandes transactions commerciales du monde maritime. Les peuples de l'Orient qui, pendant une longue suite d'années, avaient reconnu que les armes d'Espagne leur garantissaient un poids constant et fidèle d'argent fin, ont éprouvé une grande répugnance à recevoir à leur place des monnaies à empreintes nouvelles, qui ne leur offraient plus un gage de sûreté bien connu par une longue expérience. La conséquence de cette méfiance a été une différence de prix sur le marché de Canton de plus de 6 p. % en faveur des piastres espagnoles comparées aux piastres mexicaines, qui ont pourtant le même poids d'argent fin.

A Paris, et sur diverses places, il y a bien une légère différence dans le prix de ces deux monnaies; mais il faut l'attribuer surtout à ce que les monnaies d'argent mexicaines renferment un peu moins d'or que les monnaies espagnoles. Ceci est dû à ce que, maintenant, on trouve au Mexique convenance à soumettre au travail du départ, pour en séparer l'or, des lingots qui jadis étaient considérés comme trop pauvres. Mais à mesure que la perfection de ce genre d'ateliers augmentera au Mexique, cette destruction immédiate des monnaies mexicaines cessera de se pratiquer; et les armes du Mexique, qui est le pays produisant le plus d'argent, continueront à assurer un poids fixe de ce métal. Dès lors on voit, par l'influence qu'a eue la substitution de l'aigle du Mexique aux armes d'Espagne, quelle serait la portée d'un changement de titre et de poids.

Les hôtels de monnaies encore dans la main du gouvernement sont ceux de :

Mexico, avec atelier de départ.
Guadalaxara.
S. Luis Potosi.

Les suivants sont dans les mains de compagnies étrangères :

Zacatecas.
Guanaxuato.........⎫
Durango...........⎬ avec ateliers de départ.
Chihuahua.........⎭

Il existe un hôtel des monnaies à Hermosillo, capitale de la Haute-Sonora, qui frappe fort peu, et sur lequel je regrette de n'avoir pu me procurer aucun renseignement.

Le gouvernement a autorisé, en septembre 1842, l'établissement d'un hôtel des monnaies et ateliers de départ

A GUADALUPE Y CALVO.

On en a projeté un semblable à

CULLACAN, dans le département de Sinaloa.

La multiplication des hôtels de monnaies paraîtra peut-être en Europe une mesure peu convenable, quand on voit la Grande-Bretagne n'avoir que celui de Londres, et la France vouloir réduire les siens à celui de Paris ; mais c'est cependant un des moyens d'encourager le travail des mines du Mexique. Les distances énormes qui séparent presque toutes les mines du Nord des lieux habités, rendent les transports des lingots et le retour des piastres aussi longs que coûteux, à cause des précautions à prendre pour escorter ces valeurs. On citera un exemple à l'appui, celui du district de Guadalupe y Calvo, qui est situé à 150 lieues de la ville de Durango. Les lingots essayés s'y vendent encore contre des piastres, avec un escompte de 8 à 10 pour % sur le titre indiqué par les essais. Dans les premières années de cette exploitation, cette perte, pour le mineur, était de 40 p. %. Mais, si ces divers hôtels des monnaies sont une nécessité, la surveillance du gouvernement doit redoubler d'activité pour que tout ce qui est frappé soit véritablement au titre et au poids indiqués par la loi. A part une réclamation motivée sur des piastres de Guadalaxara, aucun reproche n'a pu, jusqu'à présent, être adressé au gouvernement pour les monnaies d'argent.

On pourra connaître l'importance du monnayage au Mexique par les tableaux suivants :

A, quantités d'or et d'argent monnayés à l'hôtel de Mexico, de 1733, époque à laquelle le monnayage devint propriété de la couronne (*incorporado a la corona*), jusqu'à 1840 inclusivement.

B, quantités d'or et d'argent monnayés dans les divers hôtels des monnaies depuis 1811 jusqu'en 1840.

C, quantités d'or et d'argent monnayés dans les divers hôtels des monnaies en 1841, année pendant laquelle il n'y eut pas de permis d'exportation de lingots.

(A) QUANTITÉS *d'Argent et d'Or monnayés à l'hôtel des monnaies de Mexico, de 1733 à 1840 inclusivement.*

ANNÉES.	ARGENT.			OR.			TOTAL.		
	piastres	rx.	gr.	piastres	rx.	gr.	piastres	rx.	gr.
1733...	10,024,193	o	o	151,702	o	o	10,175,895	o	o
1734...	8,522,782	1	6	385,878	o	o	8,908,660	1	6
1735...	7,937,259	6	6	422,576	o	o	8,359,835	6	6
1736...	11,033,511	5	o	787,566	o	o	11,821,077	5	o
1737...	8,209,685	2	6	313,870	o	o	8,523,555	2	6
1738...	9,502,205	4	o	468,802	o	o	9,971,007	4	o
1739...	8,694,108	1	6	311,148	o	o	9,005,256	1	6
1740...	9,589,268	2	6	316,770	o	o	9,906,038	2	6
1741...	8,655,415	o	6	606,264	o	o	9,261,679	o	6
1742...	8,235,390	3	6	625,836	o	o	8,861,226	3	6
1743...	8,636,013	1	6	804,846	o	o	9,440,859	1	6
1744...	10,303,735	2	6	819,380	o	o	11,123,115	2	6
1745...	10,428,354	5	6	509,818	o	o	10,938,172	5	6
1746...	11,524,179	6	o	428,356	o	o	11,952,535	6	o
1747...	12,083,668	2	6	370,842	o	o	12,454,510	2	6
1748...	11,644,788	2	o	327,582	o	o	11,972,370	2	o
1749...	11,898,590	3	o	315,756	o	o	12,214,346	3	o
1750...	13,228,030	2	o	476,294	o	o	13,704,324	2	o
1751...	12,657,275	2	o	255,592	o	o	12,912,867	2	o
1752...	13,701,532	7	6	267,724	o	o	13,969,256	7	6
1753...	11,607,974	1	o	452,404	o	o	12,060,378	1	o
1754...	11,608,024	o	o	309,974	o	o	11,917,998	o	o
1755...	12,606,339	6	o	418,696	o	o	13,025,035	6	o
1756...	12,336,732	4	o	759,796	o	o	13,096,528	4	o
1757...	12,550,035	3	o	555,486	o	o	13,105,521	3	o
1758...	12,773,187	2	o	173,080	o	o	12,946,267	2	o
1759...	12,031,336	5	o	450,332	o	o	12,481,668	5	o
1760...	11,975,346	4	o	465,702	o	o	12,441,048	4	o
1761...	11,789,389	4	o	676,580	o	o	12,465,969	4	o
1762...	10,118,689	1	o	595,036	o	o	10,713,725	1	o
1763...	11,780,563	o	o	861,104	o	o	12,641,667	o	o
1764...	9,796,522	o	o	553,406	o	o	10,349,928	o	o
1765...	11,609,496	4	o	788,428	o	o	12,397,924	4	o
1766...	11,223,986	7	6	524,312	o	o	11,748,298	7	6
1767...	10,455,284	4	o	599,214	o	o	11,054,498	4	o
1768...	12,326,499	2	o	933,352	o	o	13,259,851	2	o

ANNÉES.	ARGENT.			OR.			TOTAL.		
	piastres	rx.	gr.	piastres	rx.	gr.	piastres	rx.	gr.
1769...	11,985,427	2	0	497,770	0	0	12,483,197	2	0
1770...	13,980,816	6	0	606,494	0	0	14,587,310	6	0
1771...	12,852,166	3	0	501,266	0	0	13,353,432	3	0
1772...	17,036,345	3	0	1,853,440	0	0	18,889,785	3	0
1773...	19,005,007	7	0	1,232,318	0	0	20,237,325	7	0
1774...	12,938,060	1	0	728,894	0	0	13,666,954	1	0
1775...	14,298,093	4	0	734,100	0	0	15,032,193	4	0
1776...	16,518,935	5	0	796,602	0	0	17,315,537	5	0
1777...	20,705,591	7	6	819,214	0	0	21,524,805	7	6
1778...	19,911,460	0	0	818,298	0	0	20,729,758	0	0
1779...	18,759,841	2	0	675,616	0	0	19,435,457	2	0
1780...	17,006,909	0	6	507,354	0	0	17,514,263	0	6
1781...	19,710,334	6	6	625,508	0	0	20,335,842	6	6
1782...	17,180,388	7	6	400,102	0	0	17,580,490	7	6
1783...	23,105,799	1	0	610,858	0	0	23,716,657	1	0
1784...	20,492,432	1	0	544,942	0	0	21,037,374	1	0
1785...	18,002,956	7	0	572,252	0	0	18,575,208	7	0
1786...	16,868,614	5	6	388,490	0	0	17,257,104	5	6
1787...	15,505,324	7	6	605,016	0	0	16,110,340	7	6
1788...	19,540,902	1	0	605,464	0	0	20,146,366	1	0
1789...	20,594,875	6	0	535,036	0	0	21,129,911	6	0
1790...	17,435,644	5	0	628,044	0	0	18,063,688	5	0
1791...	20,140,937	0	0	980,776	0	0	21,121,713	0	0
1792...	23,225,611	6	0	969,430	0	0	24,195,041	6	0
1793...	23,428,680	3	0	884,262	0	0	24,312,942	3	0
1794...	21,216,871	4	3	794,160	0	0	22,011,031	4	3
1795...	23,948,929	6	9	644,552	0	0	24,593,481	6	9
1796...	24,346,833	0	6	1,297,794	0	0	25,644,627	0	6
1797...	24,041,182	7	0	1,038,856	0	0	25,080,038	7	0
1798...	23,004,981	2	3	999,608	0	0	24,004,589	2	3
1799...	21,096,031	3	3	957,094	0	0	22,053,125	3	3
1800...	17,898,510	7	0	787,164	0	0	18,685,674	7	0
1801...	15,958,044	1	0	610,398	0	0	16,568,442	1	0
1802...	17,959,477	3	3	839,122	0	0	18,798,599	3	3
1803...	22,520,856	1	9	646,050	0	0	23,166,906	1	9
1804...	26,130,971	0	3	959,030	0	0	27,090,001	0	3
1805...	25,806,074	3	3	1,369,814	0	0	27,165,888	3	3
1806...	23,383,672	6	0	1,352,348	0	0	24,736,020	6	0
1807...	20,703,984	7	3	1,512,266	0	0	22,216,250	7	3
1808...	20,502,433	7	3	1,182,516	0	0	21,684,949	7	3
1809...	24,708,164	2	6	1,464,818	0	0	26,172,982	2	6

ANNÉES.	ARGENT.			OR.			TOTAL.		
	piastres	rx.	gr.	piastres	rx.	gr.	piastres	rx.	gr.
1810...	17,950,684	3	6	1,095,504	0	0	19,046,188	3	6
1811...	8,956,432	2	9	1,085,364	0	0	10,041,796	2	9
1812...	4,027,620	0	9	381,646	0	0	4,409,266	0	9
1813...	6,133,983	6	0	000,000	0	0	6,133,983	6	0
1814...	6,902,481	4	6	618,069	0	0	7,520,550	4	6
1815...	6,454,799	5	0	486,464	0	0	6,941,263	5	0
1816...	8,315,616	0	3	960,393	0	0	9,276,009	0	3
1817...	7,994,951	0	0	854,942	0	0	8,849,893	0	0
1818...	10,852,367	7	6	533,921	0	0	11,386,288	7	6
1819...	11,491,138	5	0	539,377	0	0	12,030,515	5	0
1820...	9,897,078	1	0	509,076	0	0	10,406,154	1	0
1821...	5,600,022	3	6	303,504	0	0	5,903,526	3	6
1822...	5,329,126	4	6	214,128	0	0	5,543,254	4	6
1823...	3,276,474	3	0	291,408	0	0	3,567,882	3	0
1824...	3,267,000	2	6	236,944	0	0	3,503,944	2	6
1825...	3,235,045	6	6	2,385,455	0	0	5,620,500	6	6
1826...	2,998,411	2	6	218,592	0	0	3,217,003	2	6
1827...	2,868,624	7	6	590,597	0	0	3,459,221	7	6
1828...	1,385,505	3	6	111,776	0	0	1,497,281	3	6
1829...	898,350	5	6	380,996	0	0	1,279,346	5	6
1830...	881,339	4	0	221,776	0	0	1,103,115	4	0
1831...	973,932	6	0	291,217	0	0	1,265,149	6	0
1832...	1,057,059	4	0	308,915	0	0	1,365,974	4	0
1833...	1,152,515	6	6	76,904	0	0	1,229,419	6	6
1834...	937,054	6	0	23,938	0	0	960,992	6	0
1835...	537,900	2	0	00,000	0	0	537,900	2	0
1836..	734,007	7	6	20,160	0	0	754,167	7	6
1837...	516,354	0	0	45,376	0	0	561,730	0	0
1838...	1,088,520	4	0	00,000	0	0	1,088,520	4	0
1839...	1,742,915	6	0	79,314	0	0	1,822,229	6	0
1840...	1,917,617	4	0	71,207	0	0	1,988,824	4	0
Sommes totales..	1,335,932,506	4	3	65,587,603	0	0	1,401,520,109	4	3

(B) QUANTITÉS *d'Or et d'Argent monnayés dans les divers hôtels du Mexique, de* 1811 *à* 1840 *inclusivement.*

	DATE de l'ouverture.	OR, valeur en piastres, réaux et grains.			ARGENT, valeur en piastres, réaux et grains.			TOTAL, valeur en piastres, réaux et grains.		
		piastres	rx.	gr.	piastres	rx.	gr.	piastres	rx.	gr.
Mexico......	....	11,841,459	0	0	121,424,249	1	9	133,265,708	1	9
Zacatecas....	1811	....			102,639,362	5	6	102,639,362	5	6
Guadalaxara..	1821	16,120	6	1	12,694,039	7	6	12,710,160	5	7
Guanaxuato..	1827	2,602,296	0	0	33,558,321	0	0	36,160,617	0	0
S. Luis Potosi.	1827	....			14,512,592	2	0	14,512,592	2	0
Durango.....	1830	1,703,460	2	7	10,213,596	6	5	11,917,057	1	0
Chihuahua....	1832	Division de l'or et de l'argent inconnue.						1,641,215	3	8
								312,846,713	3	6

Ce chiffre de 312,846,713 piastres 3 réaux 6 grains ne représente qu'imparfaitement la production totale de 1811 à 1840; il faudrait y ajouter le montant des permis d'exportation de lingots accordés pendant cette période, et évaluer la quantité d'or et d'argent embarqués clandestinement; mais ces calculs m'ont paru trop complexes pour oser les entreprendre pour un aussi long espace de temps. L'évaluation que je ferai de l'exportation clandestine durant 1841 pourra, jusqu'à un certain point, guider pour l'addition que l'on devrait faire sur les quantités monnayées de 1811 à 1840.

(C) QUANTITÉS *d'Or et d'Argent monnayés dans les divers hôtels des monnaies du Mexique en 1841.*

	OR, valeur en piastres.	ARGENT, valeur en piastres.	TOTAL, valeur en piastres.
Mexico................	97,628	2,151,496	2,249,124
Zacatecas.............	....	4,836,641	4,836,641
Guadalaxara..........	....	655,015	655,015
Guanaxuato...........	440,240	3,296,000	3,736,240
S. Luis Potosi........	....	1,110,247	1,110,247
Durango..............	150,140 .	323,348	473,488
Chihuahua............	63,050	359,000	422,050
Hermosillo...........	inconnue.	inconnue..	....
	751,058	12,731,747	13,482,805

La division des chiffres du tableau A en diverses périodes, peut jeter quelque jour sur les variations qu'a subies la production des mines; pour les rendre plus sensibles, je présenterai ensemble 1° la commune annuelle des 68 années écoulées de 1733 à 1800;

2° La commune annuelle des dix années écoulées de 1801 à 1810, époque de la plus grande prospérité, avant la guerre de l'Indépendance ;

3° La commune annuelle des trente années écoulées de 1811 à 1840 (tableau B);

4° La quantité de métaux monnayés en 1841 (tableau C).

PÉRIODES.	ARGENT.	OR.	TOTAL.	PROPORTIONS approximatives de l'Or à l'Argent.	
				en poids.	en valeur.
	piastres.	piastres.	piastres.		
N° 1......	14,689,469	628,297	15,317,766	0,0025......	0,04
N° 2......	21,562,436	1,102,186	23,664,622	0,0029......	0,05
N° 3......	9,889,444	538,777	10,428,221	0,0031......	0,05
N° 4......	12,731,747	751,058	13,482,805	0,0034......	0,06

On doit faire observer que les résultats des périodes 3 et 4 sont sensiblement diminués par l'exportation des lingots avec ou sans permis, ce qui n'avait presque pas lieu sous le régime espagnol. En parlant de la production annuelle et de l'exportation, j'évaluerai celle qui a dû s'effectuer en lingots pendant l'année 1841.

---

§ V. DE LA PRODUCTION EN 1841.

Les documents statistiques qui pourraient fournir le chiffre exact de la production annuelle de l'or et de l'argent, soit pour une seule, soit pour plusieurs années, ne manqueraient point au Mexique, si les impôts y étaient prélevés avec la même exactitude qu'en Europe ; mais il en est autrement, et cette lutte continuelle entre le contribuable et l'État altère singulièrement les renseignements officiels.

Les droits perçus par les essayeurs sur les lingots fourniraient un premier chiffre pour l'or et pour l'argent ; mais aucun état de la réunion de ces recettes n'est formé au ministère des finances mexicaines.

Pour l'argent, le droit d'un réal par marc, au titre de onze deniers, prélevé pour l'*establecimiento de mineria*, serait une bonne indication ; mais cet établissement ayant pour résultat spécial, depuis plusieurs années, de procurer aux créanciers du corps des mines les dividendes les plus élevés possibles, fort peu de renseignements ont été publiés par ces administrateurs. En dernier lieu, cependant, dans un rapport publié en 1838 (*), on voit que la commune des droits perçus pendant cinq ans, de 1833 à 1837, représente un produit annuel d'argent de marcs 1,205,621 auxquels les administrateurs ajoutent un tiers, 401,873

pour l'argent qui évite le droit, ce qui donne pour total 1,607,494

(*) *Informe del establecimiento de mineria al ministerio de hacienda,* Mexico, 1838.

marcs d'argent au titre de 11 deniers, qui, calculés à 8 piastres 1/4 le marc, donnent une valeur de 13,261,825 piastres pour l'argent produit. Mais ils disent que cette évaluation de la fraude à un tiers de la part qui acquitte les droits, leur semble encore beaucoup trop faible.

Par suite des permis d'exportation accordés par le gouvernement, et de l'exportation illicite, on ne peut pas non plus puiser des renseignements exacts dans la quantité monnayée, et encore moins dans les droits d'exportation, qui, pas plus que ceux des essais, ne se trouvent réunis dans les bureaux. Dans cet embarras, le monnayage, pendant l'année 1841, qui s'est trouvée exempte de permis, est le point de départ le plus sûr, en évaluant seulement l'exportation en fraude. Cette industrie s'exerce assez peu dans les ports du golfe qui sont autant surveillés du côté de terre que du côté de la mer; de sorte que les lingots ou les espèces ne pouvant y arriver sans danger qu'en voyageant sur toute la route avec des documents qui assurent le payement des droits, ce moyen est fort peu employé. Pour les ports du Pacifique, il en est autrement : les avenues sont moins surveillées, et les mines étant plus voisines de la côte, l'exportation en fraude permet d'éviter à la fois tous les droits, qui représentent au moins le septième de la valeur exposée à la saisie, stimulant contre lequel la loi est sans puissance. D'après tous les avis que j'ai pu recueillir sur ces embarquements clandestins, et qui m'ont guidé dans l'évaluation de l'or et de l'argent, que j'ai cru devoir joindre aux chiffres des monnaies, pour arriver à connaître la production de ces métaux en 1841, j'estime l'or et l'argent en lingots exportés par les ports du Pacifique, à 4,507,205 piastres.

Le tableau C donnant pour le monnayage de 1841 une valeur de

<pre>
              751,058 piastres en or et de   12,731,737 piastres en argent,
    j'ajoute 1,250,942   3,268,263
              ___________   ___________
Total de l'or 2,000,000.   Total de l'argent.. 16,000,000.
</pre>

Ces valeurs représentent, au taux des monnaies mexicaines, 12,867 marcs d'or (2958 ᵏ), et 1,777,777 marcs d'argent (468,676 ᵏ).

On remarquera peut-être que dans les chiffres ajoutés à ceux du monnayage, l'or comparé à l'argent est dans une proportion excessive; mais cette observation perdra de son poids si l'on fait attention que la Sonora est, de tous les districts du Mexique, celui qui produit le plus d'or, et qu'il ne s'agit pas seulement de l'or obtenu par l'amalgamation, qui, du reste, représente à Guadalupe y Calvo et sur les métaux frappés à Durango en 1841, un tiers de la valeur des deux métaux réunis, mais encore de l'or obtenu directement par le lavage des sables, industrie fort usitée dans cette partie du pays; et l'on sait qu'une grande valeur, sous un petit volume, est une garantie certaine pour éviter les droits.

L'exportation clandestine des lingots doit avoir été presque nulle, en 1841, par les ports du golfe; le chiffre indiqué pour cet objet ne se rapporte qu'à la côte de la mer du Sud; et s'il paraît un peu élevé à la première vue, il semblera sans doute assez admissible, si l'on considère, comme j'en ai acquis la certitude, que la valeur des métaux précieux embarqués en 1840 dans les divers ports du Mexique situés sur le Pacifique, sur les navires de guerre anglais, s'est élevée à plus de six millions de piastres.

D'après la situation des principaux districts de mines, au milieu desquels j'ai passé toute l'année 1842, il me paraît probable que la production n'a fait aucun progrès sensible depuis 1841.

<hr>

§ VI. DE L'EXPORTATION.

Pendant presque toute la durée du régime colonial, le Mexique n'eut que deux ports destinés au commerce extérieur: Vera Cruz sur le golfe, et Acapulco sur l'océan Pacifique. Ce système offrait sans doute de grands moyens de surveillance pour le monopole du commerce que la métropole s'était adjugé ; mais il était surtout onéreux pour les provinces septentrionales qui, à deux cents lieues au plus de l'une ou l'autre des deux mers, se trouvaient depuis deux jusqu'à six cents lieues de la Vera Cruz ; aussi, un des premiers soins du gouvernement mexicain fut-il d'ouvrir au commerce étranger plusieurs ports sur les deux côtes. Cette mesure, commandée, comme celle de la division des hôtels des monnaies, par une nécessité géographique, a été et sera d'une portée immense sous le point de vue politique, en enlevant à la capitale toute son influence commerciale, qu'elle ne peut nullement prétendre conserver par un avantage de situation. De même que les marchandises d'Europe et de la Chine ont déjà, en grande partie, cessé de passer par la capitale, les métaux précieux ont cessé d'y venir, suivant, pour leur sortie, comme les marchandises pour leur entrée, la voie la plus courte pour arriver à la mer.

Trois ports sur chacune des deux mers sont surtout appelés à embarquer les produits des mines du Mexique.

Vera Cruz.......	
Tampico.........	sur le golfe.
Matamoros......	
S. Blas..........	
Mazatlan........	sur la mer du Sud.
Guaimas........	

Les principaux lieux de production des métaux précieux, à l'exception de quelques mines fournissant environ 2,000,000 de piastres, se trouvent plus rapprochés d'un autre port qu'ils ne le sont de Vera Cruz. En effet, les métaux précieux de Guanaxuato, de Zacatecas, Fresnillo, Catorce, Sombrerete, qui ensemble représentent largement la moitié de la production annuelle, descendent naturellement à Tampico, qui reçoit presque toutes les marchandises destinées à ces départements. Les districts plus septentrionaux des départements de Durango, Chihuahua et Sonora, ont en général leurs mines sur le versant occidental de la Cordillère, et, à part quelques envois de Chihuahua sur Matamoros, la totalité s'embarque par l'un des trois ports du Pacifique qui ont été indiqués, mais surtout par Mazatlan, qui est devenu pour la mer du Sud ce que Tampico est pour le golfe. Toutes deux filles de l'indépendance mexicaine, ces villes, comptant l'une 10,000 et l'autre 6,000 habitants, ont surgi presque spontanément sur des terrains inhabités il y a quinze ans, et, par la force des localités, menacent de réduire avant peu le commerce de Mexico, malgré ses trois siècles de grandeur, à la consommation assez bornée de la partie méridionale de la république.

Admettant le chiffre de 18,000,000 comme celui de la production annuelle, on l'adoptera aussi pour celui de l'exportation ; car maintes preuves se présentent pour appuyer l'opinion que les métaux en lingots ou monnayés font toujours un court séjour au Mexique. La petite proportion de piastres d'un millésime seulement vieux de quatre ou cinq ans, que l'on rencontre sur les monnaies d'un payement considérable, est un indice assez sûr de cette prompte exportation, justifiée d'ailleurs par le chiffre des importations de marchandises étrangères qui, à l'exception d'environ 1,000,000 de piastres, représenté par quelques denrées, ne peuvent être payées qu'avec de l'or ou de l'argent. Ce chiffre admis, la distribution de l'exportation doit se répartir ainsi :

Vera Cruz.............	3,500,000	
Tampico..............	6,500,000	Exportation par le golfe.
Matamoros et autres ports du golfe......	1,000,000	11,000,000 de piastres.
Les divers ports du Pacifique......	7,000,000	

De cette somme on peut calculer, sans crainte d'erreur, que, au moins

13,000,000 sont transportés en Angleterre ou dans les possessions anglaises, par les paquebots ou bâtiments du gouvernement anglais (*).

(*) Le chiffre des valeurs en métaux précieux, embarquées en 1840 sur les bâtiments de guerre anglais, dépasse 12,500,000 piastres, auxquelles on peut ajouter au moins 500,000 piastres pour les petites sommes chargées sur les bâtiments marchands.

1,000,000   se dirige sur la Chine et les ports de l'Amérique du Sud.

4,000,000   se divisent entre les États-Unis, la France, l'Allemagne, l'Espagne et autres pays d'Europe.

Le gouvernement mexicain perçoit les droits suivants sur les métaux monnayés :

2 p. o/o sur la valeur de l'or et de l'argent à l'entrée d'un port de mer ;
3 1/2 p. o/o sur la valeur de l'argent......... }
2 p. o/o sur la valeur de l'or............... } embarqués.

Comme je l'ai déjà indiqué, l'or et l'argent en lingots sont prohibés à la sortie; mais, par suite de l'instabilité de toutes les lois de douane du Mexique, dans maintes circonstances, le gouvernement, poussé par les besoins du trésor, s'est laissé aller à donner des permis d'exportation de lingots, en recevant à l'avance une somme basée sur les droits de monnayage et d'exportation réunis, mais avec un escompte proportionné aux besoins du moment et au temps nécessaire aux prêteurs pour rentrer dans leurs avances. Cette mesure, qui a toujours été peu populaire au Mexique, paraît cependant assez bien calculée pour les ports de la mer du Sud, voisins des mines situées près de la mer et trop éloignées de tout hôtel des monnaies pour y envoyer leurs lingots, sans des sacrifices considérables pour le temps et la dépense. Des permis de cette nature, à un taux qui représente un peu plus que le droit de sortie sur les monnaies, ont été accordés, en 1842, pour le port de Mazatlan; mais il est probable qu'ils seront révoqués quand les monnaies de Guadalupe y Calvo et Cullacan seront en activité.

En cumulant les droits de *quinto*, *de mineria*, de monnayage et d'exportation, il en résulte un total de 12 1/2 pour cent de la valeur, ce qui est un grand stimulant pour la fraude d'objets d'un aussi petit volume que les lingots, surtout quand ils sont riches en or; aussi, quoique les droits sur l'or soient moins forts que sur l'argent, les registres de la douane n'annoncent la perception que de sommes insignifiantes (*).

(*) Depuis que cet ouvrage est sous presse, le gouvernement mexicain vient de changer les droits perçus sur les métaux précieux, par un décret daté du 16 mars 1843, dont voici la teneur :

Trente jours après cette date les espèces payeront un droit de 4 p. °/₀ à l'entrée des ports de mer.

Dès la publication du décret, le numéraire qui circulera d'un département à un autre, sera soumis à un droit de 1 p. °/₀.

Après un délai de 3 mois, l'or et l'argent monnayés payeront un droit de 6 p. °/₀ lors de leur exportation.

CHAPITRE IV.

DES PRINCIPAUX DISTRICTS DE MINES.

Une histoire complète de tous les districts de mines du Mexique, depuis la conquête jusqu'à nos jours, serait sans doute d'un grand intérêt pour l'avenir des gîtes argentifères et aurifères, si abondants en Amérique entre le 16° et le 30° de latitude boréale; malheureusement cette tâche offre trop de difficultés de toute espèce pour oser l'entreprendre; le manque de renseignements force même de réduire à un petit nombre de points l'examen détaillé de la situation actuelle de ces riches exploitations. Pour donner une idée exacte de la direction suivie sur une petite et sur une grande étendue par les principaux

filons, pour faire bien connaître le coût de l'extraction et de la réduction du minerai, pour fixer
l'importance relative des produits de chaque district, il suffira de décrire en détail les exploitations
de Guanaxuato, Zacatecas, Fresnillo, Catorce et
Guadalupe y Calvo. Afin de rendre ce tableau
plus complet, je parlerai aussi, mais avec moins
de détails, de Tasco, de Sombrerete, de Ramos et
de quelques autres points moins connus, situés
près de Zacatecas; mais avant d'entrer dans cette
description particulière, je dois placer quelques
observations sur l'ensemble de ces vastes dépôts
de richesse auxquels le Mexique doit surtout
sa célébrité.

La connaissance de la situation géographique
de tous ces points devient ici indispensable au lecteur, et rend une carte nécessaire : celle qui est
jointe à cet ouvrage a été tracée en proportions
réduites sur une partie de la grande carte de l'Atlas
qui accompagne l'*Essai politique sur la Nouvelle-
Espagne.* Comme je me suis borné à y indiquer les
principaux districts de mines, sans y comprendre
toutes les exploitations plus ou moins abandonnées, et dont il n'est point question dans le texte,
le lecteur ne doit considérer cette carte que comme
celle d'un itinéraire, et point du tout comme une
indication complète de tous les gîtes métallifères
de la république mexicaine.

Par suite de l'état arriéré dans lequel se trouvent malheureusement encore les recherches géographiques au Mexique, plusieurs positions sont fort incertaines; quelques-unes ont été rectifiées par M. le baron de Humboldt; celles de quelques lieux qu'il n'a point visités, ont été fixées astronomiquement depuis la publication de sa carte; Zacatecas est de ce nombre, et voici les résultats fournis par divers observateurs sur sa véritable position :

	latitude Nord.	longitude O. de Paris.
MM. Jh. Bustamante........	22° 46' 3"	104° 47' 38"
Coulter...............	22 47 2	104 47 20
Charter..............	22 47 5	104 47 20
Burkart..............	22 47 19	104 48 05
Bowring..............	22 46 50	104 47 39

Ces observations présentent une différence sensible avec la position de Zacatecas sur la carte de M. le baron de Humboldt; j'ai cru néanmoins devoir n'y rien changer, tout en indiquant cette différence, parce que la position des exploitations voisines de Zacatecas a très-probablement été fixée d'après celle de cette ville, et que le redressement ne pourra être complet que lorsque les positions de ces exploitations auront été exactement déterminées.

Les observations astronomiques de M. J. Bowring, exécutées à Guadalupe y Calvo, lui ont donné, pour la latitude de cette ville toute nouvelle, 24° 1' 53", et 107° 29' 24" pour la longitude à l'ouest de Paris, au moyen d'éclipses des satellites de Jupiter.

Si l'on fait la rectification de la fausse position de Zacatecas et des districts voisins qui en dépendent, on voit, en jetant un coup d'œil sur la carte, qu'une ligne tracée de Guanaxuato à Guadalupe y Calvo passe très-près de Zacatecas, Fresnillo, Sombrerete, et du groupe important des mines de San Dimas, Gabilanes, Guarisamey, situées à l'ouest de Durango. En prolongeant cette ligne plus au nord que Guadalupe y Calvo, on voit qu'elle se dirige précisément vers les groupes nombreux et peu connus des exploitations situées à l'est de Guaimas, qui ne semblent point être des gîtes métallifères isolés, mais plutôt devoir, malgré la distance, se lier à Guadalupe y Calvo par d'autres jalons dont la position n'est encore déterminée qu'approximativement, et parmi lesquels doivent peut-être figurer Batopilas et Morelos, célèbres tous deux par les masses d'argent natif et l'argent sulfuré arsenié dont ces mines abondent. Le prolongement de cette même ligne au sud de Guanaxuato passe presque au-dessus de la capitale du Mexique, et aboutit vers les mines voisines de Oaxaca. On trouve à moins d'un degré de distance, à l'ouest de cette ligne, les districts de Tlalpujagua, Agangueo, Zacualpan, Sultepec et Tasco; à l'est, le groupe important de Pachuca, Real del Monte et Chico. Cette bande assez étroite, à peu de distance du milieu de laquelle se trouvent tous les grands gîtes métallifères qui ont produit la majeure partie de l'argent existant dans les mains des différentes nations du globe, forme un angle de 45 degrés avec la ligne tracée par les sommités volcaniques qui courent de l'est à l'ouest, par le 19° de latitude boréale. La direction de cette bande serait-elle aussi celle de la chaîne principale des Cordillères du Mexique ? On conçoit, par ce court exposé, de quel intérêt seront pour la géologie générale les redressements que motiveront peu à peu les observations astronomiques, dans les positions de tous ces districts du nord de la république mexicaine, qui, basées pour la plupart sur des relations de voyage, sont souvent très-erronées.

L'uniformité des substances qui remplissent les fentes disposées sur cette ligne, n'est pas moins remarquable, et cette homogénéité de la nature des filons sur un aussi long espace est aussi curieuse que la constance de leur direction. Ces remarques augmenteront encore d'intérêt, lorsque les gîtes métallifères, situés à une plus grande distance de cette ligne principale, surtout ceux voisins de la mer Pacifique, auront été étudiés sous le double point de vue de la géologie et de la minéralogie ; alors on pourra, par les divers caractères de composition et par les directions, établir entre les filons principaux des comparaisons, qui permettront de les diviser en plusieurs systèmes, de discuter leurs âges respectifs ou leur contemporanéité, et peut-être enfin parviendra-t-on, en joignant à ces données l'examen des roches encaissantes, à préciser plus exactement qu'on a pu tenter de le faire jusqu'à présent, la date géologique des soulèvements gigantesques de cette partie de l'Amérique septentrionale.

L'examen des gîtes métallifères entre la pente occidentale de la *Sierra-Madre* et la mer du Sud, au nord de Mazatlan, ajoute un intérêt métallurgique à ses attraits géologiques, car c'est dans ces contrées que l'or s'est montré au Mexique en plus grande abondance; et c'est sur ce terrain que sa production semble pouvoir devenir indépendante de l'extraction des minerais d'argent, à laquelle on la trouve intimement liée dans les gisements métallifères de la grande ligne qui paraît partager en deux parties la grande chaîne de la Cordillère. L'état peu avancé de la civilisation dans la partie N.-O. de la république mexicaine, a sans doute empêché que le lavage des sables aurifères ait atteint une faible partie du développement dont il paraît susceptible; on n'a même sur ce travail, tel qu'il se pratique aujourd'hui, que des notions si imparfaites, qu'il est impossible de comparer cette industrie à celle de même nature qui grandit rapidement chaque année en Sibérie, et sur laquelle je reviendrai en parlant des variations probables dans la production future.

Les calculs nécessaires pour établir le coût du principal traitement métallurgique de l'argent, l'amalgamation mexicaine, occupent une grande partie de ce chapitre. Quelque obligeance que j'aie rencontrée chez tous les directeurs d'exploitation, pour me fournir les renseignements qu'ils avaient à leur disposition, la réunion de ces documents a toujours été une tâche difficile. Si leur réduction à une même échelle a pu causer quelques erreurs, malgré le soin scrupuleux que j'ai apporté pour tâcher de les éviter, je les crois assez légères pour que l'exactitude des résultats définitifs ne puisse en ressentir aucune altération considérable.

L'importance relative des divers districts présente des variations continuelles qui excluent toute classification stable; néanmoins le district de Zacatecas semble être, de tous les gîtes métallifères, celui qui a fourni la plus grande quantité d'argent. Vers la fin du siècle dernier, Guanaxuato l'avait remplacé et le remplace encore aujourd'hui, si l'on compte seulement les produits des mines de Zacatecas dans un rayon peu étendu autour de cette ville, sans y comprendre le Fresnillo. Le groupe des mines de Pachuca, Real del Monte et Chico, réunies dans un cercle de moins de trois lieues de diamètre, a fourni à diverses époques des valeurs importantes. Sombrerete et Catorce ont eu aussi des moments de grande prospérité, mais de peu de durée. Ces périodes favorables ont encore été plus courtes pour Bolaños et Ramos, qui présentent tous deux le mélange assez rare de l'argent sulfuré et d'une quantité considérable des divers sulfures de cuivre. Tasco, malgré l'ancienneté de ses travaux, n'a jamais produit beaucoup d'argent, et semble avoir dû en partie sa célébrité à sa proximité de la capitale. Les mines de Zacualpan, Sultepec, Agangueo, Tlalpujagua, Zimapan qui forment avec celles de Oaxaca une ceinture autour de Mexico, n'ont jamais contribué que tour à tour, et pour des quantités comparativement assez minimes, aux sommes énormes monnayées par le gouvernement espagnol, dont une part plus considérable a été produite par les exploitations septentrionales des territoires de Chihuahua et de Sonora.

Les distances qui séparent ces divers gîtes métallifères sont si grandes, et les voyages si longs dans cette partie du nouveau continent, qu'il ne serait point surprenant que, durant le temps nécessaire pour visiter tous ces districts de mines, pour en faire une description détaillée, la situation de plusieurs d'entre eux fût complétement changée avant que cette longue pérégrination fût arrivée à son terme. Cette explication était nécessaire pour indiquer combien il est difficile de présenter un tableau exact de la production de toutes les mines du Mexique dans une même époque : un semblable état ne pourra être formé que dans quelques années, lorsque le goût de la statistique sera plus répandu, et que ce travail se réduira simplement à la réunion de documents recueillis sur tous les points et dans un temps donné par divers observateurs; en attendant, pour se faire aujourd'hui une idée approximativement exacte de la production actuelle de chaque groupe d'exploitations, l'on est réduit à consulter le chiffre du monnayage annuel de l'hôtel des monnaies le plus voisin.

§ I. GUANAXUATO.

Les travaux des mines de Tasco, Pachuca et Zacatecas avaient acquis une grande importance, avant que ceux de Guanaxuato fussent très-connus. Cette ville, comme toutes celles situées dans le voisinage, ou sur le terrain même des gîtes argentifères, ayant pris une extension proportionnelle au développement de ceux-ci, on peut se faire une idée de l'importance des travaux de Guanaxuato, relativement à ceux de Zacatecas, en remarquant que cette dernière ville avait déjà reçu le titre de *ciudad*, en 1588, tandis qu'il ne fut accordé à la seconde qu'en 1741, bien que sa fondation date de 1554. Cependant la *Veta madre* de Guanaxuato est sans contredit le filon argentifère le plus remarquable du monde entier, autant par sa puissance que par la régularité de son inclinaison, de sa composition minéralogique, et par la splendeur de ses travaux d'exploitation.

GÉOLOGIE. — La *Veta madre* traverse, à partir de la surface du sol, une brèche ou conglomérat, qui a tous les caractères de forme et de couleur du grès rouge; puis, une roche feuilletée verdâtre, quelquefois talqueuse et mêlée de serpentine, renfermant quelques bancs subordonnés de syénite; enfin, un schiste argileux bleuâtre. La première couche qui recouvre le sol de tous les environs des grandes exploitations a environ 20 varas (16^{m}96) d'épaisseur; la roche verdâtre, qui a l'aspect du schiste chloritique, a souvent une épaisseur qui arrive à 400 varas (359^{m}20); enfin le schiste argileux, parsemé de filets de quartz, est jusqu'à présent la roche inférieure, que n'ont point dépassée les travaux d'exploitation qui, à la mine de *Valenciana*, ont acquis 764 varas (627^{m}67) de profondeur.

L'inclinaison du filon est de 45° au S.-O.; sa

puissance est rarement moindre de 10 varas (8^m40); elle atteint souvent 50 varas (42^m40) et jusqu'à 60 varas (50^m40) de largeur. Le filon est généralement divisé en trois corps, séparés par des bancs de roches appelés *cavallos*. Celui du centre est le plus riche et le plus épais. On a également beaucoup travaillé le corps supérieur, tandis que l'inférieur l'a été bien moins, parce qu'il s'est trouvé moins riche que les autres.

La *Veta madre* a été exploitée, sauf quelques interruptions, sur une longueur de plus de trois lieues, car on considère que la mine du *Cedro*, située à cette distance dans le S.-E. de *Valenciana*, est un prolongement de ce grand filon qui y conserve tous ses caractères. Mais ce n'est point sur toute cette étendue qu'ont été pratiqués tous les travaux souterrains qui ont donné à Guanaxuato sa célébrité; la masse d'argent qu'ils ont produit a été extraite sur une longueur qui ne dépasse pas 2000 varas (16,960^m), et surtout dans l'espace compris dans les concessions de *Valenciana, la Cata, Mellado* et *Rayas*. C'est dans cet espace que la puissance et la richesse du filon ont été les plus considérables; dans la mine de *Syreno*, située au S.-E. de *Rayas*, la veine, qui atteint souvent 8 varas (6^m,78) de largeur, dépasse rarement la richesse minime des autres exploitations.

La *Veta madre* n'est point le seul filon argentifère aux environs de Guanaxuato; il existe, à quelques lieues dans le nord, d'autres veines qui sont exploitées avec fruit dans les mines de *Pavillon* et *la Luz.* La première fournit du minerai plus chargé en argent antimonié sulfuré rouge, que la *Veta madre*; le minerai de la seconde est d'un aspect tout différent, et abonde en carbonate bleu de cuivre. La mine de l'*Asuncion*, située sur un filon parallèle à la *Veta madre*, dont il est séparé par une distance d'environ une lieue vers le nord, présente une analogie complète avec celle-ci, par l'inclinaison, la nature du minerai, et sa division en trois corps bien distincts.

La grande quantité de minerai fournie par les trois grandes exploitations de *Valenciana*, *Mellado* et Rayas, a fait pendant longtemps négliger le travail des mines secondaires; mais, depuis qu'en arrivant à une grande profondeur, les frais d'extraction ont augmenté à mesure que la richesse du minerai a diminué, en dépassant une certaine zone d'environ 400 varas ($359^m,20$) à partir du sol, on s'est occupé plus activement de l'exploitation des mines moins importantes, et de travaux sur d'autres filons, que des personnes fort versées dans le travail des mines de cette contrée, considèrent comme fort nombreux dans le N.-E. de la *Veta madre*. La végétation assez active qui recouvre ce versant de la chaîne de Guanaxuato, étant un obstacle à la recherche ou à la découverte fortuite de ces gîtes métallifères, cette partie de la montagne, recouverte par des bois de chêne vert et de pin dans le voisinage de Guanaxuato, est plus étendue qu'on ne le supposerait en arrivant par le versant du S.-O., qui est dépourvu de végétation ; mais on peut se convaincre de l'exactitude de cette assertion par une carte dans laquelle les bois sont indiqués, et qui a été dressée par un des employés de la Compagnie anglo-mexicaine, pour calmer les inquiétudes de la municipalité de Guanaxuato sur la destruction de tout élément de combustible, par suite de l'établissement d'une machine à vapeur d'environ trente chevaux de force, à la mine de *Valenciana.*

Cette chaîne de montagnes sépare les grandes plaines du Bajillo, qui fournissent les plus riches exemples de l'agriculture mexicaine, de celles de S. Felipe, Dolores et S. Miguel, et forme, sous cette latitude, la ligne de partage des eaux sur le plateau des Cordillères. Les sommités voisines de la ville, et qui dominent les ravins sur la pente desquels on l'a bâtie, sont surmontées de masses porphyriques présentant l'aspect de vieilles fortifications tombées en ruine, qui ont reçu des habitants le nom de *bufas,* et que l'on rencontre au Mexique dans le voisinage des principaux gîtes métallifères. Ces porphyres qui, à Guanaxuato, à Zacatecas, à

Sombrerete, ont une composition sensiblement identique, prennent à la surface une couleur verdâtre, due sans doute à l'influence atmosphérique.

A une plus grande distance de la ville, dans la direction du *Cerro del Gigante*, point culminant de la chaîne qui, sur une longueur de plus de quarante lieues, court depuis les environs de Lagos jusqu'à Queretaro, dans la direction habituelle de la Cordillère, les syénites que l'on trouve assez près de *Valenciana*, et les granites, près de Comangillas, se montrent au jour à 2,700 mètres au-dessus de l'Océan. L'on rencontre des rognons d'oxyde d'étain en assez grande abondance, dans les ravins qui reçoivent les eaux de cette partie de la chaîne.

Vers la base des *bufas* se trouve le grès connu sous le nom de *lozero*, qui contient des fragments de cristaux de feldspath, et repose sur un autre grès à fragments plus gros, de couleur rouge, qui prend une teinte de lie de vin quand son grain devient plus fin; mais dans le voisinage de la ville, et dans tout le ravin de *Marfil*, qui est le seul chemin pour y arriver, ainsi que sur les pentes où sont situées les exploitations, ce grès est une brèche composée de fragments très-volumineux de porphyre, de quartz et de pierre cornée (*hornstein*).

En suivant le ravin qui forme la plus grande

partie du chemin conduisant à la mine de l'*Asun-cion*, on peut facilement examiner les bancs de ces divers terrains, et l'on voit paraître au-dessous un schiste talqueux recouvrant sur un point un cal-caire très-noir qui paraît d'un âge fort reculé. Le schiste chloritique, et le schiste argileux que l'on trouve dans les mines, se montrent à la surface du sol beaucoup plus rarement que la brèche et les divers grès dont il vient d'être question. Leur pré-sence, ainsi que celle des porphyres dans tous les principaux districts des mines d'argent du Mexique, est tellement constatée, qu'on est naturellement conduit à supposer que le soulèvement de ces por-phyres doit avoir exercé une influence sur l'ouver-ture des fentes que les filons d'argent remplissent dans les schistes argileux, chloritiques et les dio-rites, qui sont les roches encaissantes les plus riches.

La gangue de la *Veta madre* est un quartz très-blanc, contenant beaucoup de géodes, dont le con-tour est formé d'améthyste. Le minerai contient de l'argent natif, sulfuré, sulfuré-antimonié noir, rarement rouge; il est mêlé de pyrites de fer, de galène et d'une quantité assez minime de blende brune et de mispickel. L'or s'y trouve mélangé de façon à être rarement visible; cependant, les quartz en renferment quelquefois des grains assez gros, et sont désignés alors par le nom de *guija de oro*. Le minerai de Guanaxuato contient à peine

3 p. o/o de son poids de matière métallique disséminée dans le quartz pur ou mêlé de stéatite.

Les cristaux d'argent natif sont fort rares; ceux
d'argent sulfuré en cubes le sont moins. Ce qui distingue surtout la *Veta madre* des filons de Zacatecas,
c'est l'absence complète des chlorure et bromure
d'argent (*plata ceniza et verde*).

On peut évaluer la richesse moyenne en argent
de 0,0015 à 0,0020. Au-dessous de 0,0009, le produit en argent n'offre plus l'équivalent des frais
d'extraction et de traitement; par contre, il est rare
de trouver du minerai plus riche que 0,003.

La proportion d'or est en commune de 0,005 du
poids de l'argent; mais cependant, on observe des
variations considérables sur la teneur en or des diverses parties d'une même concession.

EXTRACTION. — On a peu de détails sur les produits des mines de Guanaxuato avant 1760, époque
à laquelle fut attaquée la *Veta madre* dans la concession de *Valenciana;* cependant, les autres exploitations, et particulièrement la mine de *Rayas*,
avaient déjà une certaine importance, car Gamboa
cite le *socabon*, ou galerie de cette mine, comme
un travail remarquable, et permettant aux bêtes
de somme d'aller charger le minerai dans l'intérieur
de la mine (*). Quoique plus nouvelle, l'exploitation

______

(*) G AMBOA, *Comentarios a las ordenanzas, cap.* 19-20.

de *Valenciana* dépassa promptement le produit des autres mines, et l'on peut voir dans l'*Essai politique sur la Nouvelle-Espagne*, les détails des sommes représentéés par le minerai extrait de *Valenciana* jusqu'en 1803. A cette époque, les trávaux avaient déjà dépassé la profondeur de 400 varas (359^m, 20), qui est celle au-dessous de laquelle, dans presque toutes les mines du Mexique, le minerai diminue en richesse. Cet appauvrissement du filon auquel les mineurs donnent le nóm d'*emborrascado*, se présente souvent à de moins grandes profondeurs. Mais l'exemple de nouvelles richesses trouvées en creusant davantage, soutient le courage des exploitants. Attendu la puissance du filon de *Valenciana*, on a continué l'exploitation jusqu'à une profondeur de 764 varas, en cherchant à suppléer par la quantité à l'abaissement du titre; mais les bénéfices de la mine se trouvaient extrêmement réduits quand commencèrent les guerres de l'Indépendance mexicaine, dont le premier cri se fit entendre, en 1810, à quelques lieues de Guanaxuato. Des entreprises aussi colossales ne pouvaient subsister sur le théâtre d'une semblable lutte, qui eut pour conséquence la suspension du plus grand nombre des exploitations importantes, jusqu'à ce que, en 1822, l'avenir de la république paráissant plus certain, des compagnies anglaises commencèrent à entreprendre leurs travaux. La mine de *Valenciana* fut une de celles que la Compagnie anglo-mexicaine voulut travailler; elle procéda au *desague* ou épuisement des eaux, qui fut extrêmement coûteux, et quand il fut à peu près achevé, on s'aperçut promptement que la richesse du minerai, à cette profondeur, ne couvrait plus les frais de l'extraction et du traitement métallurgique. En cherchant du minerai plus riche dans les parties moins profondes qui n'avaient pas été entièrement exploitées, les travaux se continuèrent, mais avec assez peu de résultats pour que la Compagnie anglaise se soit décidée à abandonner l'entreprise aux propriétaires de la mine, préférant sacrifier plusieurs millions dépensés infructueusement à continuer les travaux, qui, exécutés depuis lors par les propriétaires, fournissent une quantité de minerai assez minime, et dont la valeur compense à peine les frais d'extraction et l'intérêt des capitaux qu'ils exigent. La *Valenciana* est la mine la plus profonde du Mexique, et l'expérience infructueuse qui y a été faite de chercher des minerais riches au-dessous d'une certaine profondeur, tend naturellement à décourager de toute tentative analogue.

Dans la *Valenciana*, comme dans les autres mines de Guanaxuato, l'extraction des minerais, ainsi que l'épuisement des eaux, se fait par les puits ou *tiros*, au moyen de tambours mus par des chevaux. Deux câbles s'enroulent et se déroulent continuellement;

à leur extrémité se trouvent suspendus une outre en peau de bœuf qui contient l'eau, ou des sacs renfermant le minerai. Ces machines (*malacates*) sont attelées, à Guanaxuato, de neuf chevaux à la fois, qui marchent presque continuellement au galop, et travaillent quatre heures sur vingt-quatre.

Chaque sac de minerai pèse environ 35o kilogrammes. L'outre de cuir, formée de deux peaux de bœuf, se remplit d'elle-même pendant qu'on décharge le minerai, et donne un poids d'eau d'environ 9oo kilogrammes, après en avoir répandu dans le trajet une quantité représentant le quart ou le tiers de ce poids.

La mine de *Valenciana* possède plusieurs *tiros*, et le principal ou *tiro general*, qui atteint une profondeur perpendiculaire de 734 varas (622^m,43) sur un diamètre de 1o varas (8,48), est un des ouvrages les plus remarquables que l'industrie des mines ait exécutés.

La gangue étant fort dure, le minerai est presque entièrement détaché à la poudre; il n'est point choisi dans la mine, mais transporté immédiatement à dos d'homme, par les galeries intérieures, jusqu'au puits le plus voisin.

Depuis plusieurs années, les travaux s'exécutent en grande partie, dans les mines de Guanaxuato, non pas à journée, mais à *partido*, ou en compte en participation avec les ouvriers appelés *buscones*, comme je l'ai dit précédemment, et qui ont la valeur de la moitié du minerai qu'ils peuvent extraire, l'entreprise leur fournissant les outils, la lumière, la poudre, et se chargeant des frais des *tiros* pour élever les eaux et le minerai jusqu'au jour.

Chaque semaine, un jour est fixé pour la vente du minerai dans chaque mine. De grand matin, les *buscones* arrangent avec art le minerai sur des couvertures, de manière à présenter à l'œil de l'acheteur les morceaux les plus riches, échafaudés de façon à en faire croire la richesse et le poids plus considérables. A une heure fixe, l'*administrador* de la mine procède à la vente de chaque tas, qui s'effectue sans essai ni pesage, à la meilleure offre qu'il peut obtenir des acheteurs. Ceux-ci la disent à voix basse à l'oreille de l'*administrador*, pour ne pas être exposés à ce qu'elle soit couverte par leurs concurrents. Le minerai est aussitôt enlevé par le meilleur enchérisseur, qui en paye sous huitaine la valeur, dont une moitié appartient aux *buscones*.

Ces achats, quand on y est habitué, sont moins chanceux qu'on ne le présumerait, en considérant qu'il faut évaluer à la fois la richesse du minerai et son poids. L'expérience des acheteurs (*rescatadores*) est si grande, que sur vingt offres, on ne trouve souvent que des différences fort légères, et qu'une même offre est faite quelquefois par plusieurs personnes ; dans ce cas, la plus ancienne est préférée.

La mine de *Mellado* n'est séparée de celle de *Valenciana* que par celle de la *Cata*, qui, se trouvant à un niveau beaucoup plus bas que celles-là, est abandonnée depuis que les eaux, s'étant élevées dans les travaux de *Valenciana*, ont inondé la *Cata*; *Mellado*, qui est beaucoup plus élevé, et dont les travaux sont moins profonds, fournit une grande abondance de minerais, et semble être l'exploitation de la *Veta madre* qui promette le meilleur avenir.

La mine de *Rayas* est celle qui, après *Valenciana*, a présenté le plus de richesses; contiguë à *Mellado*, et à un niveau un peu plus inférieur, elle reçoit une partie des eaux de cette exploitation, qui lui paye une indemnité pour leur épuisement.

Le *tiro general de Rayas*, quoique moins profond que celui de *Valenciana*, paraît plus imposant, parce que son diamètre est de 13 varas (11^{m}02). Il est coupé à huit pans pour faciliter le travail de huit *malacates*; sa profondeur est de 460 varas (390^{m}80). Le schiste chloritique qui en forme les parois, prend par l'humidité une couleur vert d'herbe d'un reflet particulier, quand on est placé dans l'extrémité de la galerie qui aboutit à la partie inférieure du puits.

Le mouvement des tambours des *malacates* est tel, que chaque extraction du bas du puits se fait en douze minutes.

Les eaux sont fort peu abondantes, comparées à celles qui affluent dans d'autres mines d'une profondeur bien moins grande. Une grande partie des travaux actuels se trouve à un niveau inférieur de 40 à 60 varas (33^m,92 à 50^m,80) à celui du fond du *tiro*; dans ceux qui en sont rapprochés, les eaux filtrent à travers la roche, et on est obligé de les élever jusqu'à la galerie la plus basse, au moyen de roues à chapelet que font mouvoir des mulets qui restent toujours dans la mine, passant leur temps de repos dans des écuries taillées dans le roc. Après 100 varas de distance (84^m,80) du *tiro*, les travaux sont si peu humides, que l'on est fortement incommodé par la poussière. La quantité d'eau varie suivant l'époque de l'année; c'est à la fin de la saison des pluies, en novembre, qu'elle est la plus abondante, et l'épuisement exige alors le travail de six *malacates*, tandis que dans les temps ordinaires il n'en faut que deux.

Outre le *tiro general*, la mine de Rayas a deux autres puits qui arrivent à une profondeur de 250 à 300 varas (212^m à 254,40), et qui servaient à l'épuisement avant que le *tiro general* fût achevé; aujourd'hui, ils sont utilisés pour le transport au jour de la plus grande partie du minerai.

Les travaux souterrains de *Rayas*, qui servent de communication entre les divers départements de la mine, sont construits sur une grande échelle, qu'on ne retrouve nulle part ailleurs au Mexique. Dans la plus grande partie de ces galeries, des chariots circuleraient sans peine, et les mulets peuvent descendre jusqu'à une très-grande profondeur par un chemin en gradins assez doux. D'autres escaliers en pierre sont construits dans les points où l'exploitation a suivi une ligne droite; l'un d'eux, appelé le *clavo de San Cayetano*, forme un couloir de 120 varas (101^m,76) de longueur, sur une hauteur et largeur de 6 à 8 varas (5^m,08 à 6^m,78). La dureté de la roche rend les étais fort rares; quand ils sont nécessaires, on a rarement recours au bois, et l'on emploie des débris de la roche pour former des murs secs d'une grande solidité. Il en résulte que les éboulements s'évitent aisément; il n'y en a pas eu depuis 1780, et celui de cette année coûta la vie à un grand nombre de mineurs.

La mine de *Rayas* a été exploitée pendant plusieurs années par la Compagnie-Unie; mais à la fin de 1841, le contrat touchant à son terme, et la Compagnie anglaise demandant de nouveaux avantages, les propriétaires de la mine préférèrent continuer seuls les travaux qui, exécutés par les *buscones*, ne demandent qu'une somme assez modique pour le fonds de roulement de l'entreprise.

COUT D'EXTRACTION DU MINERAI. — Il est assez difficile d'établir exactement le coût de l'extraction du minerai; cependant on peut s'en faire une idée assez juste par l'inspection des documents relatifs à la mine de *Rayas*, pendant les années 1839 à 1840, et que je dois à l'obligeance des héritiers du marquis de Rayas, qui sont encore les principaux propriétaires de la mine.

Le travail, dans ces deux années, a été exécuté en partie à journées pour compte de la société, en partie en compte à demi par les *buscones*. Cette dernière portion a été réalisée en espèces; mais celle exploitée à journées a été travaillée dans les ateliers métallurgiques de la Compagnie anglaise, et c'est le produit net qui indique la valeur du minerai.

ANNÉE 1839.

Quantité de *cargas* de 14 *arrobas*
    extraites par les *buscones*..... 20,900   kilogr. 3,364,900
Quantité produite par le travail
    pour compte de l'entreprise... 38,000   id.   6,118,000

            Total, *cargas*...... 58,900   kilogr. 9,482,900

La vente des 20,900 *cargas de buscones* a produit, piastres. 168,971
Le produit des 38,000 » » »   pour compte a été... 349,749

            Total des produits... piastres 518,720
Débours.
Dépenses de la mine.......... piastres 263,627
Moitié de *là valeur* du minerai des
    buscones, représentant le prix de
    leur travail..................   84,486

        Total des débours....................... 348,113

           Bénéfice........... piastres 170,607

ANNÉE 1840.

Cargas des buscones...............	24,100	kilogr.	3,880,100
Id. pour le compte de l'entreprise.	33,400		5,377,400
Total *cargas*.....	57,500	kilogr.	9,257,500

Produit de la vente des 24,100 *cargas de buscones*, piastres 194,520
Le produit des 33,400, pour compte, a été....... 257,439

Total des produits........ piastres 451,959

Débours.

Dépenses de la mine.......... piastres 241,628
Moitié de *la valeur* du minerai des
buscones, représentant leur travail....................... 97,260

Total des débours................... 338,888

Bénéfice..... piastres 113,071

D'après les comptes détaillés du travail métallurgique du minerai appartenant à la Compagnie, documents qui trouveront leur place parmi ceux qui seront produits pour éclairer sur le coût du procédé d'amalgamation, il résulte que l'on a retiré :

	Argent pur.		Argent avec or.	
pour les 38,000 *cargas* de 1839 marcs	48,304	marcs	6,784
pour les 33,400 — de 1840 »	37,010	»	5,944

Le poids total du minerai réduit en marcs, présentant pour 1839 un poids de 26,600,000 marcs, et le total de l'argent et or étant 55,088 marcs, on a pour richesse commune obtenue du

minerai............................... 0,00207
Le même calcul pour 1840 donne............. 0,00186

Pour avoir la teneur véritable du minerai, il

faudrait être fixé sur la perte exacte dans le traitement; et, comme on l'a vu dans l'article concernant l'amalgamation, c'est un point qui n'est pas complétement éclairci, mais qui ne paraît pas devoir s'estimer à moins de 10 p. %.

Selon les calculs qui seront aussi placés dans le coût de l'amalgamation, l'or contenu dans les 12,728 marcs d'argent ayant or, représente un poids équivalant

à 0,04500 de l'argent allié,
à 0,00600 de la totalité de l'argent pur et allié,
à 0,00001 du poids du minerai.

On doit indiquer que cette quantité d'or, quelque petite qu'elle paraisse, est plus considérable dans le minerai de *Rayas* que dans celui des autres exploitations, et que la quantité ajoutée pour perte, afin d'avoir la richesse véritable en or contenue dans le minerai, est encore beaucoup plus difficile à déterminer que celle de l'argent, des essais en nombre suffisant n'ayant point encore été faits sur les résidus, pour pouvoir connaître quelle est la proportion d'or qui échappe à l'amalgamation. Il faudrait aussi, pour ce calcul de la proportion d'or que contient le minerai, faire entrer en compte celui qui se trouve uni à ce que l'on appelle argent pur au Mexique, quoique renfermant une quantité d'or très-voisine de 0,001 de son poids, mais trop petite pour payer les frais du départ dans ce pays.

Pour évaluer le coût d'extraction du minerai, il faut faire entrer dans les dépenses une grande partie de la somme figurant comme bénéfices dans les comptes que l'on a eu l'obligeance de me laisser établir. Aux termes de l'association formée entre les propriétaires et la Compagnie anglaise, une moitié de ces bénéfices était accordée à celle-ci, comme compensation de sa gestion et de l'intérêt des capitaux du fonds circulant qu'elle était seule à fournir. L'autre moitié des bénéfices ne semble pas une compensation trop forte pour l'intérêt et la détérioration des ouvrages servant à l'exploitation, construits à grands frais dans des temps plus prospères. On peut donc considérer que les sommes figurant comme bénéfices ne sont actuellement que le signe représentatif des intérêts du fonds circulant, et d'une partie du capital dépensé dans la mine pour en poursuivre l'exploitation. En admettant ces bases, on trouve, par la réunion du travail des deux années, le résultat suivant :

116,400 *cargas* ayant coûté, piastres 970,679, le prix moyen du coût de 14 *arrobas*, ou 350 livres de minerai, ressort à piast. 8,33 ; ce qui se rapproche beaucoup du prix moyen obtenu à la vente du minerai extrait par les *buscones*, correspondant à 8,09 pour 1839, et 8,10 pour 1840.

TRAITEMENT MÉTALLURGIQUE. — Le minerai ayant été d'abord *pepenado* ou brisé au marteau à main, en fragments assez petits pour rejeter ceux qui ne renferment que peu ou point de parties métalliques, est porté au *molino*. Celles de ces machines qui sont composées de 9 pilons réduisent à l'état de *granza* ou gros gravier, un peu plus de 100 quintaux de minerai en 24 heures (4,600^k).

La *granza* est portée dans l'*arrastra*, qui porphyrise 6 quintaux (276 kil.) en 24 heures; cependant, comme on a observé que les résidus des minerais riches contiennent moins d'argent quand la porphyrisation est plus complète, on ne porphyrise dans le même temps que 5 quintaux (230^k) de ceux-ci. La quantité d'eau ajoutée peut s'évaluer à 150 livres pour 100 livres de minerai; cette eau ne s'ajoute que périodiquement, la mouture étant plus parfaite, suivant que le minerai a été maintenu dans un état d'humidité convenable, et les deux extrêmes étant nuisibles.

A Guanaxuato, on introduit dans les *arrastras* 10 à 12 onces (287^{gr},60 à 344^{gr},820) de mercure chaque jour. Ce mercure s'arrête dans les joints des pierres qui forment le fond de l'appareil, et s'amalgame avec une partie de l'argent et avec la plus grande partie de l'or contenue dans le minerai; sans cette précaution, en supposant que l'or fût recueilli dans le travail du *patio*, il serait uni à une si grande quantité d'argent, que les frais de séparation par les acides seraient beaucoup plus coûteux, puisqu'ils porteraient sur un poids d'alliage sept à huit fois plus considérable. Cet amalgame d'argent et d'or est fort sec; on l'enlève tous les deux ou trois mois, en raclant les fentes du fond de l'*arrastra* avec un crochet de fer. Soumis à la distillation, il fournit de l'argent très-fin contenant 0,045 et jusqu'à 0,060 d'or.

Les molécules de porphyre qui se joignent au minerai pendant l'opération, augmentent d'une manière sensible le poids de celui-ci; on évalue cette augmentation de 6 à 10 p. %, suivant la dureté du minerai et celle du porphyre de l'*arrastra*. Tous les deux ou trois jours on prend un essai ou *tentadura* de chaque *arrastra*, et l'on trouve que le poids d'amalgame que l'on en retire, correspond à peu près exactement à celui du mercure employé. Cette circonstance a été pendant longtemps un des principaux arguments dont on ait fait usage pour soutenir ce principe, qu'une quantité d'argent ne pouvait s'unir au mercure, sans qu'une quantité égale de mercure fût détruite. Ce manque ou *consumido* dans l'*arrastra* n'est plus expliqué de la même façon par les personnes éclairées qui s'occupent de l'amalgamation, et elles l'attribuent, soit à l'extrême division que la friction peut occasionner dans les molécules de mercure, soit à ce qu'une partie de celui-ci, à l'état liquide ou d'amalgame, peut facilement être enlevée avec les boues métalliques, et être ainsi transportée au *patio*, où elle doit diminuer le manque de mercure dans cette partie de l'opération.

Les boues, versées d'abord dans des réservoirs en maçonnerie, appelés *cajetes*, jusqu'à ce qu'elles forment la quantité de poids désigné pour une *torta*, sont ensuite portées dans le *patio* pour être évaporées à la consistance convenable. Cette opération dure, suivant la saison, de quatre à dix jours; elle est moins longue pour la gangue de quartz pur que pour celle qui contient de la matière talqueuse.

Le degré d'humidité convenable pour les boues n'est pas facile à indiquer; à Guanaxuato on les travaille plus sèches qu'ailleurs, et leur consistance est telle, que les animaux qu'on y fait marcher rencontrent une résistance assez forte pour que leurs pieds arrivent jusqu'au pavé du *patio*.

Une fois la consistance désirable obtenue, on procède à *ensalmorar*, ou verser le sel, qui est, à Guanaxuato, dans la proportion de 2 à 3 p.% du poids du minerai; on emploie presque exclusivement le sel de Colima. Quelques *azogueros* ajoutent le *magistral* en même temps que le sel; d'autres attendent vingt-quatre heures. Il y a aussi quelque différence dans la quantité employée; les uns trouvent avantage à conduire le *beneficio* rondement, en employant plus de *magistral*; d'autres, plus timorés, préfèrent employer plus de temps et ne s'exposer dans aucun cas à voir la *torta* s'échauffer; quand il est produit avec le métal de cuivre pyriteux de Tepesala de premier choix, la proportion n'est quelquefois que de 3/4 p. °/₀ du poids du minerai; tandis que d'autres *azogueros* emploient jusqu'à 2 p. °/₀. La moyenne est beaucoup moindre de 2 p. °/₀.

Depuis quelques années on a employé avec avantage, surtout les exploitants étrangers, le sulfate de cuivre provenant des ateliers de départ. L'expérience a indiqué qu'en employant une partie de sulfate pour cinq de *magistral* de la meilleure qualité, on obtenait des résultats semblables, à cela près qu'avec le sulfate, les effets étaient plus prompts et semblaient aussi avoir une influence favorable sur le rendement en argent.

Après avoir donné un *repaso* on fait l'*incorporo*, et l'opération continue comme on l'a indiqué en décrivant le procédé général d'amalgamation.

Le lavage s'exécute à Guanaxuato sans ajouter plus de mercure que celui calculé représenter six fois le poids de l'argent à extraire. La partie pesante du minerai, abondante en pyrites et que l'on nomme *relaves*, reste unie à l'amalgame, dont on la sépare par un lavage à la main dans de grandes sébiles. Ces *relaves* sont soumis à une nouvelle trituration dans les *arrastras;* ils rendent une certaine quantité d'amalgame d'argent riche en or; mais on ne les travaille pas une seconde fois au *patio*.

L'essai d'une partie de *relaves* sortant du *lavadero* provenant, il est vrai, d'un minerai ayant rendu 0,0023, m'a donné une richesse de 0,0006 d'argent, et cent mille livres de *relaves* n'ayant produit, dans le second travail à l'*arrastra*, que cinquante-deux livres de mercure et quinze marcs d'argent, il reste dans cette partie des résidus une quantité d'argent qui semble mériter l'attention des exploitants, soit pour les traiter de nouveau par le *patio,* si l'état chimique dans lequel elle se trouve lui permet de s'amalgamer, soit en appliquant quelque autre procédé calculé pour vaincre cette résistance, si on la rencontre dans le procédé ordinaire. Au reste, cette richesse des *relaves* n'influe pas beaucoup sur la richesse générale des résidus, parce que les *relaves* ne représentent que la dixième, au plus la huitième partie du minerai soumis au lavage.

A en croire Sonneschmidt, les résidus des meilleurs ateliers d'amalgamation (et ceux de Guanaxuato ont toujours occupé le premier rang) ne dépasseraient pas une teneur en argent de *un adarme* par quintal, sur du minerai ayant jusqu'à deux marcs par quintal. Ces proportions, indiquées en décimales, correspondent à 0,00004 pour les résidus de minerai ayant 0,01 d'argent; et, quoique présenté comme le maximum de perfection, il est permis de douter que semblable résultat ait jamais été obtenu. Le même auteur ajoute qu'il n'est pas rare de trouver dans certains districts de mines, où les minerais sont moins dociles, des résidus qui, pour les mêmes quantités, contiennent une, deux et trois onces, ou 0,0006, 0,0012, et jusqu'à 0,0018 d'argent.

Les prétentions soutenues aujourd'hui sur la pauvreté de leurs résidus par les principaux chefs d'atelier d'amalgamation mexicains ou étrangers, ne s'accordent pas entre elles; et quoique moins incroyables que la première assertion de Sonneschmitd, elles ne semblent pas bien exactes.

Les livres d'une des principales *haciendas de beneficio*, où chaque *torta* est essayée à la coupelle, indiquent des différences entre les produits en argent et les essais qui varient entre 3 et 5 p. % de la quantité d'argent contenue dans le minerai.

Les livres d'une autre *hacienda*, aussi fort considérable, où l'on pratique les essais docimastiques, et dont on m'a fourni un extrait pour le travail de trente *tortas*, ou environ 24,000 quintaux métriques de minerai, dirigées par deux *azogueros*, représentent 8 1/4 p. % de différence entre la teneur indiquée par les essais et le produit. Les résidus de chaque *torta* ayant été essayés séparément, fournissent une teneur totale sensiblement la même que la commune des *déficit.*

La teneur moyenne de cette quantité de minerai était de 0,0012; celle des résidus 0,00011, ou correspondant à six onces environ pour chaque *monton* de trente-deux quintaux de minerai.

Les essais de parties aussi minimes présentant beaucoup de difficultés, puisque les fractions de dix-millièmes changent considérablement les résultats, il reste à savoir si le mode suivi pour les essais de Guanaxuato présente toute l'exactitude désirable pour ces sortes de recherches. Ces essais s'exécutent, non pas par scorification, mais au creuset et avec une quantité de litharge un peu faible. Je hasarde cette réflexion, parce que de nombreux essais, pratiqués avec le plus grand soin sur des résidus de Guanaxuato, en employant les mêmes fondants et les mêmes proportions usitées à l'école des mines de Paris, ne m'ont jamais donné une teneur moindre de 0,0002, richesse en argent déjà fort minime et qui correspond à celle des résidus de Freyberg (1).

L'amalgame séparé des *relaves*, exprimé dans de grandes chausses de cuir à fond de toile, est placé sous la cloche où s'opère la volatilisation du mer-

---

(*) Berthier, *Traité des essais par la voie sèche.*

cure. Après cette dernière opération, il est facile
d'établir quelle est la perte du mercure employé,
par rapport à l'argent obtenu. Par les divers comptes détaillés un peu plus loin, il sera démontré que
cette perte varie entre dix et douze onces pour
un marc ou huit onces d'argent obtenu.

La partie du procédé d'amalgamation qui comprend le travail mécanique, le sel et le *magistral*,
n'éprouve presque aucune variation, quelle que
soit la teneur du minerai, et le mercure perdu
étant la seule chose qui soit proportionnelle à la
quantité d'argent obtenu, on a trouvé convenable
depuis fort longtemps de diviser le coût du traitement en deux fractions, l'une variable, qui dépend
de la quantité de mercure consommé, l'autre fixe,
qui comprend tous les autres frais, qu'on appelle
maquila, nom sous lequel on la désigne dans tous
les districts de mines du Mexique.

Depuis plusieurs années, le prix de la *maquila*
à Guanaxuato est établi à raison de 27 piastres
pour chaque *monton* de 32 quintaux. Cependant,
pour les travaux métallurgiques exercés pour
compte d'autrui, les propriétaires des *haciendas
de beneficio* traitent souvent de gré à gré à un prix
inférieur, surtout quand la paille et le maïs, dont
la consommation est fort importante pour l'entretien
d'un aussi grand nombre de mulets et de chevaux,
tombent à des prix plus bas que d'ordinaire, par

suite de récoltes d'une abondance extrême. Quoi qu'il en soit, le prix de 27 piastres ou même de 25 piastres, pour le traitement de 32 quintaux de minerai, offre une belle marge, ainsi qu'on peut s'en convaincre en examinant le détail suivant des dépenses causées par chaque partie du traitement sur un travail de 2,565 *montones*, exécuté dans une des plus grandes *haciendas* de Guanaxuato, et réparties sur un *monton*.

DÉBOURS DIVERS.	PAR MONTON.	EN 100ᵉ du coût total.
	piastres.	
Alquiler, ou loyer de l'*hacienda*, ayant 51 *arrastras*.	1,184	0,05
Sueldos, ou appointements fixes................	1,316	0,06
Maceo, ou trituration aux bocards................	2,120	0,10
Molienda, ou porphyrisation à l'*arrastra*..........	8,640	0,40
Frais dans le *patio*...........................	3,045	0,14
Magistral et sel.............................	3,893	0,18
Lava, ou frais au lavoir.......................	0,693	0,03
Quema, ou frais d'évaporation..................	0,557	0,04
TOTAL par *monton*...............	21,448	1,00

La perte du mercure ressort à 12 onces par marc sur ce travail.

Il est nécessaire de remarquer que dans cette année, les denrées étaient chères, et que dans les années d'abondance, la *maquila* n'excède pas un coût de 18 1/2 piastres. Il est vrai que cet aperçu ne comprend aucun intérêt pour les capitaux nécessaires pour les approvisionnements de toute espèce.

Le résumé du travail de cette même *hacienda* pendant l'année 1840 éclairera sur les quantités proportionnelles de sel, de *magistral* et de mercure consommés pour l'argent pur et argent allié d'or (*mixta*), obtenus pendant ces douze mois.

N° 1.

Montones travaillés.......................		2,604 »
Magistral...............................	(livres)	57,675 »
Sel de Colima........................	id.	234,900 »
Mercure employé......................	id.	100,582 »
Mercure perdu........................	id.	24,883 »
Argent obtenu dans les *arrastras* (*mixta*).......	marcs	4,116 »
Argent obtenu dans le *patio* (*purà*).............	id.	34,923 »
La *maquila* a coûté cette année, piastres 19,6....		51,429 »
24,883 livres de mercure, à 130 piastres le quintal.		32,348 »
On a pour coût de traitement, piastres....		83,777 »

produisant 39,039 marcs d'argent, ce qui équivaut à piast. 2,14 1/2 pour chaque marc, dont 1,32 pour la *maquila* et 0,82 1/2 pour le mercure qui se trouve dans le rapport de 10 onces 1/4 pour un marc d'argent.

Le traitement du minerai extrait et traité pour compte de la mine de *Rayas*, en 1839 et 1840, donne les chiffres suivants :

N° 2.

	1839.	1840.
	piastres.	piastres.
Maquila, à 27 piastres le *monton*........	118,433	100,950
Dépenses en mercure....................	44,326	59,425
Droits du gouvernement (*)............	26,751	20,407
(*) *N. B.* (Ils ne figurent pas dans le compte précédent.)		
Produits en argent pur, marcs	48,304	37,010
Idem en argent avec or, »	6,784	5,944

Le total des marcs obtenus dans les deux années étant 98,042, celui des livres de mercure perdu 71,692, la perte répond à 11 onces 3/4 par marc d'argent.

La valeur de ces 98,042 marcs d'argent produits doit être divisée comme suit :

Valeur des 85,314 marcs d'argent pur,	piastres	772,847
Idem de 12,782 » » avec or............		204,306
	Total... piastres	977,153

Ce qui établit pour la proportion en poids de l'argent du *patio* avec l'argent des *arrastras* un rapport :: 85 : 12, et pour la valeur :: 77 : 20.

Par le prix auquel on paye l'argent et l'or à la monnaie de Guanaxuato, il est facile de séparer de cette valeur totale de piastres 977,153, ce qui correspond à l'or de ce qui correspond à l'argent. A cause de leur longueur, on indiquera seulement les résultats de ces calculs, qui donnent :

Pour argent du *patio*..................... piastres 772,874
    dito des *arrastras*................ 115,038

                    Piastres..... 887,912

Pour la valeur de l'or représentant approxima-
    tivement un poids de 574 1/2 marcs à 1000. 89,131

                    Piastres..... 977,153

L'or représente, par conséquent, sur les produits de ce minerai, 0,10 de la valeur de l'argent, et 0,006 de son poids.

Les deux comptes qui précèdent sont faits sur des minerais comparativement assez riches, puisque le n° 1 donne un produit d'argent égal à 0,00196, et le n° 2 0,00234; on y joindra le calcul du travail de minerai très-pauvre, provenant de la mine de *Mellado*, qui, après les frais de traitement, laisse une bien faible somme pour son extraction; mais celle-ci, à cause de l'abondance du minerai, offre encore quelque avantage quand elle se fait en compagnie de minerai plus riche.

N° 3.

Montones travaillés......................... 661

Maquila revenant au bas prix de piast. 18 3/8.. piastres 12,146
Mercure employé, 8,753 livres
Mercure perdu,   2,529 »   à 130 piastr. le quintal. 3,287
Droits du gouvernement et autres frais................ 873

                    Piastres... 16,306

Produits.
Marcs, 3,103 argent pur.
  »   100 2 onces, allié avec or.

Marcs, 3,293 ayant une valeur de................ piastres... 21,482

    Différence à appliquer au minerai...... piastres.. 5,176

Ces 661 *montones* représentant 6043 *cargas* de 14 *arrobas*, il ne reste après les frais de traitement que piastre 0,85 pour la valeur du minerai, somme trop faible pour compenser les débours d'une exploitation de ce minerai seul, qui ne produit en argent et or que 0,00075 de son poids.

Sur ce travail, la perte de mercure a été de 12 onces 5/8 pour un marc d'argent; on conçoit aisément que la perte mécanique devant être la même sur un poids fixe de minerai, quand celui-ci est pauvre, cette perte mécanique, divisée sur un moins grand nombre de marcs, doit influer d'une manière fort sensible sur la proportion existante entre le mercure perdu et l'argent produit.

En comparant le compte n° 3 au n° 1, on aperçoit quelle énorme différence il existe dans les frais de traitement d'un marc d'argent provenant d'un minerai produisant 0,00234 ou 0,00075; le coût, pour cette dernière teneur, étant sensiblement le double de la première.

Voici quelques détails sur les principales dépenses d'une *hacienda de beneficio* à Guanaxuato :

Le nombre de mulets nécessaires pour toutes les opérations peut se calculer à raison de sept mules par *arrastra*. Une paire (mule et mulet) vaut de 40 à 45 piastres; le coût de l'entretien de chaque animal ressort, année commune, à piastre 0,18 1/4 par jour.

Le salaire des ouvriers est de piastre 0,50 par jour. Ils entrent le dimanche à la nuit, et ne sortent plus jusqu'au dimanche matin, ou au plus tôt le samedi soir. Il n'y a pas de relais d'ouvriers pour le jour et la nuit; mais comme le travail de nuit se borne à empêcher que les mulets des *arrastras* ne s'arrêtent, les ouvriers dorment et veillent tour à tour.

Les *azogueros* gagnent ordinairement 25 piastres par semaine; dans les *haciendas* de moyenne grandeur, ils sont chargés de toute la comptabilité, mais dans les grands ateliers, il y a un employé spécial pour les livres et la caisse.

Le loyer d'une *hacienda de beneficio* se règle d'après le nombre d'*arrastras*, à raison de 50 piastres par an. Le principal atelier (*Barrera*) en contient 68; il y en a plusieurs de 50, et le nombre total d'*arrastras* en activité à Guanaxuato, varie de 6 à 700, ce qui indique un travail annuel de 600,000 quintaux métriques de minerai, produisant en métaux monnayés, de 3,000,000 à 3,500,000 piastres, dont environ un dixième est de l'or. Mais de ces sommes, une partie provient des mines de Villalpando, situées à quelques lieues de Guanaxuato, et dont le minerai, généralement fort riche en or, est traité par la fonte ou souvent par le mercure dans l'*arrastra* seulement, l'argent étant quelquefois en si petite quantité, qu'il ne couvrirait pas les frais du *patio*.

§ II. ZACATECAS.

Les filons argentifères qui traversent le soulèvement au milieu duquel cette ville est située,
doivent être placés en première ligne après ceux
de Guanaxuato, autant par leur nombre, leur
puissance, que par les masses d'argent qu'ils ont
fournies.

GÉOLOGIE. — Ce soulèvement isolé est placé à
environ quinze lieues à l'est des montagnes plus
élevées qui semblent joindre la chaîne principale
de la Cordillère qui court de Durango à Guanaxuato. Il est formé surtout de la réunion de
mamelons joints à quelques masses allongées dans
la partie sud; ces diverses sommités varient, pour
leur élévation absolue au-dessus de l'Océan, entre
2,600 et 2,726 mètres, qui est la hauteur du point
culminant au *Cerro del Angel*, près de *Veta grande*,
tandis qu'elles représentent une différence de 3
à 400 mètres avec les plaines environnantes.

Le long séjour qu'a fait M. Burkart à Zacatecas,
lui a permis de réunir les renseignements les plus
complets sur la constitution géologique de cette
partie intéressante des gîtes métallifères du Mexique.
Il considère le nom de diorite (*grunstein*) comme le
plus applicable à la roche verdâtre, tantôt schisteuse, tantôt formée de grains blancs et verts, que

traversent la plupart des veines argentifères de Zacatecas, et que M. Bustamante avait appelée syénite. Cette roche, qui, sur plusieurs points, m'a semblé avoir les caractères du schiste chloritique, repose sur un schiste argileux bleuâtre qui se montre au jour dans l'ouest du soulèvement, et qui a beaucoup d'analogie avec le schiste qui forme la partie inférieure des mines les plus profondes du Mexique.

On retrouve en abondance, surtout dans le ravin que suit le chemin de Guadalupe à Zacatecas, les grès en conglomérats rouges, identiques à ceux de Guanaxuato ; ils paraissent avoir été soulevés par les porphyres et trachytes qui se montrent au jour dans les parties élevées des masses allongées, et forment les crêtes ou *bufas* qui dominent la ville.

Un de ces porphyres à base argileuse contient des cristaux de feldspath peu résistants, qui, en disparaissant, donnent à la roche une apparence globuleuse. Un autre porphyre à base de pierre cornée (*hornstein*) contient dans tous ses pores une quantité considérable de hyalite mamelonnée ; c'est cette pierre que l'on emploie pour les *arrastras*, à cause de sa dureté, tandis qu'un grès rougeâtre à grains très-fins, paraissant résulter des détritus des porphyres moins durs, est employé pour les constructions. Ces diverses formations sont recouvertes sur quelques points, et jusqu'à une hauteur moyenne, de ce calcaire récent dont j'ai souvent parlé.

On peut difficilement se faire une idée de la quantité de filons de quartz, plus ou moins métallifère, par lesquels est traversée la roche verdâtre qui a fourni toute la partie mamelonnée du soulèvement, qui est celle riche en minerai. Quoique la direction de ces filons soit très-variée, ils passent tous entre le nord et l'ouest, en suivant des courbes qui se rapprochent ou s'éloignent de ces deux points. Le plus remarquable sous le rapport de la variation dans sa direction est celui de la *Cantera*, dont on peut suivre la trace sans la moindre peine, sur une étendue de plus de trois lieues, pendant laquelle on voit à découvert sa crête *(creston de la Veta)*, qui s'élève comme un mur au-dessus du sol, à une hauteur de 10 et quelquefois de 50 mètres, sur une largeur de 15 à 20. En quittant la plaine, où il montre sur plusieurs points cette crête à découvert, il suit la pente des montagnes jusqu'auprès du *Cerro de la Bufa.* Là, un des rameaux, se dirigeant vers le nord, prend le nom de filon de *S. Martin*, tandis que la branche principale, cheminant dans sa direction primitive N. 63° O., longe la *Bufa*, puis, tournant vers le sud, va, sous le nom de veine *del Muerto*, se joindre ou couper le filon de *Quebradillas*, pour continuer sa route à l'ouest, vers les exploitations du *Bote.* Pendant la plus longue partie de sa course, le filon, dont l'inclinaison est de

33 à 37° au S., a la roche schisteuse verdâtre pour mur et le grès rouge pour toit; ensuite il traverse la première de ces roches.

Les travaux de *Quebradillas*, mine fort riche, étant abandonnés depuis longtemps, on ne sait pas aujourd'hui si le filon a été coupé ou s'il s'est joint à celui de la *Cantera*, qui, sur toute sa longueur, n'a présenté nulle part une richesse semblable à celle de ce point de jonction. La principale exploitation de la *Cantera* a eu lieu peu après son entrée dans le soulèvement de Zacatecas, au point où le *creston* s'élève le plus haut au-dessus du sol. La veine, ayant dans cet endroit une puissance dans sa partie métallique de 10 à 12 mètres, fournissait des masses considérables de minerai, d'un produit d'argent de 0,0010 à 0,0012 par l'amalgamation. Les travaux ayant été conduits sans les précautions nécessaires, des éboulements considérables ont eu lieu, et la mine a été abandonnée. Dans le *creston*, la masse de quartz contient des veines séparées par des salbandes de quelques centimètres d'épaisseur, et dans un état fort différent. Le minerai de ces veines est un mélange de pyrites, galène, et surtout de blendes enchevêtrées dans du quartz; le tout ayant une teneur en argent de 0,0005 à 0,0008, tandis que le minerai voisin est composé de quartz carié fort léger, dans les cavités duquel il n'y a que des traces d'oxyde de fer; tous les sulfures de fer, de plomb et de zinc, qui sans doute les remplissaient primitivement, ayant probablement été entraînés en dissolution dans les eaux des pluies, après avoir été convertis en sels solubles par les agents atmosphériques. Cette hypothèse paraît d'autant plus vraisemblable, que ces quartz cariés sont situés dans les bords du *creston;* mais ce qui est plus difficile à expliquer, c'est que l'argent presque seul soit resté uni au quartz dans lequel il existe pour o,oo2o, et jusqu'à o,oo23 de son poids.

Le filon de *S. Barnabe* est le premier qui ait été exploité par les *Conquistadores*, qui, parvenus pour la première fois à Zacatecas, le 8 septembre 1546, découvrirent d'abord, le 21 mars 1548, le filon de *S. Alvado*, travaillé pour compte de Cortez, et le 11 juin de la mêmè année, celui de *S. Barnabe*, qui motiva la première exploitation considérable.

Le prolongement occidental de cette veine, dont l'inclinaison est au sud et la direction presque E. et O., a fourni des richesses considérables dans les concessions de *Malanoche, Rondanera, Loreto* et *Peregrina.* Aujourd'hui, les mines les plus productives de Zacatecas sont celles de *S. Clemente* et *S. Nicolas,* dont les travaux ont commencé en 1836 sur cette même veine, à l'orient des mines que je viens de nommer.

Ce filon a varié de largeur entre 4 et 10 mètres dans les anciens travaux; dans ceux de *S. Clemente* et *S. Nicolas*, il atteint rarement celle de 2 mètres; mais les intervalles qui séparent les parties métalliques, les salbandes, et les deux parois de la roche encaissante jusqu'à une épaisseur considérable, sont imprégnés des mêmes substances métalliques qui abondent dans le filon, au point que leur extraction est souvent aussi productive que celle du filon même. Cette roche est la diorite schisteuse, ou schiste chloritique, dans laquelle on rencontre quelques bancs de quartz de plusieurs mètres d'épaisseur. Dans ses points de contact avec la veine, elle est parsemée de filaments d'argent natif, ou d'argent antimonié sulfuré rouge, dont une partie est souvent convertie en argent natif. Jusqu'à 100 mètres de profondeur le minerai de *S. Nicolas* et *S. Clemente* abondait en pyrites de fer, et sa richesse variait de 0,002 à 0,004; mais à une plus grande profondeur les pyrites ont diminué, et le minerai s'est trouvé garni d'argent natif au point que la teneur en argent s'est élevée de 0,005 jusqu'à 0,015.

Le principal filon de Zacatecas est celui de *Veta grande*, qui, depuis le *Cerro del Angel* jusqu'à *Santa Rita*, a été exploité sur une longueur de 5,000 varas (4,240^m). C'est en 1765 que la richesse de cette veine a été pour la première fois bien démontrée par les travaux que fit exécuter dans la concession de *S. Acasio* le mineur français de Laborde, qui, après avoir sorti de grandes richesses de Tasco, et les avoir dépensées, était venu à Zacatecas pour épuiser les eaux de la mine de *Quebradillas*. Cette entreprise, sans être achevée, avait absorbé ses derniers capitaux, quand les travaux qu'il avait entrepris en même temps à *S. Acasio* lui fournirent une nouvelle fortune. La direction générale du filon est N. 60° O.; mais vers son extrémité occidentale, elle tourne au N., et se rapproche beaucoup du N.-N.-O.; son inclinaison est d'environ 31°, et quelquefois de 40° au sud. Comme la veine de Guanaxuato, la *Veta grande* est divisée en trois corps qui, réunis, ont une épaisseur de 25 mètres à *S. Acasio*, mais qui généralement varie de 8 à 14 mètres. Sur cette dernière épaisseur, on calcule que 3 à 4 mètres sont occupés par les deux bancs de roches qui séparent les trois corps.

La zone des *colorados* arrive ordinairement jusqu'à 80 mètres; ils renferment de l'argent natif et de l'argent vert en quantité considérable, mais les travaux ayant, sur toute la ligne, acquis une bien plus grande profondeur, ce genre de minerai n'entre que pour une proportion insignifiante dans l'extraction actuelle.

Les *negros* sont d'une composition très-variée

sur les différents points du filon ; sur quelques-uns le quartz est mélangé d'une quantité considérable de pyrites, de galène et de blende, tandis que sur d'autres, à la *Gallega*, par exemple, le minerai est un quartz presque aussi blanc que celui de Guanaxuato, parsemé d'argent antimonié-sulfuré rouge, souvent cristallisé en beaux prismes hexaèdres, et d'un peu de blende brune, de façon que la partie métallique du minerai arrive à peine à 4 p. %. C'est la *Gallega* qui a fourni la dernière *Bonanza* du filon de *Veta grande* de 1828 à 1838; cette période a laissé plus de 9,000,000 de piastres de bénéfice aux exploitants. Depuis lors, l'association qui existait entre les propriétaires et la compagnie anglaise de *Bolaños* a cessé ; et, sans que l'on puisse dire que la rupture de cette société en soit précisément la cause, les produits de la mine ont tellement diminué, que l'entreprise ne pouvant plus marcher avec le travail à journées, on a mis, au commencement de 1842, la mine au *partido* de 1/4 pour les ouvriers, ce qui n'a pas beaucoup contribué à augmenter les produits.

La *Veta grande* a produit :

Suivant Bustamante, de 1790 à 1826... 2,463,716 marcs d'argent.
Suivant M. Burkart, de 1827 à 1833... 1,438,536 »

Pendant les travaux de la Compagnie anglaise, le minerai, au sortir de la mine, se trouvait assez riche pour qu'un sixième seulement fût rejeté, tandis que plus tard le filon s'est appauvri au point que plus d'un tiers n'offre pas de marge pour les frais de traitement. Les minerais assez riches pour supporter les frais de traitement par fusion sont devenus extrêmement rares, tandis que, dans d'autres époques, l'argent extrait par le feu était à celui provenant de l'amalgamation dans le rapport de un à cinq.

Le titre moyen obtenu à la *hacienda de la Sauceda,* pour le traitement du minerai de *Veta grande* par l'amalgamation, a été

$$0,0025 \text{ de } 1804 \text{ à } 1808,$$
$$0,0021 \text{ de } 1820 \text{ à } 1824,$$
$$0,0019 \text{ de } 1825 \text{ à } 1832,$$
$$0,0017 \text{ en } 1839.$$

A cette dernière époque, la charge de minerai qui, à Zacatecas, est de trois cents livres ($138^{k\cdot}$), revenait, pour frais d'extraction, à piastres 5, 5o. Les titres moyens obtenus ne donnent qu'une idée très-imparfaite de la véritable teneur du minerai, par suite de la quantité d'argent antimonié sulfuré noir ou rouge, combinaisons les plus rebelles pour le traitement du *patio.* En commune, on peut évaluer que, pour cette sorte de minerai, près des deux cinquièmes de l'argent échappent au mercure.

La compagnie de *Veta grande* réunissant plusieurs concessions sur ce filon, possède des travaux souterrains communiquant entre eux sur une longueur d'environ quatorze cents mètres ; malgré ce grand développement, les eaux ne sont pas très-abondantes, et leur épuisement se fait principalement par le *tiro general,* percé vers le milieu de la ligne des travaux. Ce puits, d'une profondeur de trois cent cinquante varas ($296^{m}\cdot, 80$), est muni de huit *malacates,* dont trois ou quatre sont utilisés : chacun d'eux élève en six minutes une outre d'eau pesant un peu moins de deux cents kilogrammes.

Le puits de la *Gallega,* dont l'orifice est à un niveau moindre de cent mètres environ que l'orifice du *tiro general,* arrive à deux cents mètres de profondeur, et sert en partie à l'élévation au jour du minerai et en partie à l'épuisement des eaux, auquel deux *malacates* sont employés.

Entre deux cent cinquante et trois cents mètres, la *Veta grande,* comme les principaux filons du Mexique, a diminué de richesse ; et il ne paraît pas que, dans l'état peu prospère de la mine, on tente sur ce point des recherches pour découvrir si, au-dessous d'une profondeur de trois à quatre cents mètres, il n'existe plus de minerai riche en argent.

Un autre filon important est celui des *tajos de Panuco,* sur lequel les travaux commencés, en novembre 1548, ont été conduits à ciel ouvert sur une grande largeur et une longueur de plus de sept cents mètres. Ce filon et nombre d'autres moins importants, situés comme lui dans la partie N. du soulèvement, et à une hauteur beaucoup moindre que la *Veta grande*, sur le bord de la plaine, ne sont que faiblement exploités depuis longtemps, et consistent surtout en *colorados* assez abondants en argent vert (bromure d'argent). Il paraît que toutes les mines situées au bas de la pente septentrionale des montagnes de Zacatecas ne sont riches que jusqu'à une très-petite profondeur de la surface du sol.

L'argent de la *Veta grande* donne à peine quelques traces d'or; celui du filon de *S. Barnabe* en contient souvent de 0,001 à 0,003. La mine de *Quebradillas* devait en donner une plus forte proportion, car dans les débris de minerai de cette exploitation on retrouve encore des fragments de quartz qui renferment des grains et des filaments d'or. Ce métal existe aussi dans quelques filons de la pente S.-O., ainsi que près de Panuco, dans une veine de quartz parfaitement blanc, dont on a abandonné l'exploitation, à cause de la dureté de la gangue qui motive des débours trop considérables pour la valeur de l'or qu'elle renferme, et dont on le séparait en la broyant dans l'*arrastra* avec du mercure.

Le tableau suivant donnera une idée de la production des mines de Zacatecas.

		marcs.	piastres.
Du 1er juin 1548 au 16 septembre 1810,	67,317,937	»	588,041,956
Du 16 septembre 1810 au 1er juin 1818,	2,296,472	»	20,060,363
Du 1er juin 1818 au 1er juin 1825,	2,107,350	»	17,912,475
Du 1er juin 1825 à fin 1832,	3,532,769	»	30,028,540

La proportion des minerais fondus doit avoir été fort considérable dans les deux premières périodes, pendant lesquelles leur nature s'est prêtée facilement à l'amalgamation, puisque les 69,614,409 marcs n'ont consommé, d'après les registres du gouvernement espagnol, qui distribuait seul le mercure, que 42,668,535 livres de ce métal.

TRAITEMENT MÉTALLURGIQUE.—Le traitement au *patio* est le même dans ce district que dans celui de Guanaxuato, à quelques modifications près; les principales sont le degré de finesse donné à la farine métallique et la manière de laver. A Zacatecas, dans des *arrastras* du même diamètre que celles de Guanaxuato, on porphyrise dix quintaux (460$^{k.}$) de minerai en treize heures de travail; aussi, la différence de finesse du minerai trituré est-elle fort considérable, et on est tenté d'attribuer en grande partie à ce défaut l'inexactitude du rendement en argent comparé à celui de Guanaxuato. On assure que des expériences faites, en obtenant la même finesse qu'à Guanaxuato, n'ont pas conduit à une amélioration dans le rendement qui compensât l'augmentation de dépense que ce changement motivait; mais il est permis de conserver quelques doutes à cet égard, la division du minerai paraissant être une des conditions les plus nécessaires à un traitement parfait.

Au lieu de laver l'amalgame dans l'état de sécheresse plus ou moins grand où il se trouve quand l'*azoguero* juge que tout l'argent susceptible de s'amalgamer s'est uni au mercure, on ajoute une quantité de ce métal représentant 8o p.°/₀ de celle employée jusqu'alors; on donne un *repaso* et l'on passe la *torta* au *lavadero*. Cet appareil ne se compose que d'une seule cuve, et le peu de finesse du minerai obligeant à donner un mouvement assez violent pour qu'il reste en suspension, il résulte de ces deux causes qu'une quantité considérable d'amalgame est entraînée au lavage; pour le retirer en partie, on relave à la *planilla* les résidus pesants, que l'on recueille au sortir du lavoir; mais cette opération, outre qu'elle est coûteuse, présente une grande facilité pour le vol, et finit par être fort peu productive.

Dans ce lavage des résidus, les parties métalliques, composées surtout de pyrites de fer, sont séparées des terres et de la plus grande partie de la gangue quartzeuse; elles forment un schlich presque purement métallique, auquel on donne le nom de *marmajas*; leur richesse, suivant celle du minerai qui les a fournies, varie depuis 0,0008 jusqu'à 0,0025; on les soumet alors de nouveau à l'amalgamation en les grillant d'abord dans un four à réverbère et les triturant une seconde fois à l'*arrastra*, avant de les verser dans le *patio*. Ce second traitement, opéré sur des *marmajas* seules, consomme beaucoup de mercure et produit à peine la moitié de l'argent indiqué par l'essai. Quelques *azogueros* prétendent obtenir des résultats infiniment meilleurs, en traitant ces *marmajas* après les avoir mélangées avec trois ou quatre parties de minerai ; mais ce moyen semble plutôt compliquer l'examen des résultats que les améliorer d'une manière incontestable.

La *maquila* et la teneur du minerai s'évaluent à Zacatecas par *monton* de deux mille livres (920 $^{k.}$) pour l'amalgamation, et par *carga* de trois cents livres (138 $^{k.}$) pour la fonte. La *maquila* de l'amalgamation est fixée à dix-huit piastres, mais ne revient pas ordinairement à plus de seize, ce qui est encore fort cher, si l'on compare ce prix à celui de Guanaxuato. On doit attribuer cette différence au coût plus élevé des denrées et des salaires à Zacatecas.

On fait usage du *saltierra* du *Peñon blanco*, et son emploi exige une plus forte proportion de *magistral*.

La perte du mercure est aussi plus forte ; elle a été de 47,015 livres sur 49,236 marcs d'argent extraits de 7,175 *montones* de minerai de *Veta grande*, travaillés à l'*hacienda* de cette compagnie pendant les derniers sept mois de 1839; ce qui équivaut à quinze onces 1/4 par marc d'argent. Dans les petits ateliers, cette perte s'évalue souvent au-dessus de dix-huit onces par marc sur les minerais peu dociles, ceux surtout qui renferment beaucoup de galène. Il paraît que le sulfure de plomb se chlorure en partie dans l'opération, ce qui neutralise un peu les effets du *magistral;* on est alors forcé d'employer cet agent en plus grande quantité, et il en résulte plus d'action sur le mercure.

Par contre, les minerais de *S. Clemente,* depuis que l'argent natif y abonde, présentent dans leur traitement un résultat suivi pour la perte du mercure, qui semblera peu explicable aux partisans du *consumido* inévitable. Le manque de mercure correspond souvent à moins de 8 onces pour un marc d'argent obtenu. Pendant tout le temps que les minerais, quoique riches, ont contenu plus de sulfures métalliques, cette proportion de mercure a été plus forte, comme on peut s'en convaincre par l'examen du tableau suivant, formé sur les débours et rendement du travail des minerais de *S. Nicolas,* jusqu'à l'époque où l'argent natif devint très-abondant. 3,037 *montones* ont produit 56,231 marcs et consommé 42,246 livres de mercure coûtant 61,842 piastres. Ceci établit le titre moyen à 0,0046, la perte du mercure à 11 onces 3/4.

En calculant la *maquila* au prix courant de 18 piastres, et ajoutant le prix coûtant du minerai, on trouve que, dans cette mine, un marc d'argent payé 9 piastres à la monnaie, a coûté.

Piastres. 4,391 pour extraction.
    1,448 *maquila*.
    1,100 mercure.
    0,450 droits du gouvernement.

Piastres. 7,389.

Les minerais de Zacatecas sont du nombre de ceux qui, par la nature de leur composition, doivent attirer de préférence l'attention des chimistes qui se proposeront d'apporter quelques améliorations aux procédés usités pour la métallurgie de l'argent au Mexique. Ces minerais, trop pauvres, en général, pour supporter les frais élevés du traitement par la fonte, sont difficiles à traiter complétement au mercure, et l'on peut s'en convaincre par la teneur des résidus abandonnés qui, après la séparation des pyrites, arrivent encore au titre de 0,0007 à 0,0012, et sont rejetés dans les torrents et emportés par la première crue des eaux, tant l'idée d'une amélioration de traitement semble impossible aux exploitants. On fait avec peine le compte des marcs d'argent perdus, en calculant la masse de minerai travaillé à Zacatecas, dont les résidus contenaient de 15 à 40 p. % de la teneur primitive ; car des essais pratiqués pendant plusieurs années sur les minerais de *Veta grande*, comparés aux résultats fournis par le *patio*, ont accusé des différences de 35 à 40 p. °/₀, tandis que sur les minerais chargés d'argent natif de *S. Clemente* et *S. Nicolas*, elles ont varié de 15 à 20 p. °/₀.

Le nombre des *arrastras* montées aux environs de Zacatecas peut arriver à quatre cents, mais à peine cent cinquante sont en activité. Les principales *haciendas* sont celles de *la Sauceda*, où se travaille le minerai de *Veta grande*; elle est composée de quatre-vingt-huit *arrastras*, et possède un vaste atelier pour la fonte. L'*hacienda* de *Cinco Señores* est dans le même cas, qnoiqu'un peu moins importante. L'*hacienda* de *Bernardes* n'a pas de fonderie; il en est de même des *haciendas* de *Vegoña* et la *Granja*, qui sont utilisées pour les minerais riches de *S. Clemente* et *S. Nicolas*.

---

§ III. FRESNILLO.

L'époque à laquelle ont commencé les travaux est assez incertaine, et les titres les plus anciens sont de 1755 à 1760. Suivie au commencement de ce siècle sans résultats avantageux par quelques mineurs enrichis à Sombrerete, l'exploitation des mines du Fresnillo n'a pris une grande activité qu'en 1824, année où elle fut reprise pour compte de l'État de Zacatecas, pour passer, depuis l'établissement du système central, dans les mains d'une compagnie qui travaille en compte à demi avec le gouvernement de la République.

GÉOLOGIE. — Le *cerro de Proaño*, situé à 14 lieues au N.-N.-.O de Zacatecas, est un monticule d'une longueur de 5 à 600 mètres, et d'une élévation qui ne dépasse pas 100 mètres au-dessus des plaines environnantes, dont la surface, recouverte par une couche de calcaire récent, est percée sur plusieurs points par des collines de roches porphyriques peu élevées. La masse soulevée du *cerro de Proaño* est une roche argileuse, compacte, jaunâtre, recouvrant à une certaine profondeur un schiste argileux bleuâtre, divisé par des filets de quartz blanc.

C'est dans ces deux roches qu'existent de nombreux filons dont la direction est presque exactement nord et sud, mais dont l'inclinaison, quoique dirigée généralement vers l'ouest, se trouve assez variable pour que ces diverses veines, en se coupant entre elles, représentent une espèce de filet.

EXTRACTION. — Toute la surface du monticule est couverte des débris des premières exploitations, et l'on chemine sur des amas de cette roche jaunâtre (*wacke*) à côté de puits abandonnés, et de profondes carrières sur divers points où les travaux ont été faits à ciel ouvert. Depuis que cette mine importante a passé dans les mains de la compagnie actuelle, les travaux ont pris une marche plus régulière, et s'exécutent au moyen de galeries tracées sur la longueur des filons, et pratiquées à 30 varas ($25^m,44$) de profondeur les unes des autres. On travaille dans ce moment (1842) à la huitième galerie, et, d'après le temps écoulé depuis le percement des premières, on voit que tous les sept ou huit mois, on doit en percer une nouvelle ; elles ont deux mètres en largeur et en hauteur ; leur longueur varie de 800 à 1200 mètres. Ce sont les conduits principaux pour la circulation de l'air, du minerai et des eaux ; ces galeries n'étant que le point central des travaux en communication avec divers ouvrages moins importants et parallèles à celles-ci. Une fois la galerie faite, on travaille en damier sous son sol, jusqu'à ce qu'une nouvelle galerie ait été exécutée.

La montagne est percée d'un grand nombre de puits, qui servaient jadis à l'extraction au jour du minerai, et à l'épuisement partiel des eaux de la mine qui, par leur abondance, ont motivé l'emploi de la vapeur. Lors de l'établissement de la première machine, la mine n'ayant pas beaucoup plus de

100 mètres de profondeur, à compter du niveau de la plaine, le service était fait par 2,000 chevaux. Une seconde machine a été bientôt nécessaire, mais depuis son établissement les eaux n'ont pas augmenté en proportion avec la profondeur; cependant, en continuant les travaux, on doit être préparé à monter une troisième machine, ou au moins à augmenter le nombre de chaudières et le diamètre du grand cylindre de celles qui existent; ce qui permettra, par une diminution des diamètres des pompes, d'élever les eaux d'une plus grande profondeur. Les pompes placées dans des puits verticaux ont dû, à une certaine profondeur, suivre une ligne parallèle à l'inclinaison générale des filons; car en continuant les travaux sur le minerai, ils s'éloignaient chaque jour davantage de la perpendiculaire du puits, et les eaux ne s'infiltrant que lentement au travers de la roche, les travaux étaient inondés, quoique le fond du puits fût à sec. Cet inconvénient ne faisait que rendre l'exploitation plus lente sans l'arrêter, les mineurs travaillant alors dans l'eau jusqu'à la ceinture, et séchant quelques espaces pour allumer la poudre dessous l'eau; par cette nouvelle ligne, suivie par les pompes, on a évité cet inconvénient grave.

Au Fresnillo, comme ailleurs, le minerai est divisé en *colorados* et *negros*. La première est une masse jaunâtre très-friable, contenant beaucoup d'oxyde de fer hydraté et peu de sulfures métalliques. L'argent y est quelquefois à l'état de bromure, mais le plus souvent à l'état natif. Cette altération des minerais n'est point ici, comme c'est généralement le cas ailleurs, limitée à un certain niveau; on trouve, à une même hauteur, des filons *colorados* ou *negros*, suivant que leur composition a offert une résistance différente à l'action décomposante des agents extérieurs. Au Fresnillo, on observe plus souvent qu'ailleurs des masses, quelquefois de plusieurs mètres d'épaisseur, d'oxyde de fer hydraté très-spongieux, ayant l'aspect du fer des marais, et placées dans le point où les *colorados* passent aux *negros*. Les *negros* sont une gangue de quartz dans laquelle se trouvent enchâssées des parties de blende, de galène, et surtout des pyrites de fer et arsenicales; la pyrite de cuivre y est beaucoup moins abondante. L'argent se présente souvent à l'état natif, surtout en filaments; mais il est principalement à l'état de sulfure simple ou complexe; l'argent antimonié sulfuré rouge, quoique se rencontrant souvent, est bien moins abondant qu'à Zacatecas et Sombrerete, dont les minerais sont ceux qui ont le plus d'analogie avec ceux du Fresnillo.

Les dépenses du traitement ayant été considérablement diminuées depuis quelques années, par suite de grandes économies introduites dans l'administration, des minerais rejetés comme trop pauvres, soit dans l'intérieur des travaux de la mine, soit à sa surface, sont traités aujourd'hui avec avantage, et forment une part considérable de ce qui est soumis actuellement à l'amalgamation. Les frais que causent ces minerais rejetés se trouvent mêlés à ceux de la véritable exploitation actuelle, et en rendent le coût difficile à établir; mais en faisant porter cette recherche sur une époque où ce mélange était insignifiant, on trouve que, dans le semestre de 1839, la mine de *Proaño* a fourni 98,653 *cargas* de 300 livres espagnoles de minerai (138 ᵏ).

Les frais d'extraction se sont élevés à..... piastres. 263,745 6 rx.
Sans les dépenses d'épuisement représentant..,..... 76,274 5

Formant un total de......,.... piastres. 340,020 3 rx.

équivalant à piastres 3, 43 par *carga* de 300 livres.

La richesse moyenne, d'après les résultats obtenus dans ce même semestre, équivaut à 6 marcs 0 onces 3/4 par *monton* de 20 quintaux; or, 6 marcs représentant 0,0015 du poids du *monton*, si on ajoute le tiers de cette quantité produite, on a pour la richesse véritable du minerai 0,002, en comptant que le quart de l'argent se trouve échapper au traitement.

Si l'on considère qu'un *monton* de 2,000 livres a produit 6 marcs 0 onces 3/4 d'argent, la *carga* de

3oo livres en donne 7 onces 5/16; et en supposant le prix du marc d'argent pur à 9 piastres, on trouve que chaque marc d'argent coûte pour frais d'extraction 3 piastres 3/4.

Les dépenses d'épuisement équivalant à une commune de 2,934 piastres par semaine, font compensation au travail des *malacates*, qui coûtait 15,000 piast. par semaine; on peut donc en conclure que lorsque le bois de chêne vert coupé depuis un mois seulement vaut 3 réaux le quintal espagnol, la dépense de l'épuisement par la vapeur est au coût de celle obtenue par les animaux, comme 1 : 5.

TRAITEMENT MÉTALLURGIQUE. — Alors que l'exploitation de la mine se faisait pour le compte du gouvernement de l'État de Zacatecas, le minerai du Fresnillo était travaillé en faible partie sur les lieux, dans deux *haciendas* de moyenne grandeur, et la majeure partie était transportée à Zacatecas, où depuis longtemps les ateliers métallurgiques ont dépassé le nombre nécessaire pour la production actuelle des mines. Cette division du travail, et le transport du minerai à 14 lieues, présentaient, en sus de la dépense, une foule d'inconvénients, au premier rang desquels on doit placer le vol.

Lorsque le gouvernement central de Mexico créa la compagnie actuelle, la direction en fut confiée à M. Anitua, mineur justement célèbre dans les districts du nord de la République, mais dont les connaissances pratiques et les vastes conceptions n'étaient malheureusement pas accompagnées de la stricte économie qu'exigent ces sortes d'entreprises. Cependant les avantages que devait offrir la concentration du travail métallurgique sur un seul point ne lui échappèrent pas, et il s'empressa de construire l'*hacienda nueva* de la Compagnie du Fresnillo, établissement métallurgique non-seulement le plus considérable, mais aussi le mieux distribué qui ait existé au Mexique. Ces considérations m'ont engagé à joindre un plan de ce vaste atelier, qui m'a été fourni, avec consentement du directeur, par M. Doy, ingénieur français, attaché depuis plusieurs années à la Compagnie du Fresnillo (pl. I).

Situé dans la plaine, à quelques centaines de mètres du *Cerro de Proaño*, ce vaste établissement est traversé par les eaux des mines qui, en sortant des pompes, y arrivent par leur pente naturelle, après avoir rempli un étang qui alimenterait l'*hacienda* pendant plusieurs mois, si, par une cause imprévue, le travail des machines venait à être suspendu.

Le *patio* (pl. I, fig. 1) occupe le centre de l'établissement, et peut contenir à la fois soixante-quatre *tortas* (pl. I, fig. 2), composées de 120,000 livres de minerai, ce qui représente un poids total de

7,680,000 livres espagnoles, ou 3,532,800 $^{l.}$ Au milieu de cette vaste cour, une fontaine fournit l'eau pour les *tentaduras ;* aux quatre coins se trouvent des bassins (pl. I, fig. 3) pour laver les chevaux après leur travail dans les boues métalliques; un canal couvert parcourt les quatre côtés de ce carré, pour conduire les eaux jusqu'aux *lavaderos* et aux *arrastras.*

Trois côtés du *patio* sont destinés aux *arrastras* (pl. I, fig. 4); leur nombre total peut s'élever à trois cent quatorze ; mais le travail actuel n'en occupe qu'un peu plus de deux cents ; l'autre côté renferme les ateliers pour la fonte des lingots (pl. I, fig. 13), les bureaux (pl. I, fig. 14 et 16), et le logement de quelques employés (pl. I, fig. 15).

Les *lavaderos* (pl. I, fig. 5) coupent par le milieu chacune des longues lignes d'arcades du bâtiment des *arrastras;* ils renferment chacun deux cuves à laver, dont le râteau, qui reçoit un mouvement giratoire, est mû par un manége placé au-dessus de l'atelier. A côté de ces trois *lavaderos,* se trouvent les *azoguerias* (pl. I, fig. 8), où l'on filtre les amalgames pour les réduire en *marquetas,* et les *quemaderas* (pl. I, fig. 9), ateliers couverts d'une voûte à jours, sous laquelle se trouvent placées les cloches (*capellinas*) servant à la distillation du mercure.

Derrière le bâtiment des *arrastras* se trouvent

les *mòlinos* ou bocards, au nombre de douze (pl. I, fig. 12).

Une seconde cour (pl. I, fig. 23), qui renferme tous ces édifices, contient d'autres bâtiments appuyés sur les murs de clôture, et destinés aux magasins de toute espèce et aux écuries pour quinze cents mules ou chevaux (pl. I, fig. 17 et 18).

Une troisième cour (pl. I, fig. 22), parallèle à l'une des faces de l'édifice, est destinée *aux fours à magistral* (pl. I, fig. 21), et au lavage à la *planilla* (pl. I, fig. 21).

Le coût de cette vaste construction, qui n'est pas dépourvue d'élégance, s'est élevé à trois cent mille piastres, somme bien vite gagnée par les avantages résultant de l'économie des transports, et de la concentration du travail métallurgique sur un même point.

Le *beneficio* du Fresnillo est loin d'offrir des résultats semblables à ceux de Guanaxuato : on perd plus de mercure et l'on se rapproche moins de la teneur exacte en argent; cela est dû un peu à ce que le travail est moins bien fait, mais surtout à la nature du minerai.

Au Fresnillo, comme à Zacatecas, on dit qu'une trituration très-complète ne fournit pas en rendement d'argent un équivalent pour le surplus de frais qu'elle occasionne; aussi passe-t-on dix quintaux (460 ᵏ·) dans chaque *arrastra*, par vingt-quatre heures; et les farines, plus fines que celles de Zacatecas, paraissent encore très-grosses au toucher; au reste, cette moins grande division est aussi due à l'abondance des pyrites et autres sulfures métalliques qui se clivent en lames plutôt qu'ils ne se réduisent en grains fins comme le quartz.

Les boues transportées dans le *patio* ne sont point exposées à l'évaporation aussi longtemps; on les travaille dans un état d'humidité qui permet aux animaux de les fouler sans peine.

Le sel employé principalement est le *saltierra* du *Peñon blanco;* on verse 150 à 180 *fanegas,* soit de 30 à 36,000 livres (13,800 à 16,560 $^{k.}$) de ce sel pour chaque *torta* de 120,000 livres (55,200 $^{k.}$). Depuis quelques années on s'est servi de quantités considérables de sel provenant de Colima, et surtout de Alamo, lagune salée située dans le nord du Mexique.

On ne fait aucun usage du sulfate de cuivre, le voisinage de *Tepezala* permettant d'avoir le *magistral* à bas prix; on met par charge de trois cents livres (138 $^{k.}$), depuis cinq jusqu'à quarante livres (2,30 jusqu'à 18,40 $^{k.}$) de *magistral,* suivant que le minerai est plus ou moins difficile à traiter, et suivant la saison; car en hiver on craint d'employer trop de cet agent, par suite de la grande facilité qu'ont les *tortas* à s'échauffer (*calentarse*). Cette propriété, qui se manifeste dans

les districts du Nord, mais surtout au Fresnillo,
pendant les mois de l'année où le thermomètre
descend au-dessous de o, si ce n'est durant le jour,
au moins durant plusieurs heures de la nuit, semble pouvoir s'expliquer par la différence de pouvoir dissolvant exercé par les dissolutions concentrées de sel marin sur le chlorure d'argent, suivant
la température; phénomènes que j'ai étudiés, et
dont j'ai déjà donné une explication détaillée en
parlant de la théorie de l'amalgamation, page 13o.

Cette modification du pouvoir dissolvant de l'eau
salée, suivant la température, une fois admise, on
conçoit que le froid concentrant tous les sels métalliques dans une partie de l'eau contenue dans la
torta, tandis que l'autre se solidifie, l'action chlorurante de ces sels, particulièrement du bichlorure
de cuivre, sur le mercure, doit augmenter d'une
manière sensible, tandis que le chlorure d'argent
ne se dissolvant plus à mesure qu'il se forme, la
marche de l'amalgamation doit naturellement être
suspendue.

Cette suspension presque complète de l'amalgamation, quand la température baisse aux environs
de o°, s'observe encore, mais avec moins de clarté,
entre o° et + 1o°; et la température, sous une même
latitude, diminuant à mesure qu'on s'élève au-dessus du niveau de la mer, Sonneschmidt a indiqué,
dans son *Traité de l'amalgamation mexicaine*, des

proportions entre sa durée et les hauteurs du baromètre dans les divers districts de mines.

L'action dissolvante du sel marin étant fortement
diminuée par un abaissement de température, on
conçoit que dans ce cas le dépouillement de la surface des molécules d'argent se faisant plus lentement par l'action chimique, on doit y suppléer
par l'emploi plus répété de l'action mécanique
fournie par le frottement, qu'exercent sur les boues
métalliques les pieds des hommes ou des chevaux
dans les *repasos*. Aussi leur nombre augmente-t-il
considérablement dans une même usine, sur un
même minerai, pendant l'hiver (*).

(*) L'influence de l'action mécanique sur la durée du travail
semble, dans l'amalgamation mexicaine, mériter plus d'attention qu'on ne paraît en avoir apporté jusqu'à présent; une expérience faite par M. Henry Mackintosh, directeur de la compagnie de Guadalupe y Calvo, à l'*hacienda* du *Salto*, semble
prouver combien l'opération est accélérée par le dépouillement
mécanique des surfaces. Deux *tortas* d'un même poids, d'un
même mélange de minerai, furent étendues en même temps
sur le *patio*; l'une d'elles, travaillée avec 8 *repasos* de cinq à
six heures chacun, à trois ou quatre jours de distance, a duré
vingt-sept jours; l'autre travaillée en faisant marcher jour et
nuit sans interruption le même nombre de mules que celui
employé au travail de la première, fut achevée au bout de
quatre-vingts heures. Les rendements d'argent et les pertes de
mercure furent sensiblement les mêmes, mais la dépense des
repasos étant fort élevée à Guadalupe y Calvo, un travail de

La difficulté qui existe à fournir du minerai en quantité suffisante pour le travail journalier de l'*hacienda*, ne permet pas de séparer les diverses sortes de minerai, pas même en deux classes de *colorados* et *negros*; et pour ne pas laisser chômer un seul instant les *arrastras* et les *molinos*, qui obligent à une dépense constante pour les animaux, on préfère mélanger indistinctement tous les produits de la mine, qui cependant sont des combinaisons minéralogiques trop tranchées pour être convenablement soumises à un seul et même traitement.

Lorsqu'on travaille séparément les *colorados* et les *negros*, on observe que les premiers ont une plus grande disposition à s'échauffer; qu'ils sont néanmoins plus longs à *rendir*, et qu'ils occupent, à poids égal, un volume plus considérable que les *negros*. Une *torta* de ces derniers, mêlée de sel du *Peñon blanco* et de *magistral*, forme un cercle dont la hauteur est d'un tiers de vara ($0^m,283$), et le diamètre de dix-huit varas ($15^m,264$). Le minerai *negro* ne demande que dix-huit à trente jours de travail; le *colorado* en exige quelquefois jusqu'à soixante.

La quantité de mercure employée jusqu'au mo-

mules double, pour gagner du temps, n'a pas paru avantageux.

ment où la *torta* a *rendido*, est à peu près six fois le poids de l'argent que l'on pense pouvoir extraire. Au commencement de l'opération, on en verse les deux tiers ; l'autre tiers est ajouté en deux ou trois fois.

Le nombre des *repasos* varie beaucoup, suivant la richesse du minerai, depuis huit jusqu'à vingt, et parfois vingt-cinq. Chaque *repaso* dure cinq heures, et s'exécute par six chevaux qui, attendu l'état assez liquide des *tortas*, marchent presque sans difficulté.

Lorsque le *beneficio* est jugé à son terme, on verse le *baño*, qui est une augmentation de mercure des quatre cinquièmes de la quantité employée jusqu'alors ; on donne le dernier *repaso*, et l'on procède au lavage. Il s'opère dans une seule cuve en maçonnerie, dont le fond est un seul morceau de porphyre (pl. II, fig. 2, n° 6), qui a souvent quatre varas ($3^m,39$) de diamètre, sur une vara ($0^m,848$) d'épaisseur. La profondeur de la cuve (pl. II, fig. 2, n° 4) est de deux varas trois quarts ($2^m,33$); elle est munie d'un double râteau (pl. II, fig. 2, n° 3) placé en croix pour remuer les boues. Deux de ces cuves ont leurs râteaux mis en mouvement par un seul manége, à quatre mules, placé sur un plancher supérieur à l'atelier. Chaque cuve lave deux *montones* et demi, ou cinq mille livres espagnoles par heure. Ce mode de lavage est loin de valoir les trois cuves consécutives de Guanaxuato ; et la quantité d'amalgame que l'on retire aux *planillas* par un second lavage prouve combien le premier est imparfait.

Par suite de la quantité de mercure ajoutée au *baño*, l'amalgame séparé du minerai est très-fluide, la proportion du mercure à l'argent étant comme 10 est à 1. On le porte dans cet état à l'*azogueria*, pour l'exprimer en le faisant filtrer au travers d'une chausse de cuir, dont la partie inférieure est faite de toile de chanvre très-forte et très-serrée. Ces chausses, appelées *mangas*, renferment de 2 à 3000 livres d'amalgame à la fois. Quand le temps est bien sec et qu'on a passé plusieurs charges de suite, il y a un grand dégagement d'électricité qui, concentré dans le cercle de fer sur lequel est cousu le cuir de la *manga*, s'en échappe avec étincelles, chaque fois que quelque ouvrier s'en approche. Chaque colonne (pl. II, fig. 4, n° 3) préparée pour la distillation, se compose de 100 morceaux (*marquetas*) de 20 livres chacun ; on la recouvre d'une cloche en cuivre (pl. II, fig. 4, n° 4) non affiné, ayant à l'intérieur environ 3 pieds anglais de hauteur (0^m,912), 1 1/2 pied anglais de diamètre (0^m,456), sur une épaisseur de 1 1/2 pouce anglais.

Cette cloche, dont le poids s'élève à environ 500 kilogrammes, se manœuvre au moyen d'un cabestan, et s'engage, par ses bords, dans une rainure pratiquée à la circonférence du bassin en pierre, au milieu duquel repose, sur une grille de fer, la colonne d'amalgame.

On élève autour de la cloche un mur à claire-voie en pierres réfractaires; on garnit de charbon l'espace intermédiaire, et l'on continue le feu pendant vingt-quatre heures. La quantité de charbon consommée est de 5oo kilogrammes. Un courant d'eau froide arrive pendant toute la durée de l'opération au bas de la grille de fer, et condense les vapeurs mercurielles qui, repassant à l'état liquide, se rendent dans un réservoir particulier.

Ces 2000 livres (920^k) d'amalgame donnent 4oo livres (184^k) d'argent presque entièrement dépouillé de mercure; on le convertit en lingots en le fondant dans des fours à réverbère chauffés au bois, et dans la construction desquels on n'a pris d'autre précaution, pour éviter la volatilisation de l'argent, que de diviser la cheminée en trois ouvertures, dont l'une est placée en face du foyer, et les deux autres sur chacun des côtés. Ces trois conduits se réunissent pour n'en former qu'un seul au-dessus de la voûte, qui a la forme hémisphérique. La hauteur de cette voûte et le diamètre de la sole sont ordinairement de 1 mètre; on charge 270 marcs à la fois (59,8o^k), qui fondent en moins de 3/4 d'heure, avec 25 livres (11,5o^k) de bois de chêne. Quand la fusion est complète, on pratique

une saignée, et la matière arrive dans deux lingo-
tières. Avec le violent courant d'air nécessaire pour
une fusion aussi prompte, on devrait craindre une
forte volatilisation d'argent; cependant, sur une
fonte de 2,700 marcs, faite devant moi, la différence de poids, avant et après l'opération, n'est pas
arrivée à 5 marcs; ce qui prouve dans tous les cas
la perfection de la distillation du mercure sous la
cloche.

Les boues métalliques, après le lavage, sont dé-
signées sous le nom de *jales*, que l'on soumet à
un lavage supplémentaire à la *planilla*; l'eau enlève
le quartz, les parties terreuses et la blende, tandis
que ce qui reste d'amalgame se trouve sur le haut
de l'appareil avec la galène et les pyrites. Cette
partie métallique s'appelle *marmaja;* elle correspond à environ un cinquième du poids des *jales,*
quand le lavage à la *planilla* est fait avec soin : la
richesse en argent de ces *marmajas* est alors de
0,001 environ, tandis que celle des *jales* avant la
planilla, est, d'après mes essais très-répétés, de
0,0003. Cette richesse de 0,001 ne pouvant pas
payer la dépense de la fonte au Fresnillo, on pousse
le lavage plus loin, pour expulser ce qui reste de
parties pierreuses dans les *marmajas* (environ 0,15
de leur poids), et une grande partie des pyrites qui
sont peu riches en argent, de façon à réduire de
beaucoup le poids, et à obtenir un nouveau schlich

dans lequel dominent davantage la galène et les sulfures d'argent qui ont échappé à l'amalgamation. On donne le nom de *polvillos* à ce nouveau produit, qui contient de 0,002 à 0,003 d'argent, et laisse quelque marge sur les frais de fonte. Comme on le pense bien, ce troisième lavage ne s'exécute qu'avec une grande réduction de poids; de sorte que l'augmentation de richesse en argent ne représente qu'une faible partie de celui contenu dans les *marmajas*. En un mot, en voulant concentrer les *jales* jusqu'au point nécessaire pour payer la fonte, on perd plus des 4/5 de leur richesse, tandis qu'un traitement raisonné sur les *marmajas*, composées de combinaisons minéralogiques sur lesquelles le traitement du *patio* est sans action, obtiendrait le double résultat, d'être plus économique que la fonte et d'utiliser la majeure partie de l'argent des *jales*, qui, par la méthode actuelle, se trouve divisé en deux parts, dont la moindre, contenue dans les *polvillos*, laisse une marge assez insignifiante après les frais de fonte, tandis que la plus considérable se trouve, après le troisième lavage, disséminée au milieu d'une telle masse de matières étrangères, que, dans aucun pays du monde, on ne songerait à en entreprendre le traitement. Malheureusement, chaque fois qu'il s'agit d'opérer autrement que par les moyens connus au Mexique, on rencontre chez les exploitants des obstacles insurmontables pour l'adoption de tout changement. La Compagnie du Fresnillo est intéressée plus que toute autre à modifier son système de traitement, soit en tirant un meilleur parti des résidus du *patio*, ou, ce qui vaudrait mieux, en traitant de suite ses minerais de façon que les résidus fussent moins riches.

Quoique, dans cette vaste entreprise, l'administration soit parfaite sur plusieurs points, on a beaucoup dédaigné le secours presque indispensable des essais docimastiques. Un laboratoire d'essais, établi d'abord, avait ensuite été supprimé sous prétexte que ses indications donnaient des fluctuations très-irrégulières, tantôt en dessous, tantôt en dessus des résultats du traitement en grand. Ces différences, très-probablement, ne provenaient point des essais, mais bien plutôt des erreurs de poids des *tortas*, attendu la difficulté qu'il y a, dans un travail aussi immense, à éviter que des parties de minerai destinées à une *torta* ne soient jetées dans une autre. On a senti de nouveau le besoin des essais; le laboratoire est rétabli, mais on n'a point encore organisé une comptabilité exactement tenue des essais de chaque quantité de minerai traité, pour, en la comparant au produit total, pouvoir calculer avec exactitude, sur une année, la différence commune entre l'essai et le rendement. En 1839, cette différence était évaluée à 28 p. o/o; en

1841 et 1842, on l'a calculée entre 22 et 25 p. o/o. Ces derniers chiffres semblent confirmés par la teneur des résidus, si on y ajoute quelque chose pour les parties très-divisées entraînées avec l'eau. En effet, comme on pourra le voir ci-après, la richesse moyenne fournie par le traitement pour 1840 et 1841, et neuf mois de 1842, étant égale à 0,0014, et celle des résidus à 0,0003, on trouve que ce dernier chiffre est sensiblement dans la proportion indiquée.

S'il est difficile, jusqu'à présent, de se rendre compte exactement de la valeur qui échappe au traitement métallurgique, on n'éprouve plus cette difficulté pour la quantité de mercure perdu et le coût du *beneficio*. L'exactitude et l'intelligence avec laquelle toute la comptabilité est tenue, permettent de s'en rendre un compte exact chaque mois. Le résumé de quelques-uns de ces documents, que j'ai pu recueillir, grâce à l'obligeance du directeur, M. José Gonzalèz y Echeverria, doit trouver sa place ici.

APERÇU *du travail de* LA HACIENDA NUEVA *de la Compagnie du* FRESNILLO, *pendant les années* 1840, 1841, *et les neuf premiers mois de* 1842.

ÉPOQUES.	MONTONES DE 2000 LIVRES.	MARCS D'ARGENT.		VALEUR A 8 3/4 PIASTRES LE MARC.		COUT DU TRAITEMENT.		
		marcs.	onces.	piastres.	rx.	piastres.	rx.	gr.
1840.	31,955	147,851	3	1,293,675	1	664,274	1	4
1841.	35,291	222,022	»	1,942,692	4	731,346	7	2
9 mois de 1842.	28,324	167,377	3	1,464,552	4	504,460	4	1
	95,570	537,250	6	4,700,920	1	1,900,081	4	7

Ces 95,570 *montones* = 87,924,400 kilogrammes de minerai qui ont produit 537,250 marcs = 123,562 50 kilogrammes d'argent; ce qui donne une richesse commune retirée par le traitement, de 0,0014 du poids du minerai.

Le coût du traitement par *monton* de 2,000 livres; la loi moyenne au *monton*, et la perte de mercure pour chaque marc d'argent obtenu, ont été pendant la même période dans les proportions suivantes :

	COUT TOTAL DU TRAITEMENT avec le prix du mercure.			COUT DU TRAITEMENT sans la valeur du mercure.			ONCES DE MERCURE perdues pour un marc d'argent.	TITRE MOYEN POUR CHAQUE MONTON:	
	piastres.	rx.	gr.	piastres.	rx.	gr.	pour un marc d'argent.	marcs	onces.
1840.	20	6	3	14	3	6	14 1/16	4	5
1841.	20	5	9	13	3	10	12 5/16	6	2 1/4
9 mois de 1842.	17	0	5	11	6	2	11 14/16	5	7 1/4

On voit également que sur des minerais d'un rendement de 0,0015 en argent, la perte du mercure
représente, au prix du Mexique, une valeur qui
est sensiblement égale à 30 p. % de la totalité des
frais de traitement; proportion qui se trouve exister aussi à Guanaxuato. Cette quantité de mercure
perdue au Fresnillo a diminué depuis deux ans
de 14 onces à 12 onces par marc d'argent obtenu,
et cette variation, quoique due en partie à plus de
soins dans le traitement, provient aussi de ce que
l'on a abandonné ou au moins fortement diminué
l'exploitation d'un filon chargé de blende et de
galène très-rebelles à l'amalgamation.

Voici quelques détails sur le prix de main-d'œuvre du traitement : chaque bocard ou *molino* emploie par vingt-quatre heures :

> 2 *arreadores* pour conduire les chevaux, à 5 réaux.
> 6 enfants pour verser le minerai....... à 3

Six *arrastras* sont soignées pendant le jour par
deux hommes, qui sont payés à raison de 6 réaux
par *monton* de 2,000 livres espagnoles. Comme tout
le travail pour charger et vider le minerai se fait
pendant le jour, dix hommes répartis pendant la
nuit au milieu de l'atelier suffisent pour empêcher
les mules de s'arrêter; on les paye à raison de
4 réaux.

Six ouvriers soignent le travail nécessaire à

deux *tortas*. L'*arreador* qui conduit les chevaux gagne 5 réaux; et 5 *repasadores*, pour remuer les boues à la pelle, gagnent 4 réaux.

Le minerai est transporté aux *lavaderos* par des *cargadores* qui, pour cette opération, gagnent 2 réaux 1/2 par *monton*, et reçoivent, en outre, 2 piastres pour sortir du fond de la cuve à laver l'amalgame d'une *torta*.

Pour le service de chaque cuve à laver, on emploie un *estiercolero* chargé de verser du fumier sur le brancard, afin d'empêcher l'adhérence des boues en les transportant au lavoir; on le paye à raison de 6 réaux.

> 1 *arreador*, chargé de conduire les mulets, est payé. 6 réaux.
> 2 *lavadores*, ou laveurs........................... 6

La fonte s'exécute par un maître fondeur, gagnant deux piastres par jour, et deux ouvriers gagnant 4 réaux.

Je transcris un relevé du travail et des dépenses détaillées de l'*hacienda* du Fresnillo pendant les douze mois, compris du 1er février 1838 au 31 janvier 1839; sa lecture peut donner une idée assez exacte de l'amalgamation mexicaine pratiquée sur une grande échelle; on remarquera aussi que, depuis lors, l'administration, mieux dirigée, a réduit de beaucoup ces dépenses, puisque la *maquila*, qui coûtait par *monton* piast. 15, 1 réal, 7 grains, n'a coûté, pendant les neuf premiers mois de 1842, que 11 piastres, 6 réaux, 2 gr., comme on l'a indiqué précédemment.

Note *des articles consommés à* l'Hacienda Nueva du Fresnillo, *calculés aux prix d'achat, du* 1er *février* 1838 *au* 31 *janvier* 1839.

	PIASTRES.	RÉAUX.	GRAINS.
Fourrage...	75,281	3	4
Ferrage des chevaux et mulets....................	1,659	»	»
Magistral 2,914 cargas, à 3 piast. 1/2.. 10,199 » » ————— 8,525 dito à 5 id. 3/4.. 49,018 6 »	59,217	6	»
Sel (*saltierra*) 75,358 *fanegas* de 200 l. à 11 r. 103,617 2 » —(*sel marin*) 2,360 dito dito à 26... 7,670 » »	111,287	2	»
Combustible : charbon, 6042 *arrobas* de 25 liv. à 1 réal 1/2..................... 1,132 7 » ————— Bois à brûler, 90,685 *arrobas* de 25 liv. à 1/2 réal.................. 5,667 6 6	6,800	5	6
Chaux, 465 *fanegas* à 2 réaux 1/2...................	145	2	6
Pierres de porphyre pour la trituration.............	3,907	6	»
Almadanetas, ou masses de fer des bocards, et bronze pour les cloches à distiller l'amalgame...........	10,955	7	6
Chandelles pour le travail de nuit....................	1,514	»	»
Valeur des *animaux* morts pendant les douze mois.....	484	»	»
Dépenses diverses pour les ateliers..................	4,503	7	5
Frais de table et *domestiques* de l'administration.........	7,576	5	»
Ouvriers à journées ou à la tâche...................	79,732	4	5
Employés à appointements fixes.,.....................	32,244	»	»
Moitié des frais d'employés d'administration...........	16,113	»	»
(*N. B.* L'autre moitié est portée au compte d'extraction de minerai.)			
Intérêts à 5 p. % sur 300,000 piastres, valeur sur estimation de l'immeuble et ustensiles..............	15,000	»	»
Total des frais sans le mercure.........	426,423	1	8
Valeur de 199,043 livres de mercure consommé, à 110 piastres les 100 livres espagnoles.	218,947	2	4
28,047 *montones* travaillés pour le coût total de........	645,370	4	0

En résumant les quantités travaillées, les produits et le coût, comme on l'a fait pour les années 1840 et 1841, et les neuf premiers mois de 1842, on a les résultats suivants.

MONTONES DE 200 LIVRES.	MARCS D'ARGENT.	COUT DU TRAITEMENT.
28,047	229,035	piastres. rx. 645,370 4

Ce qui donne une richesse commune obtenue de 0,0020.

COUT DU TRAITEMENT au *monton*, y compris le mercure.	COUT DU TRAITEMENT au *monton* sans le mercure.	PERTE DE MERCURE par marc d'argent.	TITRE MOYEN OBTENU par *monton*.
piastres. rx. gr. 23 0 0	piastres. rx. gr. 15 1 7	onces. 13 5/8	marcs. onces. 8 1 2/8

En réduisant les 28,047 *montones* travaillés en livres, on a pour total du travail 56,094,000 livres, qui ont coûté 645,370 piastres 4 réaux, et produit 229,035 marcs d'argent. On peut donc, avec les données des dépenses détaillées qui précèdent, calculer qu'un marc d'argent coûte piast. 2,818 pour frais de traitement, et que ce débours doit se diviser ainsi entre les diverses dépenses du traitement :

	plastres.	ou pour 100 parties.
Frais des animaux employés comme force motrice...	0,339	12
Travail manuel...	0,349	13
Travail d'intelligence, ou surveillance...	0,244	09
Intérêts et réparations des ustensiles...	0,131	04
Combustible...	0,025	01
Menus frais divers...	0,027	01
Magistral...	0,260	09
Sel...	0,486	17
Mercure...	0,957	34
Somme égale...	2,818	100

Par cette distribution des dépenses de l'amalgamation mexicaine, on peut se convaincre combien
ce traitement est heureusement calculé pour une
contrée où les cours d'eau et le combustible sont
fort rares.

Depuis que de nombreuses économies ont été
introduites dans la vaste entreprise du Fresnillo,
les résultats sont devenus plus favorables aux actionnaires. Il n'est pas en usage de faire au Mexique
un inventaire des exploitations des mines pour
évaluer le bénéfice ou la perte dans une période
donnée, sans doute parce que la valeur à fixer à la
mine elle-même et au matériel d'exploitation est
chose très-arbitraire. On procède d'une autre façon
qui ne satisferait pas complétement des actionnaires européens, mais à laquelle ceux du Mexique,
qui estiment plus des dividendes que des chiffres,
sont habitués ; le directeur cherche à maintenir ses

approvisionnements toujours à peu près égaux, et distribue aux actionnaires toute la part des produits qui n'est pas indispensable aux dépenses. Au Fresnillo, par exemple, la distribution faite pour les deux années, 1841 et 1842, a atteint 1,500,000 piastres, ou 7,500,000 francs environ, toujours en conservant environ 500,000 piastres de valeurs de diverses natures dans les magasins. Le jour où, par une variation dans les produits, le directeur ne pourrait plus faire face aux dépenses, il ferait un appel de fonds, auquel les actionnaires ne peuvent se refuser de répondre, sous peine de perdre leur titre de propriété ou au moins de voir reculer leurs droits aux prochains dividendes.

La grande échelle sur laquelle sont suivis les travaux métallurgiques, rend plus faciles à observer les conséquences qu'ils peuvent avoir sur l'économie animale, et engage à placer ici quelques observations sur ce sujet. On se hâte de dire que si les travaux d'extraction exercent une influence funeste sur la santé des ouvriers, qui sont presque toujours exposés à des changements de température très-marqués, à respirer un air chargé de vapeurs méphitiques, à boire, souvent par pure insouciance, des eaux tenant en dissolution plusieurs sels métalliques, ou à périr par accident au milieu des courses périlleuses, dont l'habitude leur fait souvent par trop oublier le danger, par contre, les travaux d'amalgamation, se pratiquant presque tous en plein air ou sous des hangars non fermés, ne semblent point altérer la santé de la presque totalité des ouvriers qu'on y emploie, malgré la présence continuelle des masses de mercure.

Les *repasadores*, ouvriers employés à retourner les boues, et même à les fouler à pieds nus dans les petites exploitations; les *lavadores*, chargés de laver l'amalgame, n'éprouvent aucun inconvénient de ces opérations. Les personnes qui filtrent l'amalgame et le préparent pour la distillation ressentent assez fréquemment une irritation du système nerveux qui n'a pas de suites graves. Les *quemadores*, chargés de la distillation, sont les seuls ouvriers qui soient exposés à quelque danger, lorsqu'une cloche venant à se fendre, ou le courant d'eau à s'interrompre, la vapeur mercurielle se mêle à l'air qu'ils respirent; ils ont alors tous les symptômes d'une maladie mercurielle très-grave, dont ils guérissent lentement, et qui ordinairement leur laisse un tremblement dont ils ne se débarrassent jamais; mais il est fort rare que ces accidents se présentent, surtout dans les grands ateliers, où les appareils d'évaporation sont montés et conduits avec un soin extrême.

Les chevaux ou mulets employés au pétrissage des boues, en sont très-friands à cause du sel qu'elles renferment, et ils les lèchent souvent, quel-

ques précautions que l'on prenne pour les en empêcher ; parfois c'est une cause de mort prématu-
rée pour eux, produite sans doute par les sels de
cuivre, qui ont aussi une influence sur les jambes
des animaux, souvent garnies de crevasses. Il est
assez commun de trouver une petite boule d'amalgame dans l'estomac des animaux morts après un
long service dans le *patio*.

§ IV. CATORCE.

Les mines de Catorce, situées à 5o lieues N.-N.-E.
de S. Luis Potosi, et à une distance à peu près
égale, à l'E.-N-.E., de Zacatecas, à 2,700 mètres au-
dessus du niveau de la mer, ne semblent avoir été
exploitées que vers 1770. On peut trouver dans
l'ouvrage de M. Ward, sur le Mexique (Londres, 1828), des détails intéressants sur leurs produits, qui, pendant plusieurs années, entrèrent
pour une forte proportion dans l'extraction de l'argent au Mexique. Comme partout ailleurs, la guerre
de l'Indépendance et la retraite des capitaux espagnols eurent une fâcheuse influence sur les mines
de Catorce, dont le produit annuel est réduit aujourd'hui aux environs d'un million de piastres.

GÉOLOGIE. — Ces mines sont situées sur la partie la plus élevée d'un soulèvement isolé, courant, nord et sud, sur une longueur de 9 à 10 lieues, et sur une largeur d'environ 1 lieue et demie. La force qui a occasionné ce soulèvement semble avoir agi avec une grande intensité dans le milieu de la ligne nord et sud, et rejeté une partie des couches soulevées à l'ouest et l'autre à l'est, autant que cela peut se présumer, d'après l'inclinaison des couches qui se dirigent en sens inverse sur les deux côtés de la chaîne. De nombreuses déchirures, en créant des vallées à bords escarpés, mettent à découvert diverses formations qui sont rangées dans l'ordre suivant : la roche la plus ancienne qui paraisse au jour est un schiste argileux verdâtre qui, dans les parties basses, est soyeux au toucher, et se rapproche beaucoup alors, par tous ses caractères, du schiste talqueux de Tasco. Il est recouvert, après avoir commencé à alterner avec lui, par un grès violacé très-fin dans de certaines couches, mais finissant dans le haut par servir de ciment à une brèche composée de fragments anguleux de quartz carié, de pierre cornée, mêlés de calcédoine de la grosseur du poing. Vient ensuite une brèche composée de ces mêmes fragments, mais incrustés dans un ciment argileux jaunâtre, à grains assez fins pour donner à la roche la même adhérence que si elle était entièrement composée d'éléments homogènes.

Cette brèche est généralement séparée des calcaires par un grès marneux, facile à tailler et à grains fins. Ces calcaires semblent pouvoir être divisés en deux séries bien distinctes : la plus basse est un calcaire noir veiné de filets blancs, et qui m'a paru identique, pour le grain, la cassure, et les fossiles qu'il contient, avec celui de Tasco. Dans sa partie supérieure, sa couleur varie et devient d'un blond assez clair, et alors la roche ressemble, à s'y méprendre, aux calcaires jurassiques que l'on exploite à Morestelle (département de l'Isère). Vient ensuite une couche de grès quartzeux à grains fins et coloré en gris, rouge et violet, sur laquelle repose une autre couche de calcaire moins puissante que la première, d'une pâte moins dure, plus grenue, et contenant des coquilles entièrement différentes et beaucoup plus petites que celles de la couche inférieure. Celle-ci abonde en turritelles et en ammonites; ces dernières se rencontrent aussi dans les grès, mais ne passent pas à la couche supérieure, qui renferme les mêmes genres qu'un échantillon remis à l'école des mines de Mexico, il y a quarante ans, par Sonneschmidt, qui l'avait rapporté des environs de Zimapan, et dont les espèces ne semblent pas, jusqu'à présent, avoir été clairement déterminées.

Les roches les plus anciennes, y compris la

brèche à ciment jaunâtre, apparaissent sur le versant occidental, tandis que les calcaires abondent sur la pente orientale; c'est dans la couche inférieure que s'exploitent les mines. Celle de *Purissima* a 600 varas (508^m,80) de profondeur, et n'a point atteint une autre formation.

Dans la chaîne de Catorce, on n'aperçoit point, comme à Tasco, Guanaxuato, Zacatecas, les masses de porphyre dont les crêtes, connues sous le nom de *bufas*, dominent les formations métallifères; après quelques recherches, on ne tarde pas à découvrir des roches ignées à la surface du sol dont elles n'altèrent point les formes arrondies. Au nord de la mine du *Padre Flores* on voit un *dyke* basaltique; et près de la mine de *Concepcion*, une bande de porphyre argileux rougeâtre apparaît au jour entre le calcaire et le grès, qui, au point de contact, semble avoir été soumis à l'action d'une température élevée.

Ces bandes de porphyre ont été observées dans plusieurs exploitations, où elles traversent les filons métallifères; les mineurs de Catorce ont donné le nom de gangue *tosca* à des filons d'une substance blanchâtre, ayant assez l'apparence du kaolin provenant de la décomposition des feldspaths. Ces veines, qui ne sont pas, au moins dans quelques points, entièrement dépourvues d'argent, coupent, et font parfois changer de direction les filons exploités.

A l'exception de la mine de *Syreno*, qui a son orifice à une élévation assez voisine de la plaine, toutes les principales mines de Catorce sont exploitées dans la région des *colorados*, qui, nulle part ailleurs, n'a été travaillée sur une telle profondeur. Le minerai a pour gangue la plus habituelle la chaux carbonatée manganésifère, accompagnée de carbonate et de silicate de cuivre, et renfermant l'argent sous trois combinaisons principales :

1° L'argent vert (*plata verde*), que M. Berthier a reconnu être du bromure d'argent;

2° L'argent gris de cendre (*plata ceniza*), qui paraît être le chlorure d'argent;

3° L'argent bleu (*plata azul de Catorce*), dont aucune analyse exacte n'a encore été donnée, et qui fait une forte effervescence avec les acides.

L'argent natif en feuilles minces, l'argent sulfuré, se rencontrent aussi, mais plus rarement; les trois espèces ci-dessus étant celles qui représentent la masse de l'exploitation de ce district.

EXTRACTION. — La situation des montagnes, assez escarpées, a engagé à construire plusieurs galeries, tant pour faciliter l'extraction du minerai, que pour l'écoulement des eaux, qui sont très-peu abondantes. Ces galeries n'ont point été entreprises comme travaux de recherches, quoique l'une d'elles, celle de *la Luz,* ait coupé dans sa longueur huit filons nouveaux, dont deux seulement ont été productifs; mais ces travaux ont été exécutés pour éviter aux ouvriers et aux minerais un trajet perpendiculaire de plus de 400 varas (339^m,20). La plus longue de ces galeries, nommée *socabon de la Luz*, a 1,130 varas (958^m) de longueur, sur 6 varas (5^m,08) de hauteur et autant de largeur; elle est percée dans le calcaire, qui a généralement assez de consistance pour se soutenir seul; dans quelques points, le peu de dureté de la roche a rendu nécessaires des muraillements et motivé la construction de voûtes en maçonnerie. C'est aux environs de 800 varas (678^m,40) que la galerie a communiqué avec les travaux de la mine de *la Luz*, qui a une profondeur de 500 varas (424^m) perpendiculaires, et 600 (508^m,80) en suivant la ligne d'inclinaison du filon. La galerie, pendant près de 1,000 varas (848^m) est en ligne droite; une fente dans la roche s'étant présentée, il a fallu à cette distance se jeter sur la droite, dans la crainte d'avoir trop de dépenses en muraillements.

Dans l'extrémité du *socabon*, on entend très-bien les marteaux de la concession voisine, la *Purissima*, dont les travaux ne sont pas à 100 varas (84^m,80) de la galerie. Ces travaux vont à plus de 600 varas (508^m,80) de profondeur de l'orifice du puits, et le minerai, quoique très-abondant, mais assez pauvre, peut difficilement supporter les frais de cette sortie. Avec une dépense de

20,000 piastres, la galerie leur fournirait une issue peu dispendieuse ; mais des mésintelligences, aussi funestes aux intérêts particuliers qu'aux intérêts de la population minière de Catorce, existent entre les deux familles principales qui possèdent ces deux mines, et ont empêché d'en venir à un accord que quelques personnes considèrent comme un de ces cas d'utilité publique, sur lequel les *ordenanzas de mineria* sont muettes, mais qui réclament l'intervention directe du gouvernement.

Le *socabon de la Luz* a été exécuté en assez peu de temps ; le travail d'une semaine ayant été quelquefois entre 4 et 5 varas ($3^m,39$ à $4^m,24$). Les propriétaires, pour exciter les ouvriers, payaient la première *vara* de la semaine à 40 piastres, et les autres avec une augmentation de 5 piastres pour chacune d'elles. La totalité du travail n'est pas évaluée à plus de 150,000 piastres.

La direction générale des filons de Catorce est de l'est à l'ouest, et leur inclinaison se rapproche beaucoup de la perpendiculaire. La gangue étant peu résistante, les dépenses de poudre sont moindres que pour les filons quartzeux ; ce qui permet à un ouvrier d'abattre une assez grande quantité de minerai. Le peu d'abondance des eaux, joint à ces circonstances, facilite l'extraction des minerais, qui, travaillés ensuite avec économie au *cazo*, couvrent tous les frais d'extraction et de traitement avec une quantité d'argent qui ne paraîtrait suffisante nulle part ailleurs au Mexique.

TRAITEMENT MÉTALLURGIQUE. — Le traitement des minerais de Catorce se fait par l'amalgamation, en partie à chaud, en partie à froid.

Voici les quantités de mercure employé et d'argent obtenu sur une opération exécutée dans le *cazo*, sur un peu moins d'un quintal de schlich (46 kilog.) séparé à la *planilla* de 45 quintaux (2070 kilog.) de minerai :

(3 kilog. 56) mercure mis en 5 portions dans le *cazo*. . 7 livres 12 onces.
(3 kilog. 10) mercure ajouté avant de laver............ 6 » 12 »

(6 kilog. 66).   Total du mercure employé.... 14 livres 8 onces.

(1 kilog. 66) mercure liquide exprimé.. 3 livres 10 onces.
(6 kilog. 29) amalgame sec............ 13 » 11 »

(7 kilog. 95).   17 livres 5 onces.

Différence en plus, provenant de l'argent mêlé de cuivre et d'un peu de gangue, 2 liv. 13 onces (1 kilog. 29).

Si cette dernière quantité était de l'argent à 1000, il n'y aurait aucune perte de mercure; mais il y a toujours un petit manque lors de la vaporisation du mercure; l'argent fondu ne ressort qu'à 0,991 ; et en somme, la perte du mercure sur une longue suite d'opérations, représente seulement 2 à 3 p. % de la quantité mise dans le *cazo*, ou 1 1/2 p. % environ de la quantité totale, et correspond à 5/8 d'once par marc d'argent.

L'argent d'amalgame évaporé provenant du *cazo* contient environ 1 p. % de cuivre ou de gangue; au lieu de le fondre simplement pour séparer les parties terreuses, on le soumet à une espèce de coupellation en ajoutant du plomb; et comme les exploitants vendent leur argent sans qu'il soit essayé, ils arrêtent l'opération avant que la totalité du plomb soit absorbée, et livrent de l'argent allié de plomb, au titre mexicain de 11 ^{den} 16 ^{gr} à 11,18 == à 0,976 ou 0,982 1/2. La présence du plomb exige pour le monnayage un nouvel affinage, qui serait inutile si on se bornait à fondre simplement l'argent du *cazo* avec son alliage de cuivre, en scorifiant la gangue.

Le coût de l'opération du petit *cazo* (pl. III, fig. 3) s'exécute à façon, à raison d'une piastre six réaux pour chaque *carga* de 3oo livres (138 kilog.), et cette dépense peut se diviser comme suit :

	piastres.	rx.
Transport du minerai depuis la mine....................	o	2
Quebradores, ou cassage au maillet.....................	o	2
Mouture dans l'*arrastra*, exécutée fort grossièrement à raison de 15 quintaux en 16 heures, par deux mules seulement.	o	4
Lavage à la *planilla*...................................	o	1 1/4
Main d'œuvre, combustible, et sel au *cazo*.............	o	1 1/4
Perte de mercure..	o	o 1/2
Frais d'évaporation, affinage et fonte..................	o	1
Frais généraux, usure des ustensiles....................	o	2
Piastres....................	1	6

Le lavage à la *planilla* (voir pl. III, fig. 1) s'exécute à Catorce avec une rare dextérité; par cette manœuvre, les parties pesantes ne dépassent que rarement le milieu de la courbe du fond de la *planilla*, et les parties légères se tassent dans la partie inférieure, et forment une couche d'un à deux décimètres de hauteur. Quand le laveur croit avoir suffisamment concentré le minerai, il appelle un employé qui enlève une tranche de toute la largeur de la couche de schlamm ; il la lave à l'augette, et s'il aperçoit la moindre trace d'argent vert, il fait rejeter sur le schlich un, deux, trois décimètres de schlamm coupé par tranches verticales, jusqu'à ce qu'un nouveau lavage d'essai n'indique plus d'argent vert. L'ouvrier continue son lavage sur le schlich ; et après un dernier examen, tout le schlamm est rejeté dans un réservoir où se sont déjà rendues les boues que pouvait contenir le minerai au sortir de l'*arrastra*, et qui ont été séparées par un débourbage à grande eau, exécuté avant de placer sur la *planilla* le minerai, qui ne consiste alors qu'en partie grenue.

Le schlich, qui représente de 1 à 2 p. °/₀ du poids total du minerai broyé, est porté au *cazo*.

Le schlamm et les boues, après avoir été un peu évaporés, sont travaillés au *patio*. (Deux hommes débourbent et lavent dix quintaux (460 kil.) par heure.)

Un minerai voisin de la limite la plus pauvre que l'on travaille à Catorce, m'a donné à l'essai les résultats suivants :

	en onces.		en 10,000 mes
Richesse totale à la *carga* de 3 quintaux..........	4	80	10
Schlich concentré à environ 1 3/4 p. % du poids primitif..	96	»	200
Schlamm destiné à *être traité* au *patio*.............	2	40	5

Le travail des *planillas* et celui du petit *cazo* sont spécialement employés pour les minerais pauvres; mais quand ils sont plus riches, on ne les concentre pas par le lavage; on en soigne davantage la trituration, et on les traite dans le grand *cazo* ou *fondon*. Les *fondones* (pl. III, fig. 2) ne datent que de cinquante ans, et ont été établis plus spécialement dans les bourgs de Cedral et Juan de Vanegas, situés à six ou huit lieues dans la plaine, à l'est des montagnes de Catorce. La difficulté des communications et une température plus froide rendant les environs des mines peu convenables pour le traitement métallurgique, c'est dans la plaine que les principaux établissements ont été formés.

La quantité du minerai chargé à la fois dans le *fondon* est de douze ou quinze quintaux (552 à 690 kilog.), et le travail s'achève en six heures. La quantité de sel employé est le vingtième du poids du minerai; on n'estime pas la perte en mercure à plus de 2 p. % sur celui versé dans le *fondon*. Les dépenses de combustible, mules pour le mouvement, main-d'œuvre, sel, usure et mercure, se calculent à raison de deux piastres et demie pour chaque *carga* de 3oo livres espagnoles (138 kilog.) passée aux *fondones*. Le métal employé à leur construction est du cuivre de Mazapil fort mal affiné, et qu'on se procure à Catorce au bas prix de douze à quinze piastres le quintal. Les schlamms et boues séparés à la *planilla*, sont mélangés avec les résidus du *cazo* ou *fondon*, pour travailler le tout au *patio*. On divise le minerai en *montones* de 9oo livres (414 kilog.), et on exécute le travail sans addition de *magistral*, et en ajoutant seulement du sel marin, à raison de 20 livres (9 kilog. 20) par *monton*. La quantité de mercure varie suivant la richesse en argent, et elle est, comme ailleurs, d'environ six fois le poids de cette dernière; la perte de mercure varie de neuf à dix onces pour chaque marc d'argent obtenu.

A Cedral et S. Juan de Vanegas, le travail se fait en *tortas* étendues, que l'on foule avec des mules ou des chevaux; mais à Catorce, le manque d'espace oblige à se servir des pieds des hommes, comme, au reste, cela se pratiquait primitivement dans tout le Mexique.

A Catòrce, on paye ce travail (*repaso*) des hommes pour chaque opération, à raison d'un réal par *monton*, excepté le premier qui coûte deux réaux; et on évalue le coût du travail au *patio* comme suit, pour un *monton* de 9oo livres :

	piastres.	rx.
Premier *repaso*...	0	2
7 autres *repasos* à 1 réal...............................	0	7
20 livres de sel marin....................................	0	5
Lavage, évaporation du mercure, fonte..............	0	2
TOTAL.......................	2	»
En calculant 3 onces d'argent par *carga* de 300 livres, on a une perte d'environ 11 onces de mercure, calculé valoir	1	»
On a donc pour 9 onces d'argent un coût de.. piastres..	3	»

Les résidus du *patio* de minerais pauvres et moyens ont donné à l'essai 0,0003, ce qui correspond à un marc et une once et demie par *monton* de vingt quintaux de Zacatecas, et à un marc quatre onces par *monton* de trente-deux quintaux de Guanaxuato.

Le calcul du prix revenant en commune du marc d'argent à Catorce, en séparant la partie concernant la mine de celle employée aux frais de réduction, est presque impossible à établir, parce que la richesse du minerai varie tellement, que l'on sort, dans une même semaine, des minerais d'une même mine, si différents entre eux, que le prix de vente varie depuis un quart de piastre jusqu'à cent cinquante piastres la *carga* de 300 livres espagnoles (138 kilog.).

Il n'est pas plus facile de donner un calcul exact du prix du traitement, car les frais de trituration varient beaucoup aussi suivant la richesse. Cette trituration, fort grossière pour le minerai destiné à passer aux *planillas*, est beaucoup plus fine et coûte le double pour celui destiné à passer au *fondon* sans lavage. Par contre, dans les autres districts, le traitement du minerai moulu très-fin est ordinairement terminé au *patio* en quarante-cinq jours; tandis que celui du minerai du travail de Catorce, soit que cela tienne au peu de finesse, soit à la nécessité où l'on est de laisser les *montones* de 900 livres, non pas étendus, mais relevés et tassés faute d'espace, dure au moins deux mois, et jusqu'à trois mois et demi en hiver. Cette difficulté à établir le coût moyen exact de l'argent produit à Catorce, n'empêche cependant pas de pouvoir se convaincre que pour les minerais pauvres, la *planilla* et le *cazo*, joints à l'avantage d'une extraction minière peu coûteuse, permettent de travailler des minerais que leur peu de richesse ferait rejeter partout ailleurs.

On a vu que quarante-cinq quintaux espagnols ou quinze *cargas* (2,070 kilog.) avaient produit

	marcs.	onces.		piastres.	rx.
Au cazo....................	5	5	d'argent coûtant..	26	2
Un produit égal au *patio* de	5	5	» pour		
5 *montones* de 3 *cargas* ou					
45 quintaux, coûtant 3 piastres par *monton*..				15	»
TOTAL..........	11	2	coûtant.....	41	2

Eu admettant que la valeur intrinsèque de cet argent, dont une partie, celle du *cazo*, est à bas titre, soit de 8 piastres 2 réaux le marc avant de payer les droits, on a une valeur totale de.. 92 6 1/2

Il reste donc une marge de............. 51 4 1/2

qui, répartie sur 15 *cargas*, laisse un prix de 3 piastres 3 réaux 3/4 pour chaque *carga* de 300 livres. Ce prix est assez voisin de celui représenté par le coût d'extraction dans les principaux districts du Mexique; mais, à Catorce, le peu de dureté de la gangue et l'absence d'eau permettent de travailler à bien meilleur marché. Il en résulte qu'on trouve moyen de couvrir tous les frais de la mine et de l'*hacienda* avec des minerais donnant 1 once et 1/2 au *cazo* et 1 once et 1/2 au *patio;* en tout 3 onces par *carga* de 300 livres. Cette proportion d'une once d'argent par quintal de minerai représente une richesse de 0,0006 ou de 4 marcs pour le *monton* de Guanaxuato, et de 2 marcs et 1/2 pour celui de Zacatecas; quantité d'argent considérée comme trop minime pour couvrir les dépenses dans ces deux districts.

§ V. GUADALUPE Y CALVO.

Ce district de mines demande une description détaillée, non-seulement par l'importance qu'il peut avoir et qu'il a déjà eue, pendant les dernières années, dans la production des métaux précieux au Mexique, mais encore par une modification intéressante introduite dans le traitement de ses minerais par le mercure; c'est, en outre, le district de mines le plus nouvellement exploité au Mexique, et les valeurs qui en sont sorties en peu de temps sont un exemple frappant de l'espoir que peut fournir le travail de nouveaux filons, sans compter presque uniquement sur les exploitations anciennes. De nombreuses descriptions de Zacatecas et de Guanaxuato, de Real del Monte, ont été fournies par divers auteurs; celle de Guadalupe y Calvo est nouvelle, au point que le nom de ces mines est encore ignoré sur plusieurs points du Mexique. L'ouvrage de M. Burkart, que nous avons cité, contient plusieurs coupes des anciennes exploitations, et dans le but de compléter ces renseignements, j'ai joint à l'atlas un tracé du filon principal de Guadalupe y Calvo.

La situation de ce district est par 26° 5′ 53″ de latitude boréale et par 106° 46′ 5o″ de longitude ouest de Greenwich, d'après les observations astronomiques de M. Jean Bowring, ingénieur attaché à l'une des compagnies. La hauteur au-dessus du niveau de la mer n'a point été positivement déterminée jusqu'à présent, aucun baromètre n'étant encore parvenu entier sur cette partie du dos de la *Sierra madre* de Durango; mais des observations, basées sur le degré d'ébullition de l'eau, indiquent 7825 pieds anglais.

Il y a environ huit ans que des laveurs d'or, exerçant leur profession dans un ruisseau situé à trois ou quatre lieues du village indien de *Navogame*, remarquèrent qu'au-dessus d'un certain point leur travail était sans résultat; ils en tirèrent naturellement la conséquence que le gîte de l'or devait être voisin de ce point. Quelques recherches sur les deux pentes couvertes de pins, qui forment l'étroite vallée où coule ce ruisseau, firent découvrir sur le côté oriental un *creston* de quartz s'élevant au-dessus des roches et renfermant des grains d'or parfaitement visibles à l'œil nu. On ne tarda pas à commencer une exploitation à ciel ouvert, après avoir fait la déclaration officielle pour s'assurer le droit de propriété du filon. Sur ces entrefaites, le bruit de cette découverte s'étant répandu, MM. Buchan et Auld, attachés depuis plusieurs années à des compagnies anglaises, vinrent exprès de Zacatecas. Le résultat de leur voyage fut l'achat d'une concession (*pertenencia*) de 200 varas (169^m,60) de longueur située au N.-O. de la veine (partie rouge du plan), et pour cette exploitation, ils formèrent à Mexico une compagnie sous le nom de *Guadalupe y Calvo*, pourvue d'un capital effectif de 300,000 piastres. Les propriétaires de la mine n'avaient point voulu céder l'exploitation du *creston* (partie bleue du plan), qu'ils ont continué à exploiter en compagnie sous le nom de *Descubridora*, presque entièrement à ciel ouvert (*descarga* ou *tajo abierto*); mais, plus tard, ils vendirent à une compagnie anglaise, formée sous le nom de *Zorillo*, avec un capital effectif de 5oo,ooo piastres, le droit de travailler à partir d'un niveau situé à environ 1oo varas (84^m,8o) au-dessus du point culminant du *creston* (partie jaune du plan). Enfin, cette même compagnie prit la concession du terrain situé à l'extrémité S.-E. du filon, sous le nom de mine de *S. Francisco* (partie verte du plan).

GÉOLOGIE. — Les roches de cette partie de la chaîne principale du Mexique ne sont point identiques avec celles des autres exploitations argentifères les plus importantes; on rencontre à plusieurs lieues à l'entour de Guadalupe y Calvo des porphyres fortement altérés, à pâte argileuse rougeâtre, contenant des cristaux de feldspath presque entièrement converti en kaolin, et quelquefois des fragments d'amphibole, mais plus souvent des paillettes de mica jaune ou brun, substance qu'on ne rencontre presque jamais sur le plateau et les points culminants de la chaîne, dans le voisinage de la capitale. A environ six lieues à l'ouest de Guadalupe y Calvo, les pentes, de 1a à 1,5oo mètres, par lesquelles on descend du sommet de la *Sierra*, pour arriver presque perpendiculairement dans les vallées de Dolores et de Simon, présentent, au-dessous de ces porphyres, quelques bancs peu épais de roches arénacées à gros grains, ayant l'aspect du vieux grès rouge, qui recouvrent des masses de diorite souvent feuilletée, alternant avec des bancs de schiste chloritique. Ces roches reposent elles-mêmes sur une syénite (à cristaux d'amphibole), qui semble, dans tout cet horizon géognostique, être la roche la plus ancienne qui se montre au jour.

Sur le lieu même de l'exploitation, le filon traverse, à la surface du sol, une roche verdâtre absolument identique avec la roche métallifère de Zacatecas. Cette formation, qui s'élève en mamelon isolé, couronné par le *creston* du filon X, s'appuie au S.-E. sur une brèche trachytique U renfermant des morceaux entiers du porphyre V, qui touche la roche schisteuse verdâtre au N.-O. Ce porphyre renferme des points brunâtres tellement petits, qu'il est difficile de déterminer si ce sont des fragments d'amphibole ou de mica.

A *S. Francisco*, le filon traverse la roche schisteuse, et, sur ce point, il est extrêmement peu productif; mais, au-dessous du *creston* et dans la concession de Guadalupe y Calvo, qui sont les points les plus riches, il est permis de croire, d'après quelques travaux exécutés en dehors du filon, que, dans ces parties les plus riches, il a le porphyre pour mur et la roche schisteuse pour toit.

La gangue du filon est un quartz parfaitement blanc et compacte dans le bas de la mine, mais un peu carié et coloré en rouge dans le haut, par suite de la décomposition de la faible proportion de sulfures métalliques qu'il renferme. Cette proportion est bien inférieure à celle que l'on observe dans ceux des minerais du Mexique où elle est la moindre, et n'excède pas 1 1/4 p. % du poids du minerai pour les quantités communes, et 10 à 15 p. % pour les parties plus riches.

Vers la surface, les métaux précieux sont assez également répartis dans la gangue; mais, à une certaine profondeur, il en est autrement. Sur de grands espaces, le quartz est presque entièrement dépourvu de substances métalliques, et l'or et l'argent se trouvent concentrés dans des rognons (*bolas*) d'une très-grande richesse, qui se sont présentés jusqu'à présent dans la concession de la compagnie du *Zorillo*, au-dessous du point culminant du *creston*. Quelques charges de 300 livres (138 kilog.) de minerai des rognons de *S. Estevan* et de *S. Juan* (voir le plan) ont produit 13 marcs 6 onces d'argent et 38 onces d'or (n° 1); une partie considérable a donné 8 marcs d'argent et 9 onces et 1/2 d'or (n° 2), tandis que la masse du minerai ordinaire fournit, pour ce même poids de 300 livres, 1 marc 3/4 à 2 marcs 3/4 d'argent, et de 1/2 à 3/4 d'once d'or (n° 3).

Ces diverses proportions exprimées en fractions décimales équivalent à
0,0230 d'argent et 0,0039 d'or pour le n° 1.
0,0130 et 0,0010 le n° 2.
0,0039 et 0,0002 le n° 3.

Le minerai du *creston* contient une proportion plus forte comparée à l'argent; ses produits ordinaires donnent 1 once d'or pour 18 onces d'argent par charge de 300 livres.

L'or est à l'état métallique, souvent en grains parfaitement visibles dans le minerai, même sans le piler, ou ranger ses parties réduites en poudre par lits de pesanteur au moyen du lavage. L'argent se distingue rarement à l'état natif, et se présente généralement sous celui de sulfure simple; l'argent antimonié sulfuré rouge y est fort rare; et même dans la région des *colorados*, il n'y a pas de combinaisons d'argent solubles, comme le chlorure et le bromure, dans certains dissolvants. Les minerais qui accompagnent l'argent sont la pyrite de fer, mais surtout le cuivre pyriteux; la galène est peu abondante, la blende encore plus rare.

La direction du filon, comme celle de toutes les principales veines argentifères du Mexique, est du N.-O. au S.-E. Son inclinaison au S.-O. forme un angle de soixante degrés avec l'horizon. Sa largeur est très-variable, depuis trois jusqu'à vingt varas ($2^m,54$ à $16^m,96$); cette dernière dimension se rencontre par 50 varas ($42^m,40$) de profondeur au-dessous du point culminant du *creston*. La largeur est de neuf à dix varas ($7^m,63$ à $8^m,48$) dans les parties les plus profondes de la mine.

EXTRACTION. — Tous les travaux de la partie supérieure appartenant aux premiers exploitants dont la compagnie porte le nom de *Descubridora*, ont été conduits de la manière la plus primitive, en faisant sauter à la poudre la masse entière du *creston.* Cela se pratique encore aujourd'hui; et l'on voit chaque matin voler des blocs, souvent de plusieurs mètres cubes, de quartz métallifère qui vont en roulant s'arrêter contre des palissades placées sur la limite de la concession, où on les casse en morceaux plus faciles à manier pour faire un premier choix. Toute la partie indiquée sur le plan par la lettre S a été et est encore exploitée de la sorte.

Les concessions des compagnies de Guadalupe y Calvo et du *Zorillo*, qui ont eu pendant longtemps un même directeur, présentent un tout autre spectacle. La totalité des travaux est traversée par une galerie M qui sert à l'extraction du minerai et des déblais. Une autre galerie munie d'un chemin de fer, le seul, je crois, existant au Mexique, vient communiquer depuis le jour au milieu de la grande galerie M, qui sera bientôt prolongée jusqu'au puits S, ce qui augmentera considérablement la ventilation.

Les minerais de la compagnie du *Zorillo* ont surtout donné une grande richesse au-dessus du niveau de cette galerie M, qui était surmontée de galeries secondaires K, L, N, O, nécessaires pour l'exploitation des rognons dont j'ai déjà parlé. Lorsque j'ai visité cette mine, en octobre 1842, on croyait avoir la certitude d'avoir rencontré un nouveau rognon appelé *S. Jorge*, dont le minerai a tous les caractères de composition et de richesse de ceux exploités avec tant de succès; par contre, un puits de reconnaissance creusé en C, à une profondeur qui équivaut au niveau du ruisseau de la vallée, n'a fourni que du quartz fort dépourvu de parties métalliques, présentant, même au point où les travaux ont été suspendus, des quartiers de la roche encaissante assez multipliés pour supposer une dislocation complète dans le filon à cette profondeur.

Les minerais de la compagnie de Guadalupe y Calvo, s'ils ont présenté des parties moins riches, ont, par contre, offert des produits plus constants, quoique d'un titre moyen moins élevé; cependant les travaux près du jour paraissant devenir moins productifs, à mesure qu'on les pousse au N.-O., on s'est décidé à creuser un puits de reconnaissance, afin de juger si, en avançant en profondeur, le minerai augmenterait en richesse, comme cela a été le cas dans tous les grands filons quartzeux ayant,

à Guanaxuato et à Zacatecas, la plus grande analogie avec celui de Guadalupe y Calvo. Ce puits,
foré perpendiculairement à une profondeur de quatre-vingts varas ($67^m,84$), a été, à partir du point
T, continué diagonalement, en suivant l'inclinaison
de la veine, de manière à pouvoir, si on rencon-
trait du minerai riche, conduire de suite des ouvrages dans la ligne horizontale, afin de soutenir
par les produits les dépenses de la mine. Ce puits
incliné se continuait en octobre 1842, et n'avait
encore atteint qu'une longueur de quarante varas
($38^m,92$), par suite de la dureté de la gangue qui,
pendant tout le trajet, s'est trouvée un quartz parfaitement blanc, contenant à peine quelques mou-
ches de pyrites, mais présentant quelques petits
rognons de minerais riches, comme ceux du *Zorillo*, malheureusement trop peu importants pour
engager à percer des galeries.

Les travaux dans la partie moyenne de la mine
se continuent dans le sens horizontal en H, et fournissent, en quantité suffisante pour alimenter les
usines, un minerai qui passerait pour riche à Zacatecas, mais qui, à cause de la cherté de la main-
d'œuvre et de tous les matériaux, laisse assez peu
de marge. A moins d'une grande réduction dans
ces dépenses, tout l'avenir du filon dépend du résultat du puits de reconnaissance, qui n'a point
encore atteint la limite supérieure de la zone de

grande richesse dans les veines analogues; si, en prolongeant ce travail, le filon continue à être pauvre, l'exploitation des parties supérieures se soutiendra sans doute encore pendant plusieurs années; mais il y aura peu de probabilités pour voir se réaliser les grandes espérances conçues, avec raison, à la découverte d'un filon aussi puissant que riche à la surface. Si les compagnies avaient plus de ressources pécuniaires, on tenterait le forage d'un grand puits exécuté en commun et calculé pour rencontrer le filon à deux cent cinquante varas (212^m) de profondeur; mais c'est une entreprise longue et trop coûteuse pour les fonds dont peuvent disposer les diverses compagnies, en admettant que ce travail d'un intérêt général fût entrepris à frais communs.

Jusqu'à présent les eaux sont très-peu abondantes dans les travaux; la nature de la roche et la situation du mamelon semblent, à cet égard, devoir donner peu d'inquiétude pour l'avenir. La largeur du filon exige souvent un emploi considérable de bois; mais la situation de Guadalupe y Calvo, au milieu d'immenses forêts de pins, rend cette dépense plus légère que partout ailleurs.

Il serait fort difficile de fournir des renseignements détaillés sur le coût d'extraction du minerai des diverses compagnies qui exploitent ce filon; cependant j'ai recueilli des données exactes sur les dépenses d'extraction de la compagnie de Guadalupe y Calvo, pendant une année, pour du minerai fournissant au traitement un rendement moyen de 0,0025 à 0,0030 d'argent fort riche en or. Ces documents peuvent convaincre que les frais d'extraction, attendu la richesse du minerai en or, ne sont pas très-élevés, quoiqu'ils renferment les débours des travaux de recherches, qui sont à peu près nuls dans ce moment à Guanaxuato et au Fresnillo.

				Cargas de 300 livres.	Débours en piastres.
Trimestre de juillet	à septembre	1841....		6,256	23,729
»	d'octobre	à décembre	1841....	5,832	28,571
»	de janvier	à mars	1842....	4,447	29,306
»	d'avril	à juin	1842....	6,443	39,235
				22,978	120,841

Soit, cinq piastres deux réaux par charge de trois cents livres espagnoles (138 ^{k}.). Pendant l'année précédente, le minerai se trouvait plus riche, et il y avait beaucoup moins de parties de gangue pauvres à rejeter; les débours proportionnels étaient dès lors moins considérables. Le trimestre d'avril, mai, juin 1841 ayant donné 5766 *cargas* pour 23,070 piastres, la *cargas* n'est ressortie qu'à quatre piastres. On trouvera plus loin, lorsqu'il sera question du traitement, quelle quantité d'argent et d'or a fourni, par *carga* de trois cents livres, l'ensemble de ces minerais pendant le premier semestre de 1842. On pourra, dès à présent, se faire une idée de cette proportion dans les minerais de la compagnie du *Zorillo*, qui a aussi travaillé dans son usine quelques parties de minerai de la compagnie *Descubridora*, qu'elle a reçu en nature pour quelques actions qu'elle possède dans celle-ci.

RICHESSE *et produit des minerais travaillés dans l'usine de* MARIQUITA *de la Compagnie du* ZORILLO, *pendant deux années écoulées du 1ᵉʳ octobre 1840 au 30 septembre 1842.*

	CARGAS.	RICHESSE A LA CARGA.			
		ARGENT.		OR.	
		en marcs et onces.	en décimales.	en onces.	en décimales.
MINERAIS DES ROGNONS DE S. ESTEVAN ET S. JUAN.					
Première classe............	25	13 6	0,0229	38 0	0,00791
Seconde classe...........	632	7 7	0,0131	9 1/2	0,00198
Ordinaires..............	7,782	2 6 1/2	0,0047	1 1/2	0,00031
Terres................	3,562	2 1	0,0035	0 3/4	0,00015
MINERAIS DES OUVRAGES DU ROSARIO.					
Seconde classe..........	104	9 0	0,0150	8 0	0,00166
Quatrième classe.........	172	5 7	0,0098	3 0	0,00062
Ordinaires.............	16,712	1 6	0,0029	0 1/2	0,00010
MINERAIS DE LA DESCUBRIDORA.					
Seconde classe..........	44	7 0	0,0117	8 0	0,00166
Ordinaires.............	3,149	2 2	0,0037	1 »	0,00020
Terres...............	588	1 2	0,0020	0 5/8	0,00012
TOTAL des *cargas*...	32,770				

Ces 32,770 *cargas* ont produit :

74,444 marcs d'argent obtenus dans le *patio* à 11 deniers 14 grains, soit 0,956, contenant 45 grains d'or, soit 0,009.

4,360 d'*oroche* obtenus dans les *arrastras*, contenant 7 deniers 18 grains argent, soit 0,646, et 1,400 grains d'or, soit 0,291.

Le poids d'argent à 1,000 équivaut à 76,341 marcs.

de l'or équivaut à 1,970 »

La valeur de ces métaux au tarif de la monnaie de Durango représente :

	valeur de l'argent.	valeur de l'or.
Pour les 74,444 marcs d'argent.., piastres.	646,730	102,360
Pour les 4,360 marcs d'*oroche*... »	25,340	188,300
	672,070	290,660

VALEUR réunie.......... piastres 962,730.

La proportion de l'argent à l'or en valeur.. :: 672 : 290.

en poids... :. 763 : 197.

La production du filon de Guadalupe y Calvo, depuis le commencement des travaux jusqu'à fin juin 1842, est estimée à une valeur

de 2,000,000 de piastres en or,

et 4,000,000 en argent.

En tout.. 6,000,000 de piastres.

Dans l'état où se trouvaient les diverses exploitations en 1842, on pouvait évaluer la production annuelle comme étant peu supérieure à une valeur d'un million de piastres.

TRAITEMENT MÉTALLURGIQUE. — Au sortir de la mine, les minerais des diverses exploitations, après avoir été choisis pour rebuter les parties jugées trop pauvres, sont conduits aux *haciendas de beneficio*. La compagnie *Descubridora* envoie les siens à Dolores, petite ville toute nouvelle, située en terre chaude, à environ quinze lieues sur la route de Mazatlan. Le transport d'une charge de 3oo livres (138 *) coûte de 1 piastre 3/4 à 2 piastres, et un demi-million de piastres a déjà été dépensé pour cet objet. Le prix élevé des fourrages et des grains qu'on est obligé d'apporter de quatre-vingts lieues à dos de mulets, rend en hiver l'entretien des animaux extrèmement coûteux; aussi a-t-on reconnu par expérience, que la trituration par eau était la seule praticable avec avantage; un ruisseau qui ne tarit jamais présente des chutes considérables au point où les usines de Dolores ont été construites. On eût trouvé de semblables cours d'eau bien plus près; mais l'avantage d'une température plus élevée a engagé à faire peu de cas de la distance. Il est permis de douter que l'influence que la température peut avoir sur la durée de l'amalgamation, puisse offrir une compensation pour des frais de transport aussi élevés. Le traitement dans les usines de Dolores est absolument le procédé ordinaire de l'amalgamation mexicaine; seulement, la porphyrisation du minerai s'exécute dans ce que l'on appelle les *tahonas de cucharas,* qui ne sont autre chose qu'une *arrastra* ordinaire, qui est mise en mouvement par une roue à palettes horizontales, placée sur le même plan que l'*arrastra*, mais dans un cercle dont le diamètre est au moins le double de celui de l'*arrastra*. L'eau n'agissant que par percussion, une grande partie de sa force est perdue; inconvénient compensé jusqu'à un certain point par la simplicité de l'appareil.

On ne pratique pas les essais docimastiques à Dolores; il est donc assez difficile de savoir à quoi s'en tenir sur l'exactitude du traitement. Quant à la perte du mercure, elle n'est pas moindre de 14 onces pour un marc d'argent obtenu. L'opération dure de quinze à vingt-cinq jours, suivant la saison.

Les minerais de la compagnie du *Zorillo* sont conduits à l'*hacienda de Mariquita*, située au pied du mamelon de la mine; ceux de la compagnie de Guadalupe y Calvo sont transportés aux *haciendas de S. Carlos* et du *Salto*, situées à une lieue et une lieue et demie de distance.

Toutes ces usines reçoivent leur mouvement par les eaux d'un ruisseau qui, dans son cours, présente des chutes successives. Celle de *Mariquita* offre une différence de niveau d'environ 8o mètres; celle du *Salto* est de plus de 5o.

Les bocards (*morteros* ou *molinos*), ainsi que les *arrastras*, ont pour moteurs plusieurs roues verticales de 10 et de 11 mètres de diamètre, communiquant, au moyen d'engrenages, un mouvement assez accéléré aux *arrastras*, pour que, malgré la dureté fort médiocre des porphyres employés à leur construction, on obtienne la trituration de 4 charges (552 ^{k}) par 24 heures, à une finesse qui se rapproche assez de celle obtenue à Guanaxuato.

Des conduits en bois permettent, par leur pente seule, de laisser couler les minerais porphyrisés (*lamas*) sur le point du *patio* où on désire les conduire.

De même qu'à Guanaxuato, on verse du mercure dans les *arrastras*, pour retirer l'or et l'argent qui se trouvent à l'état natif. On a vu quelle était la proportion ordinaire de l'or dans l'alliage provenant de la distillation de cet amalgame (*oroche*).

C'est ici que commence la différence du traitement d'amalgamation, tout particulier, qui se pratique depuis quelques années dans les trois usines dont on a donné les noms.

Dans les premières années de l'exploitation, l'on trouvait une grande difficulté à traiter les minerais du filon de Guadalupe y Calvo même par la fonte, car les avantages de l'abondance du combustible et des chutes d'eau pour donner le vent, étaient neutralisés par le manque de pierres réfractaires et le prix élevé des fondants.

Ces difficultés ont disparu, grâce à une modification introduite dans le traitement du *patio* par un métallurgiste allemand, M. Lukner, qui, par l'emploi de l'amalgame de cuivre (*peya de cobre*), dans des proportions fixes avec la quantité d'argent contenu dans chaque *torta*, reconnue par un essai docimastique préalable, a réussi à abréger la durée du traitement, en réduisant la perte du mercure au-dessous des meilleurs résultats obtenus dans les districts de mines du Mexique les plus célèbres par la réputation de leurs *azogueros*. Par les détails qui vont suivre, on pourra se convaincre de l'exactitude de cette assertion.

Une fois que les boues métalliques étendues dans le *patio* sont arrivées au point d'humidité ordinaire dans le procédé habituel, on en sèche au feu une petite quantité pour en faire un essai docimastique, soit à la moufle, soit au chalumeau, pour connaître exactement la quantité d'argent contenu dans le tas de minerai (*torta*), dont le poids total est bien déterminé par le nombre dé charges soumises à la porphyrisation.

On verse dans le minerai 4 1/2 p. °/₀ de son poids de sel marin des salines du Pacifique, et l'on fait donner un *repaso.* Vingt-quatre heures après, on mêle une quantité de mercure équivalant à 5 1/2 et quelquefois à 6 fois le poids de l'argent indiqué par l'essai; on y dissout une quantité d'amalgame de cuivre (la préparation en sera indiquée plus loin), telle que le cuivre soit en poids, pour l'argent à extraire, comme 3o ou 33 : 1oo. Le mercure contenu dans cet amalgame est calculé à l'avance, afin de pouvoir déduire son poids de la quantité de mercure liquide employé pour l'opération. Une fois l'amalgame de cuivre et le mercure liquide bien mélangés de manière à dissoudre celui-là, on les jette sur la *torta* en y versant un poids de sulfate de cuivre, provenant des ateliers de départ, et correspondant à 1/4 p. %, du poids du minerai. On fait marcher les animaux dans la *torta* tous les deux ou trois jours; au bout de trois à quatre semaines, l'opération s'achève, sans qu'il soit nécessaire de la surveiller continuellement, comme dans l'amalgamation ordinaire. L'amalgame de cuivre complétement fluide, attendu la grande proportion de mercure au commencement de l'opération, devient plus dur à mesure qu'il saisit l'argent du minerai; sa couleur, très-foncée d'abord, s'éclaircit à mesure que l'argent remplace le cuivre, et après dix jours, les *tentaduras* donnent dans la sébile un amalgame ayant toute l'apparence de celui d'une *torta* marchant convenablement dans le procédé ordinaire. En exprimant la partie de mercure encore liquide de ces petits essais, et comparant son volume avec celui de l'amalgame sec, on estime les progrès du travail, et quand le mercure liquide cesse de diminuer, on considère l'opération comme terminée. Le lavage s'exécute alors comme dans le procédé ordinaire, ainsi que la filtration et la distillation de l'amalgame. La fonte de l'amalgame distillé donne des lingots d'argent alliés d'or et de cuivre, dans lesquels la proportion de ce dernier métal ne présente pas plus de 2 à 4 p. °/₀ de la masse, suivant que les essais docimastiques de l'argent ont indiqué plus ou moins exactement la richesse de la *torta*, sur laquelle est basée la proportion d'amalgame de cuivre que l'on y verse.

Les minerais séparés de l'amalgame, sont portés, au sortir du *lavadero*, sur des tables à secousses, construites sur le même modèle que celles usitées en Europe, pour expulser toute la partie pierreuse, et obtenir un schlich composé des sulfures métalliques qui n'ont point été altérés par l'opération, et dans lequel domine la pyrite cuivreuse. Ce schlich, convenablement séché à l'air, est traité ensuite par la méthode de Freyberg. On effectue le grillage dans un four à réverbère chauffé avec du bois de pin, après avoir ajouté 15 p. °/₀ de sel marin et 10 p. °/₀ de sulfate de fer, pour faciliter le dégagement du chlore. Le minerai grillé est ensuite introduit dans des tonneaux en bois semblables à ceux de Freyberg, et mus par une roue hydraulique qui leur imprime un mouvement giratoire de dix-huit tours à la minute. Chaque 24 heures, on charge à la fois dans chaque *baril* :

1,000 livres du mélange grillé...... .	(460 kilogr.),	
200 de cylindres de fer forgé.	(92	),
600 de mercure...........	(276	),

plus, une quantité d'eau nécessaire pour former une bouillie peu épaisse. On a pour résultat un amalgame très-liquide, qui donne, par la filtration, environ 5oo livres (23o .^{k}) de mercure liquide, et un amalgame sec de cuivre et d'argent, dont voici la composition, d'après la moyenne de plusieurs opérations :

Cuivre..... 72 livres 14 onces. ⎫
Argent. . . . 4 » 4 » ⎬ poids total. 7o1 livres 4 onces.
Mercure... 619 » o » ⎭

La perte du mercure correspond à environ 5 onces par marc ou o,63 du poids de l'argent retiré par ce moyen.

On utilise de cette manière l'argent et le cuivre contenus dans les résidus de l'opération du *patio;* mais les quantités d'amalgame de cuivre obtenu ainsi, ne sauraient suffire aux besoins du travail de l'usine; aussi s'en procure-t-on par deux autres moyens. L'un d'eux consiste à griller et traiter au *baril* des minerais de cuivre pyriteux extraits dans les environs de Guadalupe y Calvo, et contenant un peu d'argent; seulement, pour ceux-ci, on emploie au grillage une plus forte proportion de sel marin, quelquefois jusqu'à 3o pour cent.

Voici le résultat d'une suite d'opérations de cuivre pyriteux grillé, travaillé au *baril,* par charges de 8oo livres à la fois :

MERCURE		AMALGAME CONTENANT :			
employé.	liquide retiré.	Mercure.	Cuivre.	Argent.	Perte de mercure.
livres.	livres. onces.	livres. onc.	livres. onc.	liv. onc.	liv. onc.
2,900,.....	1,074 4....	1,822 6..	281 4..	4 4..	3 6..

La composition de cet amalgame équivaut à mercure..... 0,865

Cuivre...... 0,133

Argent..... 0,002
_____

1,000

Ce n'est que depuis peu que la découverte de filons de cuivre pyriteux, susceptibles d'être exploités avec économie, a engagé à produire l'amalgame de cuivre de cette façon, car la méthode la plus habituelle consiste à précipiter, par des rognures de fer, le cuivre des sulfates de cuivre des ateliers de départ, et à tourner à la main, dans un baril de moyenne dimension, avec du mercure, ce cuivre à l'état pulvérulent.

La perte de mercure et d'argent, comparée aux essais docimastiques, était jadis beaucoup plus forte; peut-être parce que les usines étaient moins bien surveillées contre le vol : on perdait alors de 12 à 14 onces (de 150 à 175 p. %) pour chaque marc d'argent et or obtenu; maintenant cette perte a été considérablement réduite, ainsi qu'on va le voir par les résultats du travail des deux usines principales où l'on ne traite que le minerai en morceaux.

Le minerai terreux contenant des pyrites déjà passées à l'état de sulfates, ce qui augmente un peu la perte du mercure, est spécialement traité à *l'hacienda de S. Carlos.*

Mercure manquant par marc d'argent et or obtenu :

Dans l'*hacienda* du *Salto* de la Compagnie de Guadalupe y Calvo.	Dans l'*hacienda* de Mariquita de la Compagnie du *Zorillo.*
Année 1841.. 8 onces 3/4	.... 9 ouces 1/2
1er trimestre 1842.. 7 7/8	.... 9 3/8
2e dito 1842.. 9 3/16	.... 9 1/4
3e dito 1842.. 8 1/2	.... 9 3/4

On doit faire remarquer encore que le lavage, moins soigné qu'à Guanaxuato, ne s'exécute que dans un seul bassin, et que la distillation de l'amalgame offre une perte un peu plus forte que dans d'autres usines, car le résultat de diverses opérations à l'*hacienda* du *Salto* m'a indiqué 62 livres 2 onces de mercure manquant sur un poids de 18,481 livres 9 onces soumises à la distillation.

A l'*hacienda de Mariquita*, un calcul fait avec le plus grand soin sur les dépenses de l'année 1841, pour le travail de 16,500 *cargas*, ou 4,950,000 liv. (2,277,000ᵏ) de minerai, indique la répartition suivante pour les diverses opérations :

Mouture, y compris la réparation des machines...... piastres	1,216
Manipulation, y compris les animaux qui ne sont pas employés à la mouture, mais seulement dans le *patio.*	1,494
Cuivre pyriteux et sulfate de cuivre.................	0,202
Sel marin..	0,493
Appointements fixes................................	0,507
Dépenses de combustible et autres menus frais.........	0,138
Toțal des frais pour une *carga* de 300 livres (138 kilog.) sans le mercure............................	4,450

Dans les *haciendas* du *Salto* et de *S. Carlos*, appartenant à la même compagnie, les produits des deux usines se trouvent réunis, et il ne m'a pas été possible de séparer les résultats de chacune d'elles.

Pendant le premier trimestre de 1842, ces mêmes *haciendas* ont travaillé :

4,449 *cargas* de 300 livres, dont les frais, sans le mercure, se sont élevés à 27,035 piastres, ce qui représente un coût moyen de 6,077 piastres à la *carga*.

Pendant le deuxième trimestre de 1842, les *haciendas* du *Salto* et de *S. Carlos* ont travaillé :

6,268 *cargas* de 300 livres, dont les frais se sont élevés, sans le mercure, à 30,258 piastres, ce qui représente un coût moyen de 4,827 piastres à la *carga*.

Cette différence entre le coût des deux trimestres en faveur du second doit s'attribuer en partie à la répartition des frais généraux sur une plus grande masse de minerais dans un même temps, et aussi à ce que, en hiver, les dépenses des animaux sont plus considérables (*).

Les produits en or et en argent ont été comme suit :

(*) En prenant le prix le moins élevé qui est celui de l'*hacienda* de Mariquita, et en calculant à quel prix ressort le *monton* de deux mille livres, une *carga* de 300 livres coûtant pias-

4,449 *cargas* ont donné 7,450 marcs 3 onces 5 gros argent allié d'or,
     670   5   0   » oroche,

qui, réduits en argent et or à 1,000, représentent :
Argent 7,031 marcs 5 onces dans l'argent allié. Or 73 marcs 7 onces.
  339 » » » dans l'*oroche*.. ... » 200 » 5 »
  ―――――――――――――――――――――
  7,360   274 » 4 »

Les proportions de l'or et de l'argent avec le poids du minerai sont égales à 0,0001 pour le premier, et 0,0025 pour le second.

---

tres 4,450, on a pour résultat, piastres 28,313 ; tandis qu'un même poids a été travaillé au Fresnillo :

  En 1840 pour 14,437.. ⎫
  En 1841 pour 13,486.. ⎬ commune 13,231.
  En 1842 pour 11,770.. ⎭

Le prix de la *maquila* de Guanaxuato, calculé au taux véritable de 20 piastres le *monton* de 3,200 livres, donnerait pour le *monton* de 2,000 livres seulement... 12,500.

Ces différences énormes ne sont point dues à un surcroît de dépenses occasionné par la modification introduite dans le système d'amalgamation employé à Guadalupe y Calvo, qui n'exige presque aucuns frais supplémentaires, mais au prix exorbitant des denrées, et par conséquent des journées. La situation de ce district, éloigné de toute population agricole, est donc une circonstance fatale, que l'avantage des chutes d'eau pour la trituration, et du combustible, sont loin de compenser.

SECOND TRIMESTRE 1842.

6,268 *cargas* ont donné 9,634 marcs 2 onces 4 gros argent allié d'or,
         227   0   4   *oroche,*
qui, réduits en argent et or à 1,000, représentent :
Argent 9,429 marcs 4 onces dans l'argent allié. Or 71 marcs 2 onces.
     136 » 4 » dans l'*oroche.*   85 » 6 »
     9,566 » »   157 » » »

Les proportions de l'or et de l'argent sont égales
          à 0,00004 pour l'or, 0,0026 pour l'argent.
Dans le premier trimestre, l'or représente 0,037 du poids de l'argent.
Dans le second trimestre (*)............ 0,016   »   »

La valeur des métaux du 1er trimestre a été de.. piast. 94,212 1 rx. » gr.
   »   » du 2e   »   »   89,168 4   5

Attendu qu'il n'y a plus à l'entour de Guadalupe y Calvo des usines, soignées comme celles des deux compagnies, où l'on travaille par le procédé ordinaire d'amalgamation, il n'est pas aisé de comparer avec exactitude quel est l'avantage que présente le nouveau procédé sur l'ancien pour le rendement d'argent; mais les directeurs des compagnies m'ont assuré que les expériences comparatives, répétées à satiété avant de se décider à adopter le nouveau système, n'ont laissé aucun doute à cet égard. Quoi qu'il en soit, les résidus actuels, après la séparation des parties pesantes aux tables à secousses, semblent être arrivés à un degré de pauvreté assez satisfaisant.

(*) La proportion de l'or pendant le premier trimestre 1842, se trouve être dix fois plus forte que sur le minerai de Rayas à Guanaxuato.

Des essais répétés avec tout le soin possible m'ont indiqué les résultats suivants :

Richesse des résidus du *Salto* après le lavage aux tables à secousses de minerai, ayant à l'essai...................................... 0,0025   0,0004

Richesse des résidus de *Mariquita*................. 0,0036   0,0004 3/4

Richesse des résidus d'une *torta* dont le minerai avait donné avant le traitement................................ 0,005   0,0004

Il sera bien de remarquer que ces titres, trouvés sur la partie des résidus laissés par l'eau, ne peuvent pas indiquer exactement quelle est la proportion d'argent contenu dans le minerai, qui reste dans les résidus, car, avec une bonne trituration, une forte part du quartz est réduite en fractions si légères, qu'elles sont entraînées fort loin avec les eaux, et que les parties métalliques, qui sont plus pesantes, se déposant promptement, doivent se trouver dans la gangue moins menue, dans des proportions qui ne sont plus celles de toute la masse. Ceci engagerait à admettre que sur le minerai ordinaire d'exploitation d'une richesse de 0,0025 à 0,0030, la partie d'argent qui échappe aux traitements réunis ne représente que 10 à 12 p. % de la teneur du minerai.

Après avoir indiqué les résultats en perte de mercure et en perte d'argent obtenus par l'emploi de l'amalgame de cuivre, il est nécessaire d'indiquer plus en détail la manière de faire usage de ce procédé qui, employé d'abord par son inventeur, M. Lukner, a été perfectionné dans son application par M. Henri Mackintosh, directeur de la compagnie de Guadalupe y Calvo.

On ne tarda pas, en employant ce système, à découvrir qu'il y avait une quantité de cuivre de l'amalgame détruite dans une proportion constante avec la quantité d'argent retiré, c'est-à-dire qu'en augmentant la quantité d'amalgame de cuivre, cet excès de cuivre se retrouvait dans l'amalgame d'argent et diminuait d'autant la finesse des lingots. Par des tâtonnements, on a trouvé que la meilleure proportion de cuivre était celle de 3o p. % (*) du poids de l'argent indiqué par les essais dans le minerai. Dès lors on conçoit la nécessité absolue d'avoir des essais exacts de l'amalgame de cuivre employé; et comme il varie dans sa composition, pour ainsi dire à chaque opération, ces essais qui, pour être complets, doivent aussi indiquer l'argent contenu dans l'amalgame de cuivre, pour comparer les résultats de traitement en grand avec la teneur indiquée par l'essai docimastique, devenaient une cause d'embarras, que M. Mackintosh surmonte sans la moindre peine en se servant du chalumeau. Une prise d'essai d'amalgame de cuivre est placée sur un charbon; le dard du chalumeau en volatilise le mercure, sans que cette vapeur produite dans des essais répétés à chaque

(*) Sensiblement un atome de cuivre pour un atome d'argent.

instant ait causé aucun accident; on obtient un bouton de cuivre et d'argent que l'on pèse et qui donne, par différence avec la prise d'essai, le poids du mercure volatilisé. Ce bouton est ensuite placé avec une quantité convenable de plomb pauvre, dans une coupelle de cendres d'os construite dans le charbon, et la coupellation s'exécute au chalumeau. On pèse le bouton d'argent, dont le poids, uni à celui du mercure, indique par différence le poids du cuivre.

Les essais du minerai se font ordinairement par scorification dans un fourneau de coupelle; cependant, pour peu que le minerai soit riche, M. Mackintosh est parvenu, à l'aide du chalumeau, qu'il manie avec une rare habileté, à obtenir des résultats aussi prompts qu'exacts, en opérant sur des prises d'essai de minerai assez fortes pour peser les boutons à la balance, au lieu de les évaluer sur une échelle, comme cela se pratique généralement en Allemagne; pour cela, il prend une prise d'essai de 223 milligrammes, qu'il mêle à dix fois son poids de plomb granulé très-fin et presque entièrement privé d'argent; il y joint un peu de borax et de carbonate de soude; malgré le volume de ce mélange enfermé dans une cartouche de papier, pour éviter les chances de perte, jusqu'à ce que les matières se ramollissent, la scorification la plus complète s'opère en vingt-cinq ou trente minutes, sous la flamme de réduction, dans un creuset d'argile très-évasé et construit dans le charbon. Le culot de plomb séparé des scories se coupelle ensuite au chalumeau en moins de dix minutes.

Pratiqués sur des minerais quartzeux, ces essais, qui sont maintenant d'un usage général dans les usines et les mines de Guadalupe y Calvo, sont d'une exactitude rigoureuse dont j'ai pu me convaincre, en les comparant à plusieurs reprises avec des essais d'un même minerai faits par scorification, ou au creuset; mais quand la gangue contient du sulfate de baryte ou toute autre substance très-peu fusible, l'opération se prolonge et ne se termine qu'en ajoutant des fondants, circonstance qui entraîne souvent des différences importantes.

Ce ne sont pas seulement les minerais et les résidus, ainsi que l'amalgame de cuivre, qui sont soumis à des essais; on en fait aussi vers la fin de chaque opération dans le *patio*, avant d'envoyer la *torta* au lavoir; et ces essais se font de deux façons, soit sur l'amalgame, soit sur le minerai broyé, bien séparé de l'amalgame et bien séché.

Comme on sait quelle est la quantité de mercure versée dans la *torta*, et quelle est la quantité d'argent qu'elle contient, un essai de l'amalgame fait au chalumeau permet d'évaluer promptement quelle est la proportion de son poids que le mer-

cure a recueilli d'argent, et l'on voit s'il y a convenance à continuer ou terminer le travail.

Quant aux essais sur le minerai séparé de l'a-
malgame, la teneur en argent est si minime, qu'il
faut prendre des prises d'essai trop fortes pour
pouvoir employer le chalumeau, et on les passe
sous la moufle du fourneau de coupelle.

Ces détails sur les précautions qu'on emploie
aux usines de Guadalupe y Calvo, prouvent suffisamment combien le traitement métallurgique est
plus avancé dans ce district que dans les autres
ateliers les plus connus et les plus anciens de la
république mexicaine. Le prix excessif de tous les
agents et de la main-d'œuvre semble avoir sur ce
point excité, plus qu'ailleurs, le génie des métallurgistes; non contents d'avoir diminué une grande
partie de la perte du mercure et obtenu un meilleur rendement d'argent, en employant l'amalgame
de cuivre, les directeurs des deux compagnies ont
fait de nombreuses expériences pour économiser
le temps et chercher à perdre encore moins de
mercure. La plus remarquable de ces expériences
est celle que l'on va rapporter et qui a été tentée
pour chercher, sans aucune préparation préalable,
à traiter, dans un baril, le minerai porphyrisé, au
moyen de l'amalgame de cuivre, toujours en employant du sel marin et du sulfate de cuivre.

237 *cargas* de minerai (71,100 livres) soumises

à cette expérience ont été traitées de la même manière. Chaque charge était de 900 livres à la fois, et chaque opération durait vingt-quatre heures. La proportion de sel marin était de 10 p. % du poids du minerai ; celle du sulfate de cuivre 0,0025.

Le cuivre contenu dans l'amalgame représentait en commune 50 p. % du poids de l'argent indiqué par les essais docimastiques.

Le poids du mercure mis dans le baril équivalait aux deux tiers de celui du minerai.

La quantité d'eau était calculée pour former une bouillie convenable, mais dans tous les cas plus liquide que les boues du *patio*.

EXPÉRIENCES.

NUMÉROS.	CARGAS.	LIVRES.	ARGENT CONTENU.	ARGENT OBTENU.	PERTE DE MERCURE par marc d'argent.	
1...........	32 »	9,600	68 marcs.	56 marcs.	8 onces	3/4
2...........	12 »	3,600	19 1/2	19 »	4	1/4
3...........	12 »	3,600	26 »	19 »	3	»
4...........	16 »	4,800	24 »	23 »	13	»
5...........	8 »	2,400	12 »	9 »	2	1/2
6...........	8 »	2,400	12 1/4	9 »	2	1/2
7...........	18 »	5,400	27 »	19 1/2	7	1/2
8...........	9 »	2,700	13 1/4	10 1/2	4	1/2
9...........	33 »	9,900	66 »	55 1/2	5	»
10...........	89 »	26,700	161 »	123 »	6	1/2
	237 »	71,100	429 »	343 1/2		

429 marcs existant d'après essai, ayant fourni 343 marcs et 1/2, le manque équivaut à 20 p. %. La commune de la perte de mercure correspond approximativement à six onces par marc d'argent obtenu.

Pendant le cours de ces expériences, on a observé que la quantité d'eau avait une grande influence sur le rendement d'argent et la perte du mercure. Quand la boue était très-sèche, il y avait grande perte de mercure et bon rendement d'argent; tandis que lorsque la liquidité était trop grande, il y avait peu de perte de mercure, mais aussi un mauvais rendement d'argent.

On a remarqué par des prises d'essai de l'amalgame à diverses époques, qu'au bout de six à sept heures de travail, la majeure partie de l'argent se trouvait déjà unie au mercure, et qu'ensuite ce n'était que fort lentement que le mercure continuait à s'enrichir.

L'irrégularité des résultats, qui, en commune, ont présenté une perte d'argent presque double de celle observée dans le travail du *patio* avec l'amalgame de cuivre, a fait abandonner ces expériences malgré l'avantage de la célérité, de la moindre dépense de mercure, de l'économie des *repasos* du *patio*, qui, à cause du haut prix des fourrages, sont fort coûteux; en compensation de ces dépenses, il faut cependant faire entrer le coût d'une force motrice, et un débours pour le sel marin, double de la dépense de sel dans le *patio*. Cependant, puisque dans quelques-unes des expériences, les résultats ont été excellents, autant pour l'argent que pour le mercure, il est probable qu'en poursuivant ces recherches, on aurait découvert quelles étaient les causes qui faisaient varier les résultats d'une manière aussi sensible. Il faut donc espérer que l'on reprendra ces essais qui pourraient avoir une grande influence, non-seulement sur l'avenir des mines de Guadalupe y Calvo, mais aussi sur celui d'un grand nombre d'autres exploitations dont les minerais ont une composition analogue.

§ VI. TASCO.

Tasco est situé à une hauteur de 1783 ^{m}, suivant M. de Humboldt, à l'O.-S.-O. de Mexico, sur le versant occidental d'une chaîne de montagnes parallèle à celle qui sépare la vallée de Mexico de celle de Cuernavaca, et dont la direction s'accorde avec la grande ligne des Cordillères du Mexique. Le mont *Guisteco* forme le sommet de cette chaîne, et c'est au point où plusieurs arêtes de moindre grandeur s'appuient contre lui en suivant une direction presque à angle droit avec la chaîne principale, qu'est bâtie la ville de Tasco.

Des ravins, dont la profondeur a encore été augmentée par l'écoulement des eaux du *Guisteco*, forment plusieurs vallées entre ces arêtes que les filons traversent généralement dans une direction fort irrégulière.

Ces ravins ont permis d'établir dans presque toutes les mines des galeries (*socabones*), qui ont fourni un écoulement facile aux eaux; du reste, fort peu abondantes. C'est aussi le long de ces gorges que sont établis les ateliers métallurgiques (*haciendas de beneficio*) qui, pendant cinq ou six mois de l'année, utilisent les eaux de la saison des pluies comme force motrice.

GÉOLOGIE. — La roche la plus ancienne qui paraisse au jour, est plutôt un schiste talqueux qu'un micachiste, que M. de Humboldt a supposé reposer sur les granites de Zumpango, qui se montrent sur le chemin de Mexico à Acapulco, à sept ou huit cents mètres plus bas. Dans la galerie de la *Trinidad*, percée postérieurement à la visite du célèbre voyageur, le schiste talqueux recouvre un schiste argileux noir et feuilleté. Les travaux de cette mine n'ayant pas été continués dans cet endroit au-dessous du niveau de la galerie, il est difficile d'apprécier l'épaisseur de cette couche, qu'on

ne trouve nulle part au jour dans les parties inférieures des ravins environnants. Le schiste talqueux
est lui-même recouvert par un schiste argileux grisâtre, parsemé de veines de spath calcaire, et qui
semblerait appartenir à la grawacke. Sur cette roche
reposent des masses énormes de calcaire, que M. de
Humboldt considère comme alpin, et qui, dans de
certaines parties, sont presque en contact avec le
schiste talqueux; la couche du schiste argileux
étant alors presque imperceptible, ce calcaire,
mêlé de parties bleues et blanches près du jour,
est presque entièrement noir dès qu'on le prend à
quelques mètres au-dessous. Ses couches et celles
du schiste argileux ont des inclinaisons très-variées;
celles du calcaire s'approchent même de la perpendiculaire dans quelques points où des porphyres
les dominent et semblent les avoir soulevées. Ce
calcaire est parfois recouvert, dans quelques parties, d'un grès rougeâtre, paraissant résulter des détritus des porphyres, et renfermant dans sa pâte
des morceaux de *pechstein* noirâtre, souvent d'une
grande dimension. Dans d'autres parties, où le calcaire manque, le schiste argileux est recouvert de
couches d'un autre grès rougeâtre, mais beaucoup
plus friable que le premier.

La formation de calcaire renferme une quantité
considérable de grottes qui paraissent communiquer entre elles, au moins pour l'écoulement des

eaux. En 1802, un ruisseau qui fournissait la force motrice de plusieurs *haciendas de beneficio*, disparut et ressortit, quatre jours après, à quelques lieues de distance d'Iguala, à plusieurs centaines de mètres plus bas; dès lors tous ces ateliers furent abandonnés.

La plus remarquable de ces grottes est celle de Cacahuamilpa, qui se trouve à cinq lieues de Tasco, sur le versant oriental du *Guisteco*. Sa largeur est souvent de quatre-vingts mètres, et sa hauteur d'au moins autant. Ce n'est que depuis quelques années que cette merveille a attiré l'attention des habitants, mais encore plus des étrangers. Sa longueur totale n'a point encore été déterminée; elle a cependant été reconnue jusqu'à quatre mille varas (environ 3,500 mètres). L'infiltration des eaux de la montagne, à travers les assises, a formé une masse de stalactites et de stalagmites, qui, en se joignant, présentent les formes les plus bizarres, auxquelles l'imagination des visiteurs trouve assez de ressemblance avec des ornements d'architecture, ou des êtres animés, pour leur en donner le nom.

Le sol de la grotte est formé quelquefois d'une incrustation assez lisse des dépôts des eaux d'infiltration; d'autres fois il est recouvert de sillons et de bassins constamment remplis d'eau, et dont les fonds et les bords rugueux tendent toujours à s'augmenter. Ces bassins, s'élevant en gradins, arrivent dans quelques points jusqu'auprès de la voûte, et réduisent à quelques mètres la distance qui les en sépare. Des quartiers de roches d'un grand volume, détachés de la partie supérieure de la grotte, en recouvrent le sol dans des espaces considérables, et rendent le trajet difficile, sans l'interrompre entièrement. Pendant quatre ou cinq cents mètres on rencontre, depuis l'ouverture, une couche de sable très-fin et peu dur, qui semble provenir d'un dépôt formé par des eaux presque sans mouvement. L'espoir de rencontrer dans cette couche quelques ossements d'animaux, me fit entreprendre des excavations qui ont été sans résultat, l'épaisseur de ce dépôt étant considérable, et ce travail demandant plus de temps et d'autres moyens que ceux dont je pouvais disposer.

A quelques centaines de mètres de cette grotte, une rivière assez puissante pour ne pas être guéable dans le temps des pluies, sort de la même montagne, qu'elle traverse sur un espace d'une lieue et demie, sous une grotte semblable à celle dont il vient d'être question.

Le voisinage de ce courant d'eau considérable ferait aisément supposer que la grotte de Cacahuamilpa était primitivement le passage de cette rivière : des apparences de glissement bien visibles sur la surface de la montagne, près de l'ouverture,

tendent à faire croire qu'un éboulement, en bou-
chant spontanément la sortie de la rivière, l'aura
forcée à s'ouvrir un nouveau passage dans des cavités existantes à un niveau inférieur. Cette sup-
position deviendrait une certitude si, comme l'assurent les personnes qui ont pénétré à quatre mille
varas, ce que la saison des pluies ne m'a pas permis de tenter, on entend à cette distance le bruit
d'un courant d'eau considérable. Cependant j'ai
vainement cherché des cailloux roulés et des traces
d'érosion sur les parois de la roche; circonstances
qui sembleraient devoir forcément résulter du cours
prolongé d'une rivière ayant une pente rapide et
qui, dans les grandes crues, entraîne aujourd'hui
des blocs provenant de roches dont les gisements
sont fort éloignés.

Le calcaire des parties intérieures de la grotte
est identique avec celui des environs. Malgré tout
mon désir d'y rencontrer quelques débris organiques, je n'ai pu en découvrir aucun dans les assises de la roche qui, dans plusieurs endroits, sont
parfaitement lisses et dépourvues d'incrustations,
de manière à permettre d'en examiner la nature et
la stratification. J'ai été plus heureux à l'extérieur,
et, dans le chemin de Tasco à Cacahuamilpa, dans
une gorge formée par deux collines très-élevées et
que l'on nomme *las Bocas,* j'ai trouvé une quantité
considérable de fossiles qui serviront, je l'espère,

par les échantillons que j'ai recueillis, à déterminer d'une manière précise l'âge de ce calcaire.

Les filons argentifères de Tasco traversent à la fois le calcaire, le schiste argileux et le schiste talqueux. C'est dans la formation intermédiaire que se sont trouvées les plus grandes richesses, et les travaux dans le schiste talqueux, pour les mêmes filons, ont été beaucoup moins fructueux.

La gangue est le quartz laiteux mélangé en forte proportion de chaux carbonatée. La pyrite cuivreuse est rare; la pyrite blanche et hépatique y abonde, ainsi que la galène, souvent antimoniale; mais le sulfure le plus abondant est la blende blonde, qui se trouve en quantité vraiment surprenante.

Le quartz en cristaux est fort abondant dans les mines de la montagne de *Tehuilotepec* (ce qui signifie en mexicain *montagne des cristaux*). J'y ai observé la *bustamite* et plusieurs autres combinaisons du manganèse.

L'argent est rarement à l'état natif, plutôt mélangé avec la galène, et à l'état d'argent rouge ou d'argent sulfuré-antimonié noir.

La décomposition des divers sulfures métalliques a produit, par le contact des eaux avec le calcaire, des infiltrations de sulfate de chaux qu'on peut observer aisément sur les parois des galeries. C'est probablement par ces infiltrations qu'auront été produits ces cristaux de sélénite transparents qui, dans les mines de Tasco, renferment, dans l'intérieur, des dendrites ou des rameaux d'argent natif, et dont le cabinet de l'école des mines de Mexico possède quelques échantillons remarquables.

La largeur des filons varie de un à trois mètres; leur inclinaison est très-variable, et les parties métalliques, au lieu d'être distribuées dans la masse de la gangue, se trouvent plutôt rassemblées dans une seule veine, ce qui rend le triage du minerai plus facile, en permettant de séparer aisément les parties pauvres de la gangue. Dans les mines de Juliantla, la grande richesse s'est trouvée près du jour, au point de jonction du schiste argileux avec le calcaire, comme si une injection métallique s'était répandue à la surface du sol. Il y a environ cinquante ans qu'un Indien, en faisant du charbon, découvrit des filets d'argent sur le sol où il avait établi son fourneau. Ayant recueilli quelques-unes de ces pierres, il en fit faire l'essai dans un atelier voisin; et ce fut l'origine des travaux d'une mine qui, exploitée à peu de profondeur et sans discernement, a donné plusieurs millions et n'a pas tardé à s'ébouler, sans que l'on sache aujourd'hui s'il existait dans les parties inférieures des filons dignes d'être exploités. Plusieurs puits ont été creusés dans les environs de ce point, sans rencontrer de filons. On fait aujourd'hui une nouvelle tentative en suivant à une profondeur de vingt mètres un filon qui a été découvert à la surface du sol, dans le calcaire, et qui se dirige vers le schiste argileux.

TRAITEMENT MÉTALLURGIQUE. — La présence de la blende et des autres sulfures métalliques dans les minerais de Tasco en rend le traitement peut-être plus difficile qu'aucune autre espèce des mines du Mexique. De cette difficulté même il est résulté, dans le traitement par le mercure, quelques variations qui ne sont presque plus usitées aujourd'hui nulle part ailleurs au Mexique, quoique semblant se rapprocher de la voie que la théorie signale comme la meilleure.

Le minerai choisi (*pepenado*) à la sortie de la mine, est transporté, à dos de mulets, dans une des *haciendas de beneficio* situées, pour la plupart, au fond des ravins, à deux ou trois lieues de Tasco.

La trituration se fait au moyen de bocards mus par une roue hydraulique, de manière que les pilons donnent de trente-cinq à cinquante coups par minute. Le minerai broyé rencontre d'abord un cuir percé de trous, puis un tambour en toile métallique beaucoup plus fine, ne laissant passer que la poussière qui a acquis la finesse jugée nécessaire; les parties plus grosses sont sans cesse rejetées sous les pilons par les ouvriers.

Chaque *hacienda* possède, en outre, une ou deux

grandes *arrastras*, aussi à mouvement hydraulique, mais dont on fait rarement usage, la farine que donnent les pilons ayant une finesse qui, sans être égale à celle des *arrastras* de Guanaxuato, est cependant supérieure à celle de Zacatecas.

Le minerai, contenant de la blende en abondance, est introduit après la trituration dans un four à réverbère, muni d'une grille garnie de soles des deux côtés; la fumée se rend dans une cheminée placée à l'extrémité de la grille, et la combustion est assez vive pour élever suffisamment la température du fourneau, et dégager, à l'état d'acide sulfureux, une assez grande partie du soufre des divers sulfures métalliques contenus dans le minerai, qui est étendu sur une épaisseur de deux décimètres, et qu'on a soin de remuer avec des *spadelles* en fer. Vingt-huit quintaux ($1,228^k$) se grillent en cinq heures, avec quatre à six quintaux (de 184 à 276^k) de bois.

Le minerai grillé est ensuite mélangé avec 4 et 1/2 p. % de sel marin et 2 et 1/2 p. % de *magistral*, auquel on ajoute la quantité d'eau nécessaire pour donner à la boue le degré de consistance ordinaire pour l'amalgamation.

Ces mélanges ne se font point à découvert comme dans les *haciendas* de Guanaxuato et Zacatecas, mais sous des hangars couverts et fermés. Après quarante-huit heures et plusieurs *repasos*, on met le mercure, et, quatre jours après, la *torta* a *rendido*. La perte du mercure se calcule en commune à une livre pour chaque marc d'argent obtenu.

Le coût du *beneficio* de minerai non grillé peut s'établir comme suit pour cent quintaux, pour un rendement de 3o marcs pour 100 quintaux (4,6oo^k.) = 0,001 5.

```
Trituration (molienda), à 18 piast. 6 rx. les 100
    quintaux.....................................    18 piast. 6 rx
Frais de repaso, de lavage et d'évaporation.....     8          »
45o livres de sel à 3 piastres
    le quintal.............. 13 piast. 4 rx.
25o liv. de magistral, à 3 pias-
    tres 4 réaux le quintal.....  8        6
 3o liv. de mercure, à 13o pias-
tres le quintal............... 3g          »
                             ___________________
Valeur des ingrédients........ 61 piast. 2 rx.   ⎫
Sur lesquels le propriétaire de                  ⎬  68 piast. 4 rx. 1/2
    l'Hacienda prend pour son                    ⎪
    entretien 12 p. 100........  7 piast. 2 rx 1/2⎭
100 quintaux minerai non grillé coûtent..........  95       2      1/2
En ajoutant pour le grillage, environ............   4       5      1/2
                                                   __________________
On a pour 100 quintaux, minerai grillé..........  100 piast. »
Ou une piastre pour 100 livres.
```

Le coût d'extraction du minerai (celui de la mine du *Milagro*) se calcule aujourd'hui pour la *carga* de 3oo livres (138^k) comme suit :

Piastres. 1 rx. 4 au *barretero et peon*.
    »   5 pour une livre de poudre.
    »   7 pour cordes, lumières, surveillants, choisir le mine-
           rai et frais généraux.
____

Piastres. 3   »
    »   2 Transport de la mine aux *haciendas*.
____

Piastres. 3   2 pour 300 livres = pour 100 quint. à   108 p. 33 rx
Ce minerai rendant au moins 30 marcs pour 100 quintaux,
les frais de *beneficio* s'élèvent à...................   100   »
____

                                             208 p. 33 rx.

Ce qui établit le marc d'argent à 6 piastres 94 centièmes.

Quand le minerai ne contient que 25 marcs, le prix d'extraction et les frais fixes de *beneficio* restant les mêmes, le marc revient à 8 piastres.

Au-dessous de cette richesse de 25 marcs, le propriétaire de mine et d'*hacienda* ne trouve plus convenance à exploiter.

§ VII. RAMOS.

L'élévation de Ramos au-dessus du niveau de la mer est, d'après M. Burkart, de 2,519 varas (2,136 mètres); cette ville est située à dix-huit lieues E. de Zacatecas, et à huit lieues des salines du *Peñon Blanco*.

Des demandes adressées au vice-roi de Mexico

pour du mercure destiné à des minerais de Ramos, et datées de 1604 à 1608, sont les données les plus reculées que l'on possède sur ces mines, qui semblent n'avoir eu qu'une importance fort secondaire jusqu'en 1796, date du commencement des travaux de la mine de *Cocinera*, dont la découverte paraît être due à des fragments d'argent réduits dans l'âtre d'une cuisine qui se trouvait située sur le filon.

GÉOLOGIE. — Le calcaire récent du Mexique recouvre presque toute la surface du pays environnant; seulement, près de Ramos, on voit à découvert plusieurs roches porphyriques. A une demi-lieue au nord se trouve le mamelon de la Cantera, et à une lieue au sud les collines de Zamora qui sont plus élevées. Ces deux intumescences, qui sont les seules un peu considérables, sont formées de lave trachytique dont des traînées assez minces, de moins d'un mètre, et recouvertes sur quelques points par le calcaire récent, et surmontant d'autres lits de roches volcaniques, arrivent jusque sur le filon argentifère dont la roche encaissante est un schiste argileux vert bleuâtre, qui devient noir à une grande profondeur, et se rapproche assez de la roche du grand filon de Guanaxuato.

La veine n'a guère plus d'une vara de largeur. Ce n'est qu'à 90 varas (74^m,37), que sa richesse a commencé à acquérir une grande importance, qui a continué jusqu'à une profondeur de 400 varas (339,ᵐ200), point le plus inférieur qu'aient atteint les travaux.

La direction du filon est au N. 30° O.; l'inclinaison, qui est de 5 à 6° vers l'est, à la surface du sol, passe à l'ouest à une certaine profondeur, pour retourner à l'est encore une fois, de sorte que le puits percé à 6 varas (5ᵐ,08) à l'est du filon, l'a traversé d'abord à 140 varas (117ᵐ,72), puis à 320 varas (271ᵐ,34) de profondeur.

La gangue est un mélange de quartz, de chaux sulfatée et d'argile teinte en bleu et en vert par des carbonates de cuivre. L'argent se trouve à l'état natif, sulfuré et sulfuré-antimonié rouge et noir, mais accompagné de cuivres gris et panachés fort riches en argent. La décomposition des sulfures métalliques a été complète jusqu'à 20 ou 25 varas (16ᵐ,96 à 21ᵐ,20), et là finissent les *colorados* qui renferment en assez forte quantité l'argent vert (bromure d'argent).

Le filon a été exploité sur une longueur de 1,800 varas (1,524ᵐ,40), en neuf concessions différentes, dont la *Cocinera* occupe le milieu; il s'est trouvé, vers les extrémités, beaucoup moins riche en argent, et, vers le nord, il se compose presque entièrement de cuivre pyriteux.

TRAITEMENT MÉTALLURGIQUE. — Les minerais de Ramos font, par leur richesse en argent, une exception à la généralité de ceux du Mexique, plus remarquables par une grande abondance que par une grande proportion d'argent. Il s'est trouvé dans les parties riches de la mine de la *Cocinera*, du minerai qui, placé tel qu'il sortait du puits dans un four à coupelle, sur un bain de plomb du double de son poids, rendait depuis 10 jusqu'à 13 onces d'argent par livre, quand c'était de l'argent sulfuré ; de 8 à 10, quand c'était de l'argent sulfuré-antimonié rouge ; et de 5 à 6 onces, quand ces deux espèces étaient mêlées de cuivre gris. Le reste du minerai destiné à l'amalgamation se divisait en trois classes :

Minerai de 50 à 60 marcs par *carga* de 300 livres	=	0,0833 à 0,1000
dito de 15 à 20 »	=	0,0250 à 0,0333
dito de 8 à 10 »	=	0,0133 à 0,0166

L'exploitation de ce riche filon produisit, de 1798 à 1807, plus de 18,000,000 de piastres, et fut d'autant plus avantageuse, que le minerai, en outre de sa richesse, offrait encore d'immenses avantages pour son traitement. Son peu de dureté rendait souvent le bocardage inutile, et permettait de passer des quantités plus considérables aux *arrastras* dans un même temps. Les résidus d'amalgamation, contenant des proportions considérables d'oxydes de cuivre, fournissaient, par un simple grillage avec des pyrites de fer, un *magistral* très-énergique, sans que la perte de mercure se soit jamais élevée à plus de douze à quatorze onces par marc d'argent produit. Le traitement du *patio* se terminait en huit et douze jours, et son coût, sans le mercure, ne dépassait pas 8 piastres 4 réaux par *monton* de 2,000 livres, attendu que le voisinage des salines permettait d'employer le *saltierra* au bas prix de piastre 0,31 les 100 livres (46ᵏ).

Toute cette richesse a été extraite presque en entier, en ligne droite et sur une seule veine; cependant à l'est de celle-ci, et à 12 varas (10ᵐ76) de distance, se trouve un filon qui semble être un rameau du premier, et par sa direction se joindre avec celui-ci vers le sud. On le nomme *Buen-Suceso;* il fut aussi travaillé avant 1810, et produisit également du minerai fort riche.

La guerre de l'Indépendance fit abandonner les travaux, qui ne furent repris que vers 1822, par une compagnie, dont le principal actionnaire fut le marquis de Guadalupe, propriétaire de fermes considérables, assez voisines pour que la suspension des travaux de Ramos eût une influence fâcheuse sur le placement de ses récoltes. L'épuisement des eaux de *Cocinera*, qui, étant le point le plus bas, reçoit celles de presque toute la veine, se fit en moins d'un an, au moyen de 4 tambours (*malacates*), et deux suffirent ensuite pour maintenir le tout à sec, et permettre de forer un puits de

34 varas (28^m83) au-dessous du fonds du *tiro* principal, qui arrivait à 362 varas (3o6^m97). Soit que la richesse du minerai fût moins grande à cette profondeur, soit que le travail de quelques parties élevées de la mine encore intactes parût devoir offrir un résultat plus prompt, le forage du puits fut abandonné et on laissa remonter l'eau. Environ 5o,ooo marcs d'argent furent extraits par cette compagnie, qui finit par abandonner la mine. Elle est envahie aujourd'hui par les eaux depuis une profondeur de 22 varas (18^m,656), à partir de la bouche du puits.

Depuis lors, les travaux de Ramos peuvent être considérés comme nuls; ceux qui s'exécutent aujourd'hui dans le sud de la veine, sur les concessions de *S. Caietano*, étant de peu d'importance.

On a peine à concevoir comment, dans l'exploitation d'un filon aussi riche, on n'ait pas consacré quelques fonds à plusieurs galeries de reconnaissance (*cruceros*), poussées à l'est et à l'ouest de la veine, et, pour mieux dire, dans deux sens perpendiculaires à celle-ci, ce qui aurait probablement fait découvrir d'autres veines parallèles à celle de *Cocinera*; il est probable que si les formations calcaires et volcaniques qui recouvrent la surface du sol empêchent d'apercevoir des indices d'autres veines, celles-ci peuvent néanmoins exister au-dessous. Cependant, si les renseignements recueillis sur les lieux sont exacts, il paraît qu'à l'exception d'une galerie exécutée, à l'est de *Cocinera*, sur une longueur de 200 varas (186^m56), et qui n'a coupé que des filons trop pauvres pour être exploités, aucun autre ouvrage n'a été exécuté dans une direction différente de celle du filon.

La richesse du minerai et la facilité du traitement ont motivé plus de 8 millions de piastres de bénéfice aux principaux mineurs de Ramos, particulièrement à la famille de la Rosa, qui a déployé, dans les constructions de la mine et de *l'hacienda de Cocinera*, un luxe de solidité dont les Espagnols ont toujours été prodigues. Ces bâtiments, au reste, bien distribués sous le rapport de la commodité, peuvent occuper le premier rang dans les constructions de ce genre au Mexique.

§ VIII. SOMBRERETE.

Ce district, situé à environ 40 lieues dans le N.-N.-O de Zacatecas, sur la route de Durango, semble, d'après les grands bouleversements qu'il est facile d'apercevoir sur les montagnes qui forment la vallée où la ville est placée, devoir offrir pour l'exploitation des mines, un avenir aussi brillant peut-être que Guanaxuato et Zacatecas. Les mêmes porphyres qui dominent ces deux villes, surgissent à l'entour de Sombrerete, et touchent un monticule de calcaire analogue à celui de Tasco et de Catorce, reposant lui-même sur une masse considérable de schiste argileux grisâtre au jour, mais d'une couleur plus foncée à une certaine profondeur. Ce monticule, d'une élévation moindre de 150 mètres, appelé le *Cerro de Pavillon*, est traversé par le célèbre filon de ce même nom et par celui de *Veta negra*. La direction de ces filons, comme celle de toutes les veines principales du Mexique, est voisine de N.-O. La gangue est du quartz ayant rarement plus d'un mètre d'épaisseur dans les parties qui ont fourni les plus grandes richesses, et se divisant souvent en petits filets de quelques centimètres, dont le centre renferme des pyrites de fer mêlées d'une proportion très-considérable d'argent rouge.

D'autres filons plus puissants (ceux de la *Cañada*), encore plus pyriteux, mais bien moins riches en argent, suivent une ligne parallèle à ceux du *Cerro de Pavillon*, et ont été exploités sur un grand espace, près du point de contact des roches calcaires et schisteuses avec les porphyres.

Tous les minerais des environs de Sombrerete renferment une masse considérable de sulfures métalliques, ce qui les a toujours fait considérer comme peu propres au traitement par le mercure, d'autant plus que leur richesse, en général plus considérable que dans les autres districts, permettait de couvrir les frais de la fonte, ce qui a été et est encore le traitement spécial de Sombrerete, où il est plus perfectionné que dans les autres districts.

Cependant, au temps de la célèbre *bonanza* du *Cerro de Pavillon*, la famille Fagoaga fit construire un immense atelier d'amalgamation, abandonné aujourd'hui, mais dont les ruines annoncent les vastes proportions.

La principale richesse des mines de Sombrerete a été fournie dans les dernières années du siècle passé, par l'exploitation d'un filon quartzeux, d'un peu moins d'un mètre de largeur, mais contenant une proportion considérable de son poids d'argent rouge. Il fut découvert au moment où l'on songeait à abandonner les travaux du *Cerro de Pavillon*, qui, depuis longtemps infructueux, étaient continués par le directeur de la mine, en opposition formelle avec les ordres des propriétaires qui habitaient Mexico. En quinze mois, on pratiqua l'extraction d'une quantité de minerai, dont le traitement métallurgique demanda plusieurs années, et fournit une somme de 19 millions de piastres, dont 11 millions restèrent nets de frais, aux divers propriétaires.

Les travaux du *Cerro de Pavillon*, inondés peudant la guerre de l'Indépendance, furent repris et desséchés par une des associations anglaises, la Compagnie-Unie, qui en tira une valeur de quelques millions de piastres, de 1826 à 1830, et ne voulut pas poursuivre cette exploitation; elle fut continuée par le célèbre Anitua, principal mineur des districts du nord, qui, fatigué de la conduite de quelques habitants de Sombrerete à son égard, se décida à laisser monter l'eau dans les puits, et à renoncer à cette exploitation pour prendre la direction de la compagnie du Fresnillo.

Depuis lors, ces travaux se bornent à quelques exploitations peu importantes dans la partie haute que les eaux n'ont pas atteinte, et qui se pratiquent, ou sur quelques petits massifs oubliés par les anciens exploitants, ou sur des filons extrêmement minces que l'on travaille à *partido*.

A moins de deux lieues dans le nord se trouvent les exploitations de la *Noria* et quelques autres mines nouvelles, fournissant quelques minerais quartzeux avec argent rouge, mais principalement des minerais dans lesquels la galène domine au point de rendre leur réduction par voie sèche très-profitable.

Ces diverses exploitations réunies, fournissent encore chaque année, une valeur d'argent de 350,000 piastres, qui va se monnayer à Zacatecas.

De tous les anciens districts, Tasco et Sombrerete sont les deux points où l'instabilité des fortunes acquises dans les mines apparaît plus clairement. Cependant ces deux districts, si on en juge par leur horizon géognostique, n'ont probablement fourni qu'une bien faible partie de l'argent contenu dans leurs montagnes; mais le manque absolu de capitaux, dont j'ai plusieurs fois signalé la funeste influence sur l'industrie minière du Mexique, explique suffisamment l'état d'abandon de ces gisements importants.

§ IX. NIEVES.

Nieves est un petit village à 15 lieues à l'est de Sombrerete, où l'on réduit par la fonte des minerais de diverses natures, mais généralement plutôt chargés de sulfures métalliques que de gangue quartzeuse. La galène s'y trouvant dans une proportion considérable, et la population, peu nombreuse dans les environs, ayant laissé exister des arbustes qui recouvrent à une grande distance toutes les collines voisines, la fonte s'exécute à Nieves au bas prix de 4 piastres pour 300 livres de minerai (138[k]).

Un grand nombre de filons argentifères se montrent tout à l'entour de la ville, et traversent un calcaire qui a assez d'analogie avec celui de Sombrerete. Le terrain peu accidenté semble se prêter beaucoup à l'infiltration des eaux qui abondent à quelques mètres au-dessous du sol; obstacle qui, sans doute, a dégoûté de toute entreprise considérable. L'exploitation la plus importante, et presque la seule qui fournisse du minerai, est celle d'un filon très-plombeux, contenant 0,003 d'argent et d'une vara ($0^m,848$) de largeur, qui jusqu'à présent n'a été exploité que sur une profondeur d'environ 100 mètres. Ce filon, dont l'inclinaison est toujours voisine de la perpendiculaire, présente une ressemblance avec celui de Ramos, en paraissant, à une certaine profondeur, revenir dans un sens opposé à celui de son inclinaison.

Le produit de Nieves n'arrive pas à une valeur de 200,000 piastres par année, et on le dirige sur Zacatecas.

Dans l'argent de Sombrerete, ainsi que dans celui de Nieves, on trouve un peu d'or qui se mêle dans l'ensemble des piastres frappées à la monnaie de Zacatecas.

§ X. CHARCAS.

A quinze lieues de Catorce, sur la route de S. Luis Potosi, se trouve la petite ville de Charcas, près de quelques mines découvertes en 1574, mais qui n'ont jamais été exploitées sur une très-grande échelle, et seulement à une profondeur modérée, ne dépassant pas dans les principaux puits, à *Afligidos* et au *tiro general*, 140 à 147 varas (118^m,72 à 124^m,45).

La roche encaissante de ces filons est un calcaire qui a la plus grande ressemblance avec celui de Catorce. La hauteur de la zone des *colorados* est entre 50 et 60 varas (42^m,40 à 50^m,88). Le minerai *negro* contient peu de quartz, et se compose de blende, galène et pyrites; il est fort abondant, et les filons atteignent jusqu'à cinq mètres de largeur. C'est dans une des mines de Charcas, au point appelé *Cielo de S. Nicolas,* que l'on a trouvé une assez grande abondance de feuilles d'argent natif très-minces, qui se présentent dans presque tous les clivages de la gangue talqueuse qui les renferme; elle est tellement molle que l'on a craint de continuer sur ce point les travaux, d'autant plus que ce minerai est, après tout, plus curieux que riche en argent.

La teneur ordinaire des exploitations a varié entre 0,0015 et 0,0025; il existe des quantités de minerais abandonnés dont la teneur est 0,001, mais qui ne peuvent couvrir les frais de traitement.

Les minerais de Charcas seraient appelés à jouer un grand rôle dans la production, si le traitement des combinaisons du plomb et de la blende venait à recevoir les modifications nécessaires pour céder l'argent au mercure avec facilité et sans perte de ce dernier métal. Le combustible, sans être absolument rare dans ce moment aux environs, le deviendrait bientôt et serait insuffisant pour une exploitation importante qui nécessiterait l'emploi du bois; il faudrait donc, pour *Charcas*, songer toujours à la voie humide. Ce district présente plus qu'aucun autre des avantages pour le prix très-modéré de la main-d'œuvre et de l'entretien des animaux. Ces dépenses y seraient de 2/3 moins fortes qu'à Guanaxuato ou à Zacatecas, par suite de la position de la ville au milieu de plaines très-fertiles en céréales, et voisines des vastes déserts du Nord, où l'agriculture se borne presque à élever des bestiaux.

Par le procédé actuel d'amalgamation, même en décomposant un peu les sulfures par un grillage préalable, ces minerais, chargés de blende, donnent de pauvres résultats, en détruisant un poids de mercure triple de celui de l'argent obtenu (24 onces pour un marc). Aussi la valeur de 3o à 40,000 piastres par année que fournissent actuellement les mines de Charcas, provient-elle du traitement par la fonte du minerai choisi d'abord avec soin à la main, et quelquefois concentré au lavage.

La fonte revient à très-bon marché, si on la compare à son coût dans d'autres districts; la galène du minerai compense la perte de litharge qui est importante à la coupellation; on l'exécute au *galeme* par lingots de plomb d'œuvre de 45 livres chacun (20^k 70), qui s'affinent en une heure, et donnent un bouton d'argent de 2 et 1/2 à 3 onces (72 gr. à 86 gr.). La fonte s'exécute dans un *four castillan* qui ne réduit que 6oo livres (276^k) de minerai par vingt-quatre heures.

Une compagnie formée en 1838, à S. Luis Potosi, pour l'exploitation des mines de Charchas, a dépensé un capital de 70,000 piastres en frais d'épuisement, et surtout dans des ouvrages souterrains poussés dans le but de couper un des filons à une certaine profondeur. Ce travail semble bien raisonné; malheureusement, avant d'être terminé, son coût a dépassé les ressources financières de la compagnie. Dès lors l'abandon de ces mines a permis aux eaux de s'élever à un tel point qu'on n'exploite plus aujourd'hui que les parties hautes, et l'extraction se fait par les ouvriers pour leur propre compte et sans aucune marche régulière. Une *carga* de 3oo livres (138^k) de minerai ayant o,oo25 d'argent, vaut de deux piastres 1/4 à deux piastres 1/2.

§ XI. ANGELES, LA BLANCA, OJO CALIENTE.

Entre Zacatecas et les salines du *Peñon blanco* se trouvent trois districts de mines, qui, jusqu'à présent, n'ont donné lieu qu'à de très-petites exploitations. Le principal est celui d'*Angeles,* dont le minerai renferme de la galène et une grande abondance de pyrite arsenicale. On en traite la partie la plus riche par la fonte, et la plus pauvre par l'amalgamation; mais on fait précéder ces deux traitements d'un lavage à la *planilla* sur le minerai en gros sable, et d'un grillage pratiqué dans des fours à *magistral,* chauffés avec du bois de palmier : le dégagement du sulfure d'arsenic est immense pendant cette opération ; les parois de toutes les ouvertures des fourneaux en sont recouvertes ; et, quoique les fours soient construits en plein air, on a peine à concevoir comment les ouvriers peuvent respirer sans danger au milieu de ces vapeurs délétères.

Le traitement au *patio* marche assez vite et cause une très-forte perte de mercure. Il ne m'a pas été possible, au milieu de la confusion de ces traitements, d'en établir le coût et les proportions de rendement comparées aux essais docimastiques.

Dans les environs de la petite ville de Ojo caliente et du village de la Blanca, les schistes argileux à filets de quartz blanc se montrent souvent au jour à côté des porphyres. Sur plusieurs points on a pratiqué des exploitations dont les minerais n'ont jamais contenu beaucoup d'argent; ceux de la Blanca, dans la région des *colorados*, sont concentrés à la *planilla*; le schlich renfermant beaucoup d'argent vert se traite au *cazo*; le schlamm, dans lequel dominent des combinaisons de plomb jaunâtre, est traité au *patio*. A Ojo caliente, les minerais sont quartzeux, les pyrites et la galène peu abondantes; ils ressemblent assez à ceux de Guanaxuato; on les travaille par l'amalgamation à froid, rarement par la fonte, quoiqu'il existe à Ojo caliente plusieurs grandes *haciendas* munies de *fours castillans*, et construites à une autre époque pour traiter une partie des minerais de Ramos.

Ces trois districts fournissent ensemble à peine une valeur de 80,000 piastres d'argent, qui se dirige sur Zacatecas pour y être essayé et monnayé, résultat fort médiocre et qui m'aurait engagé à ne point parler de ces exploitations, si leur assemblage sur un petit espace ne fournissait pas la meilleure preuve de l'abondance inouïe des gîtes argentifères sur plusieurs points de la république mexicaine.

Après avoir parlé des puits de Guanaxuato, des galeries de Catorce, des machines à vapeur, du vaste atelier métallurgique du Fresnillo, de la savante exploitation et du perfectionnement de l'amalgamation à Guadalupe y Calvo, il resterait peu de faits nouveaux à citer en décrivant les mines de Pachuca, berceau de l'amalgamation mexicaine, ou celles de Real del monte, dont la richesse permettait à ses propriétaires d'offrir au roi d'Espagne des vaisseaux de haut bord. Une histoire complète des mines du Mexique devrait aussi réserver une place aux districts de Oaxaca, d'Agangueo, Zacualpan, Sultepec, Tepantitlan, et ne saurait passer sous silence les minerais plombeux de Zimapan, aussi remarquables par leur abondance que par diverses combinaisons minéralogiques curieuses comme le vanadate de plomb; elle devrait surtout s'étendre longuement sur les richesses de la Sonora et du département de Chihuahua, contrées peu connues aujourd'hui; mais désireux de me restreindre à ce que j'ai visité et étudié moi-même, je borne ici ces descriptions, les croyant suffisantes pour atteindre le but que je me suis proposé.

CHAPITRE V.

DU COUT ET DES VARIATIONS PROBABLES DE LA PRODUCTION.

Sans pouvoir fournir un chiffre moyen d'une exactitude rigoureuse, les calculs sur le coût actuel de la production de l'argent, dans les principaux districts décrits dans le chapitre précédent, sont néanmoins suffisants pour évaluer en commune la dépense nécessaire pour obtenir un poids donné d'argent; mais on doit borner cette évaluation approximative au traitement principal, celui de l'amalgamation à froid, en ne considérant que comme des causes de diminution dans le coût de l'extraction du minerai, la valeur de l'or et les quantités d'argent obtenues à moins de frais par l'amalgamation à chaud ou la fonte, lorsque le minerai, par sa composition minéralogique ou sa richesse, peut être soumis à l'un de ces deux traitements.

Le coût de l'or que produit le Mexique ne saurait être évalué isolément : jusqu'à présent, la plus grande partie de la production de ce métal est le résultat d'une opération métallurgique (le départ), qui complète le traitement du minerai d'argent. Il faut cependant observer que ce complément, au lieu d'être une augmentation de débours, est un dégrèvement des frais de l'opération principale; l'or jouant ici un rôle analogue à celui du plomb, que l'on voit, dans certaines galènes riches en argent, celles de Pontgibaud par exemple, représenter une valeur inférieure à celle de ce dernier métal, qui est, dans le fait, le but principal de l'extraction et de la réduction du minerai.

D'après ce qui précède, on conçoit qu'à l'époque actuelle, les chances de variations dans la production de l'or et de l'argent peuvent être examinées sans isoler ces deux métaux l'un de l'autre; mais, si l'on considère cette question dans un avenir éloigné, il faut partager cet examen. Aujourd'hui, la proportion de l'or, produit par le lavage, est assez faible au Mexique : on la verrait probablement devenir très-importante, si les parties

N.-O. de la république étaient dans un état de civilisation plus avancée. Ce qui se passe en Sibérie
depuis quelques années peut faire présager le développement dont serait susceptible la production
de l'or, dans le département de Sonora, si l'on pouvait, comme en Russie, disposer d'un grand nombre de bras. Afin de motiver cette assertion, je pla-
cerai ici un court résumé des observations pleines
d'intérêt que renferme l'ouvrage que vient de publier M. de Humboldt sur l'Asie centrale ; car les
recherches de ce savant sur les métaux précieux
semblent l'occuper aussi constamment que l'étude
des roches sur tous les points du globe, et l'on peut
dire que désormais les Cordillères du Mexique se
trouvent liées par un même nom aux chaînes de
l'Oural et de l'Altaï.

Malgré la distance immense qui sépare cette
partie de l'Amérique de l'Asie centrale, ce sont les
mêmes roches qui renferment les métaux précieux ;
seulement celles de l'Altaï présentent une analogie
plus marquée avec celles que l'on retrouve à l'est
de Mexico, tandis que les roches de l'Oural sont
plus identiques avec celles que l'on peut observer
sur toute la longue ligne métallifère que j'ai si-
gnalée sur la carte du Mexique ; de telle sorte
qu'il n'y a de différence saillante dans ces deux
grands dépôts de richesses métalliques, que la présence, en Russie, dans la roche encaissante, de fi-

lons de granite, traversés par les filets de quartz aurifère, tandis que je ne pense pas qu'au Mexique on ait vu le quartz, qui est la gangue la plus habituelle de l'argent, et surtout de l'or, accompagner ou traverser des *dykes* granitiques.

En Asie, comme en Amérique, les mines d'or proprement dites ne sont point un travail fructueux, et les exploitations de mines *en roche* ont été abandonnées. Pour que la recherche de l'or soit profitable, il faut que la nature se soit elle-même chargée du travail du mineur, on peut presque dire du métallurgiste, en brisant en petits fragments la roche encaissante et la gangue des affleurements des filons aurifères, et en exécutant cette trituration sur place, avec le secours de cette puissance formidable qui a motivé des commotions volcaniques, à la suite du cataclysme auquel on doit rapporter le soulèvement de la chaîne principale. C'est à l'aide de cette hypothèse, et en s'appuyant sur des observations dont les détails ne sauraient trouver place ici, que l'illustre géologue explique la composition et la formation des sables aurifères qui, en Sibérie, ont dejà fourni, par le simple lavage, des quantités d'or considérables, et dont le chiffre augmente depuis quelques années dans une proportion surprenante.

Ces dépôts de sables aurifères, qui, par la forme que conservent les minéraux qui les composent, semblent avoir été transportés par des courants peu violents, se trouvent, à différentes distances, sur un espace compris entre le 48° et le 61° de latitude, et sur une largeur comprenant 37° de longitude; mais la zone la plus riche semble, à la latitude de 55°, s'étendre entre les 83° et 93° de longitude. Ces alluvions reposent sur des roches de diverses espèces, dans lesquelles on n'a pas observé de filons, sur les points recouverts par ces atterrissements; les dimensions de ces couches sont très-variables et forment, en général, des zones oblongues, dont le rapport de la largeur à la longueur dans les grandes alluvions (dans celles qui excèdent 250 toises) est comme 1 : 20; dans les plus courtes, comme 1 : 12. La puissance moyenne des couches aurifères de l'Oural, ayant de 0,000001 à 0,000006 de richesse, varie de 3 et 1/2 à 5 pieds. Comme généralement les fouilles n'exigent que 10 à 15 pieds de profondeur, on les pratique à ciel ouvert.

La couche qui mérite d'être exploitée ne forme constamment qu'une faible partie de l'atterrissement total; cette couche se trouve soit immédiatement au-dessous de la surface du sol, même adhérente aux racines des graminées et des plantes aquatiques, soit couverte de tourbes; d'autres fois, elle occupe le milieu de l'atterrissement total, et se trouve séparée, de la manière la plus tranchée, des *strates* supérieurs et inférieurs qui sont dépourvus de métaux. Un des caractères les plus importants de ces terrains est le mélange d'ossements fossiles d'anciens pachydermes et de sables d'or. Les principales espèces minérales que renferment ces alluvions, soit en cristaux, soit en grains amorphes ou en lames, sont l'or, le platine, l'iridium, l'osmium, le cuivre, les diamants, le fer oligiste, oxydulé, chromité, titané, les pyrites, le rutile et l'anatase, le cinabre, la malachite, les grenats, la zircone, le corindon bleu, le quartz.

C'est à la date de 1771 et 1775 que remontent les exploitations par lavage ; mais elles ne commencèrent à avoir quelque importance qu'à une époque bien plus récente, puisque, pendant l'année 1816, tout l'Oural ne fournissait que 5 pouds 35 livres, soit 97 kilog. d'or tiré des sables aurifères. Le produit de 1810 à 1823 fut de 40 pouds ou 655 kilog., tandis que, dans les douze ans compris entre 1827 et 1838, le produit total de l'or, livré à la monnaie de Saint-Pétersbourg, provenant des usines de l'Oural et de Sibérie, a été de 4,438 pouds ou 72,694 kilog.; enfin cette même quantité est évaluée, pour 1842 seulement, à 970 pouds ou 15,889 kilog. La teneur moyenne de cet or sortant des lavages est de 88 p. % d'or pur et de 9 p. % d'argent.

La richesse moyenne de ces sables, en 1829, correspondait au plus à 1 zolotnic pour 100 pouds, soit à 0,000002 de la masse. On y a découvert, à diverses époques, des *pepitas* d'or de différents volumes; la plus extraordinaire est celle qui a été trouvée, le 7 novembre 1842, à trois mètres de profondeur, sous l'angle même d'un édifice de laverie, qu'on avait abattu pour laver les couches sur lesquelles il était construit, et dont la richesse prodigieuse arrivait à 70 zolotnics (0,000175). Cette *pepita* monstre pèse un peu plus de 36 kilog. (plus de 156 marcs espagnols), poids qui dépasse de beaucoup celui de la *pepita* trouvée dans la Caroline du Nord en 1821, qui arrivait, dit-on, à 21^k,7, et, à plus forte raison, le poids de la *pepita* retirée, en 1502, à Saint-Domingue, dans les alluvions du Rio Hayna, et qui pesait 15 kilog.

Ces précieux renseignements, empruntés presque textuellement au grand travail de M. de Humboldt, pourront sans doute aider à comparer les sables de la Sonora aux sables de Russie. La présence du rhodium, observé il y a longtemps par M. Andres del Rio, dans un lingot d'or apporté à Mexico, mais d'une provenance inconnue, est un indice de conformité entre ces deux gisements, qui ne doit pas être négligé; cependant, d'après quelques essais que j'ai pratiqués sur des grains d'or roulés provenant des lavages de Sonora, je crois que l'or se trouve, dans cet alliage naturel, dans une proportion plus considérable que dans celui de Sibérie :

ces essais m'ont donné une commune très-voisine de 0,950 ; je ne me suis pas alors attaché à déterminer la proportion de l'argent ou d'autres substances.

La conformation des plaines qui entourent l'Oural semble avoir permis à ces dépôts aurifères de se répandre sur une très-grande étendue; en Sonora, ces dépôts doivent avoir été placés sur des espaces plus circonscrits, et dans les vallées, généralement assez étroites, que forment les rameaux de la chaîne principale. Là où ces vallées se sont trouvées plus larges, les ruisseaux ou torrents qui en sillonnent le fond doivent avoir plusieurs fois changé leurs lits, par le fait même des ensablements qu'ils produisent dans leur cours. Ces eaux, renfermées quelquefois dans des gorges étroites, doivent s'être étendues sur une grande partie de la surface des vallées plus ouvertes, en y déposant des quantités considérables de richesses métalliques, transportées loin du lieu de leur production. Ces dépôts doivent être d'autant plus riches qu'ils auront été répandus sur un point plus rapproché des filons dont les affleurements ont été détruits; à cette distance, voisine des roches qui les renferment, les grains d'or peuvent avoir conservé des formes anguleuses, qu'on retrouve rarement après un long transport opéré par les eaux, en présence de fragments de roches plus ou moins dures.

Jusqu'à présent, les lavages de Sonora paraissent

s'être exécutés dans le lit même des rivières; cependant, j'ai entendu dire à quelques voyageurs, que les laveurs font des excavations ou percent des espèces de galeries dans les berges des cours d'eau, quand le lavage des sables pris dans leur lit a été d'une richesse insolite. Ces explorations d'alluvions déjà anciennes, pratiquées sur différents points, pourraient donc exercer au Mexique une grande influence sur la production de l'or, d'autant plus que le lavage est un genre d'industrie qui, jusqu'à un certain point, ne demande que des appareils assez simples; ce travail peut donc s'exécuter pour compte des ouvriers mêmes qui s'y livrent, condition importante pour une matière aussi précieuse que l'or. On sait depuis longtemps que l'exploitation des mines d'or au Mexique n'a pas été abandonnée seulement à cause du peu de continuité de la richesse de ces filons, mais souvent à cause des vols commis par les ouvriers, qui conduisaient toujours à des résultats négatifs l'exploitation des filons les plus attrayants.

Dans le cours de ce dernier chapitre, je n'aurai plus à m'occuper de l'or que d'une manière secondaire, et ce sera l'argent surtout dont j'étudierai la production future dans un avenir plus voisin de notre époque, en examinant cette question dans tous les détails compatibles avec les bornes que je me suis imposées dans cet ouvrage.

Pour se rendre un compte exact de l'avenir prochain des mines, il ne faut plus considérer cette
industrie seulement sous le point de vue géologique
et métallurgique, il faut peser aussi l'influence
exercée et celle qu'exercera la situation politique
et financière du Mexique, en recherchant d'abord
quelles sont les causes qui ont réduit, au lieu de
l'augmenter, le produit des mines, depuis que l'Indépendance a remplacé le système colonial; on ne
sera donc pas surpris si l'on voit se mêler à la rigueur des chiffres, des considérations politiques,
industrielles, quelquefois même commerciales, mais
indispensables pour envisager la question sur
toutes ses faces.

____

§ 1. DU COUT DE PRODUCTION.

Ainsi que je l'ai indiqué précédemment, la totalité de l'argent exporté du Mexique y est séparée
de ses gangues par trois procédés : la fonte, l'amalgamation à froid et l'amalgamation à chaud.

Je crois que la proportion dans laquelle se trouvent ces trois espèces de traitement s'éloigne peu
des limites suivantes :

Sur la production totale, j'attribue au traitement par la fonte,   10 pour cent.

au traitement de l'amalgamation à chaud, avec traitement supplémentaire à froid,   8

et enfin, à l'amalgamation à froid seule,   82

Le premier de ces traitements est fort cher si on le calcule sur le poids du minerai ; mais il le devient moins à mesure que la richesse augmente, quand on le compare à l'amalgamation qui dépense du mercure en proportion directe de la richesse.

L'amalgamation à chaud diminue cette dépense de mercure proportionnelle à la richesse; car, par ce procédé, la plus grande partie de l'argent est enlevée sans perte importante de mercure dans le *cazo*, et le traitement supplémentaire à froid n'en fait consommer que fort peu, si l'on rapporte cette quantité consommée à la teneur primitive du minerai.

Pour calculer séparément le prix de l'argent obtenu par la fusion, il faudrait pouvoir séparer les frais d'extraction du minerai fondu de celui destiné à l'amalgamation, et c'est une chose impossible; car, dans toutes les exploitations, on choisit sur la masse du minerai, tel qu'il sort de la mine, les parties riches qu'on destine à la fonte; aussi doit-on, dans un calcul général sur le coût de l'argent au Mexique, considérer les parties riches du minerai traité par la fonte, ainsi que les minerais composés minéralogiquement de façon à céder leur argent au *cazo*, comme des chances favorables qui diminuent le coût d'extraction de la masse de 82 p. %, qui provient du travail du *patio*. La valeur de l'or doit être considérée de même là où existe cette valeur; à Guanaxuato, où elle représente un dixième de celle de l'argent, elle est absolument nécessaire pour couvrir les frais d'extraction; car, en déduisant de la valeur de l'argent les frais de traitement, il ne reste pas un solde suffisant pour payer le minerai brut.

Pour rendre facile l'explication des proportions dans lesquelles se trouvent au Mexique les diverses espèces de débours nécessaires pour se procurer l'argent qu'on en exporte, j'ai cru devoir prendre pour point de départ un kilogramme à bord d'un navire partant de l'un des ports de la république; mais, afin de débarrasser ma répartition de tout détail de monnaies et de poids, qui sont souvent peu intelligibles, j'ai préféré désigner la proportion de ces dépenses en grammes d'argent fin, fractions décimales naturelles du kilogramme de métal exporté.

J'ai supposé le minerai à une richesse commune de 0,002; je crois m'être peu éloigné de la vérité, puisque la réunion des comptes que j'ai formés pour les travaux d'amalgamation dans les divers districts, donne :

$$0,0019 \ldots \ldots \ldots \quad \text{à Guanaxuato,}$$
$$0,0015 \ldots \ldots \ldots \quad \text{au Fresnillo,}$$
$$0,0020 \ldots \ldots \ldots \quad \text{à Veta grande} \ldots \left.\right\}$$
$$0,0046 \ldots \ldots \ldots \quad \text{à S. Clemente} \ldots \left.\right\} \quad \text{Zacatecas.}$$
$$0,0015. \ldots \ldots \quad \text{à Tasco,}$$
$$0,0025 \ldots \ldots \ldots \quad \text{à Guadalupe y Calvo.}$$

Ce qui donne un titre moyen de 0,0023, mais qu'il faut réduire à 0,0020, parce que parmi les districts qui ont fourni beaucoup dans les dernières années, le Fresnillo n'arrive pas à ce chiffre.

J'ai calculé la perte de mercure à 13 onces par marc d'argent obtenu; avec les progrès qui ont été faits dans l'amalgamation au Fresnillo, et surtout à Guadalupe y Calvo, je crois cette base très-près de la vérité pour l'époque actuelle, pendant laquelle les minerais rebelles de Zacatecas entrent pour beaucoup moins que par le passé dans la production annuelle.

Les dépenses fixes du traitement du *patio* m'ont semblé devoir être calculées à raison de 14 piastres pour le *monton* de 2000 livres (920 [k]). Au Fresnillo et à Guanaxuato, elles ne s'élèvent qu'à 13 piastres pour cette même quantité de minerai; mais on n'y fait point figurer les intérêts des capitaux nécessaires pour les approvisionnements de tout genre et pour les avances de main-d'œuvre pendant la durée de l'opération.

Après avoir compté les grammes d'argent fin absorbés par les droits, les frais de transport et de traitement, j'ai ajouté le chiffre de la différence entre ces sommes et les 1000 grammes embarqués; ce solde représente la somme qui reste libre pour l'extraction du minerai. Je la discuterai après la formation du tableau qui en détermine le chiffre.

Le coût de 1000 grammes d'argent embarqué se divise ainsi :

35 Droits d'exportation. . . . .
20 Droits dans les ports à l'entrée...
45 Droits de monnayage. . . . .
45 Droits sur les lingots. . . . . } DROITS DU GOUVERNE-MENT, Y COMPRIS LE MONNAYAGE. } 145

10 Frais de fonte et d'essai avant le monnayage. . . . .
25 Frais de transport jusqu'à la mer, commissions, etc. . . . . } FRAIS DE FONTE, TRANSPORT, EMBARQUEMENT... } 35

MERCURE, calculé à 13 onces par marc, soit pour 1000 gr. 1625 gr., qu'on doit calculer à 130 piast. le quintal mexicain. 1 piastre contient 24 gr. 421 d'argent fin, 130 piastres = 3174 gr. 730 argent fin. Un quintal mexicain = 45k.976. . Les 1625 gr. de mercure équivalent à. . . . .
112 Gr. d'argent fin. . . . .
TRAITEMENT SANS LE MERCURE. 1000 gr. d'argent, quand on calcule la richesse obtenue du minerai à 0,002, représentent 500 kilog. de minerai. Un *monton* de 2000 livres mexicaines = 919 kilogr. 52 gr., dont le traitement doit s'évaluer en commune à 14 piastres : la piastre contenant 24 gr. 421 d'argent fin, le coût du traitement équivaut à.
342 Gr. d'argent fin, qui se divisent ainsi : . . . . } TRAITEMENT ET MERCURE. } 454

	p. 100.	gr.		gr.
Loyer de l'atelier...	5..	17, 10	Loyer et direction... ..... }	37, 62
Appointements fixes.	6..	20, 52		
Bocards.	10..	34, 20	Trituration. . . .	171, 00
Arrastras.	40..	136, 80		
Main-d'œuvre du *patio*.	14..	47, 88	Travail du minerai trituré... }	71, 82
Lavage.	3..	10, 26		
Évaporation.	4..	13, 68		
Magistral et sel. . . .	18..	61, 56	Ingrédients autres que le mercure. . . . }	61, 56

342, 00

366 RESTANT LIBRES POUR L'EXTRACTION DU MINERAI. 366

1000   1000

Ce solde de 366 grammes d'argent, toutes les autres dépenses pour la production des 1000 grammes étant payées, représente donc le coût d'extraction du minerai et le bénéfice possible sur toutes les opérations; mais comme les sommes représentées par les grammes d'argent fin sont dépensées au Mexique, il faut ajouter au solde de 366 gr. tous les grammes absorbés par le transport et les droits d'entrée et de sortie dans les ports. On a vu que sur un kilogramme, qui est la quantité fixe prise pour point de départ, on a déduit :

pour les droits d'exportation...................... 35 grammes.
id.   d'entrée dans les ports.............. 20
Les frais de transport jusqu'à la mer, commission, etc. 25

En tout....... 80 grammes.
qui doivent s'ajouter au solde du tableau de......... 366

De façon qu'il reste véritablement un total de....... 446 grammes d'argent, en espèces monnayées au Mexique, pour faire face aux débours d'extraction.

Ces 446 gr. d'argent fin équivalent à 18 piastres, 27; les 1000 gr. d'argent obtenu font, au titre de 0,002, correspondre le poids du minerai à 500 kilog. ou 1087 livres espagnoles. D'après ces bases, on peut donc disposer de 5 piast., 04 par *carga* de 300 livres, ce poids étant le plus généralement adopté pour évaluer le prix du minerai.

On peut voir que d'après les frais de la mine du Fresnillo pendant le second semestre de 1839, le coût d'extraction de la *carga* représente 3 piast., 43. La différence entre cette somme et 5,04 fournirait donc le bénéfice, en y comprenant l'intérêt des capitaux et celui des débours préliminaires de toute exploitation. Si, en 1840 et 1841, la compagnie du Fresnillo a retiré des dividendes supérieurs au chiffre que fournirait la différence entre 5 piast., 04 et 3,43, cela provient de ce qu'un tiers environ du minerai traité ne provenait pas de l'extraction actuelle, mais de minerai rejeté précédemment comme trop pauvre, qui peut se travailler aujourd'hui par suite des économies introduites dans les frais de traitement, et dont le coût d'extraction pour la compagnie peut presque s'évaluer à zéro.

———

§ II. DES VARIATIONS PROBABLES DE LA PRODUCTION.

Les causes qui peuvent influer sur la production des métaux précieux au Mexique sont en grand nombre; et quoique, des renseignements déjà présentés, on puisse déduire les conséquences générales, il ne sera peut-être pas superflu de les indiquer plus positivement en les faisant suivre de remarques sur des causes secondaires, qui perdent de leur force sans doute, si l'on considère l'avenir des métaux précieux dans un point de vue éloigné, mais qui en conservent beaucoup à mesure qu'on se restreint davantage à l'époque actuelle.

Au Mexique, la production de l'or et de l'argent a un caractère tout spécial qu'elle ne perdra pas de longtemps, et qui n'a pas d'analogie avec les industries des autres nations. On voit rarement, en effet, une branche de production fournir à elle seule la valeur presque entière des échanges d'un peuple avec les autres. Chez les Mexicains, cependant, il en est de la sorte, comme si, en enrichissant leurs montagnes d'or et d'argent, la Providence avait voulu compenser les inconvénients insurmontables d'un terrain tellement accidenté, que des objets d'une petite valeur sous un grand volume, ne sauraient y être déplacés sans des frais bien supérieurs à leur valeur même.

Divisé en deux parts, celle des climats sains et celle des climats meurtriers, ce pays n'a pas d'avenir d'exportation pour les produits agricoles des terres fertiles situées sur le plateau; car son élévation, le manque de cours d'eau et la pente de la Cordillère enlèvent toute idée de possibilité de canalisation ou de chemins de fer, au moins pour de longues années; tandis que cet avenir est aussi incertain pour les bandes qui, s'étendant entre la Cordillère et les mers, offrent bien quelques rivières navigables, mais dont la terre, aussi favorable à la végétation que fatale à la population, ne consent à se laisser cultiver que par la race africaine, qui est libre au Mexique et ne s'y trouve qu'en fort petit nombre. On conçoit dès lors que le travail des mines ait toujours été, pour les pouvoirs divers qui ont gouverné ce pays, un des soins les plus particuliers de l'administration. Le gouvernement actuel a sans doute les mêmes vues; mais, au milieu des commotions politiques, des changements si importants sont survenus depuis trente ans, que la volonté de bien faire est presque le seul appui que le pouvoir présente pour le moment aux mineurs.

La description géologique des principaux districts a déjà indiqué la nature des roches qui renferment spécialement les filons argentifères. Les schistes argileux, talqueux, chloritiques, la diorite, quelquefois des calcaires assez anciens, et plus rarement encore les porphyres, sont, sur bien des points, traversés par des filons de quartz, qui renferment souvent des sulfures métalliques; quand cette circonstance se présente, il est rare qu'on ne trouve pas dans le nombre du sulfure d'argent. Ces formations fort rares, du moins au jour, dans les environs de Mexico, percent plus souvent les masses trachytiques et porphyriques en avançant vers le nord; presque partout où elles se montrent, il y a des exploitations plus ou moins importantes; mais quand on traverse la chaîne principale, vers le golfe de Californie, ce ne sont plus alors des points isolés, c'est toute la pente occidentale de la Cordillère qui est composée de ces roches métalliques, sillonnées des mêmes veines de quartz sur un espace immense. C'est assez dire que les gisements travaillés depuis trois siècles ne sont rien auprès de ceux qui restent à explorer.

Mais, sans chercher de nouveaux districts, on peut, dans les anciens, suivre encore les travaux avec plus de chances de succès qu'on ne le croit généralement, et Zacatecas en est un exemple frappant. Ces mines, travaillées dès 1548, ont fourni sans cesse de l'argent, en plus ou moins grande quantité, suivant que le hasard a conduit plus ou moins heureusement les travaux des mineurs. La réputation de Zacatecas était compromise, quand un Français, le mineur de Laborde, vint découvrir le filon de *Veta grande*, dont la richesse, considérée comme épuisée vers la fin du siècle dernier, a encore fourni, de 1827 à 1839, près de cent cinquante millions de francs. Un autre exemple plus récent encore est celui des concessions de *S. Clemente* et *S. Nicolas*, qui sont pour le moment les exploitations les plus fructueuses de Zacatecas, quoique, il y a dix ans, on ne soupçonnât pas l'existence de filons si riches dans un terrain contigu aux concessions de *Malanoche* et *Rondanera*, qui ont enrichi plusieurs familles il y a moins de quarante ans. Enfin, le Fresnillo, qui produit en ce moment une valeur de dix millions de francs par année, fut visité, en 1827, par M. Ward ; et dans son livre sur le Mexique, ce voyageur en parle comme d'un lieu abandonné, sur lequel on ne pouvait conserver que quelques souvenirs sans former aucune espérance.

Les travaux des mines, au Mexique, s'exécutent sur une échelle fort réduite. Comme on les conduit presque uniquement sur le minerai, on ignore bien souvent la composition du terrain, même le plus rapproché du filon que l'on suit ; l'intermittence de richesse dans un même filon fait souvent abandonner un travail au moment où il va devenir très-fructueux ; aussi est-ce bien le hasard, on peut presque dire le hasard seul, qui sert les mineurs au Mexique. On en trouve la preuve dans la fameuse *bonanza* de Sombrerete, qui fut découverte par suite d'une erreur de nivellement dans la direction d'une galerie destinée à reconnaître le massif existant entre les filons de *Pavillon* et de *Veta negra*. Construite d'après les règles de l'art, cette galerie eût passé à quelques pieds au-dessus de l'endroit où le filon a commencé à contenir cette masse d'argent rouge qui, en peu de mois, laissa un produit net de plusieurs millions de piastres à la famille Fagoaga, propriétaire de ces mines, dont le travail se continuait depuis quelque temps malgré les ordres les plus précis.

Après avoir visité seulement Tasco, Real del

Monte et Guanaxuato, M. de Humboldt disait, il y a quarante ans, qu'il existait dans les mines de la Nouvelle-Espagne assez d'argent pour en *inonder* le monde; que n'eût-il pas dit s'il avait poussé ses recherches plus au nord? Plus convaincu qu'il n'a pu l'être lui-même de l'abondance des filons argentifères, je ne le suis pas autant de la courte durée du temps nécessaire pour que les progrès des sciences en Europe, et la libre communication de toutes les nations avec le Mexique, puissent influer considérablement sur le chiffre de la production des métaux précieux. Mon opinion se fonde sur le peu de résultats importants obtenus depuis vingt ans, et sur l'état actuel de l'art des mines dans le pays qui nous occupe. Je suis par là conduit à parler des changements probables dans les moyens d'exploitation et de traitement; on doit d'abord s'occuper des premiers.

Parmi les diverses voies que suivent les mineurs, il est deux systèmes très-tranchés; l'un d'eux consiste à s'assurer, par deux puits et deux galeries parallèles, de la nature du massif que ces lignes entourent, avant de déterminer la convenance de l'exploitation; ceci s'entend autant de la direction à donner aux travaux que de l'utilité qu'ils peuvent présenter. Je veux bien croire que le désir de jouir promptement est ce qui a fait adopter au Mexique l'autre système, qui consiste à suivre l'exploitation sur les filons eux-mêmes, sans s'assurer préalablement, par des travaux en longueur et profondeur, de la valeur du minerai contenu dans un massif quelconque; mais il n'est pas bien démontré que, attendu l'inconstance non pas du filon lui-même, car on le perd rarement, mais bien de sa teneur en argent, cette méthode, quelque primitive qu'elle soit, ne doive pas, au Mexique, être préférable à l'autre, que le haut prix des capitaux ne permettrait pas même d'essayer de longtemps. On perd, il est vrai, par cette façon d'exploiter, tous les avantages résultant, sur une longue suite d'années, de travaux tracés d'avance, et dont l'ensemble influe singulièrement sur les frais d'extraction; mais avec le peu de fixité dans la disposition de l'argent dans les filons, les lignes parallèles pourraient bien souvent conduire à de graves erreurs; cependant, il est un fait certain, c'est que dans les exploitations mexicaines, il existe de grands défauts, parmi lesquels on doit citer au premier rang une parcimonie exagérée pour les travaux de recherche, et une insouciance complète pour tout ce qui a été exploité, comme si pour les mineurs de ce pays le passé et l'avenir n'étaient rien. Il est aisé de prévoir que les plans des travaux déjà exécutés sont aussi utiles pour les ouvrages futurs que nécessaires à la solidité des exploitations, et les changements résultant d'une instruction plus complète dans l'art des mines pourront avoir une portée immense, à laquelle jusqu'à présent on s'est peu arrêté; ces considérations pourront donc être comptées pour quelque chose dans l'évaluation de la production future.

Le plus grand inconvénient du travail sur le filon, sans ouvrages préparatoires, est sans contredit l'épuisement des eaux, qui non-seulement alors ne se fait plus par la voie la plus courte, mais s'exécute par des moyens d'autant plus dispendieux que les localités permettent rarement l'emploi de machines médiocres, quand les travaux se poussent à un niveau inférieur à la plus grande profondeur des puits. Il est difficile d'évaluer jusqu'à quel point une marche plus rationnelle influerait sur les produits d'une longue suite d'années; le résultat doit être important, sans doute, mais il est douteux que de fort longtemps cette marche, quoique incontestablement bonne en théorie, reçoive une grande application dans la pratique; car les industriels de tous les temps, surtout les compagnies, sont toujours pressés de jouir, sans s'inquiéter beaucoup des générations futures.

Comme on l'a dit, la gangue est le plus souvent du quartz fort dur; et l'emploi du fer et de la poudre sont des sujets de dépense importants : le premier vient jusqu'à présent de l'étranger, presque en totalité ; car, à l'exception d'une forge catalane

en activité près de Durango, et d'un autre établissement peu avancé, près de Real del Monte, les
minerais de fer, qui ne sont pourtant point rares
au Mexique, n'ont pas été travaillés. Cela tient à
deux causes importantes : d'abord la difficulté de
trouver ensemble du minerai et du combustible à
un prix raisonnable et une chute d'eau; ensuite la
réunion de ces trois avantages en un lieu voisin de
la consommation. Les premières de ces conditions
existent pour l'usine de Durango, qui tire d'excellent fer des blocs détachés par la nature du *Cerro
de Mercado*; mais son éloignement des centres de
population motive des frais de transport qui nuisent à son développement. Le fer étranger est lui-
même soumis à des frais de transport qui, de Tampico à Zacatecas, équivalent à son coût en Europe,
et à quelques droits de douane dont il est difficile
de le libérer, attendu que dans le système de finances du Mexique, le produit des douanes est
presque la seule imposition qui ne soit pas illu-
soire pour le trésor. La poudre est en régie; non-
seulement elle est chère, mais encore très-mau-
vaise. Dans ce cas, la conduite du gouvernement
est difficile à expliquer; car le soufre n'est point
rare, et les nitrates de potasse abondent dans plusieurs plaines du plateau (on les recueille en autom-
ne, par le lessivage des terres). Cette récolte, que
l'expérience a démontré n'être productive que lors-

qu'on la fait après la saison des pluies, toujours fort orageuses sous cette latitude, semble confirmer par une large pratique la théorie de la formation de l'acide nitrique dans l'air, par les décharges électriques. L'inconvénient de payer la poudre trop cher est pénible pour le mineur; mais ce qui l'est bien plus encore, c'est sa mauvaise qualité qui ne produit qu'une partie de l'effet attendu, et rend improductive une grande portion du travail de l'ouvrier. L'emploi de cet agent constitue une fraction importante des frais des travaux de recherche, qui sont déjà malheureusement trop peu pratiqués au Mexique; il faut donc espérer que le gouvernement comprendra que, s'il a un besoin indispensable du produit du monopole de la poudre, il devrait s'en procurer la valeur de quelque autre façon; et, à la rigueur, en augmentant les droits sur l'argent extrait, ce qui vaudrait mieux que d'imposer les travaux de découverte, si souvent infructueux.

Les variations dont le prix de la main-d'œuvre est susceptible, sont un des objets les plus importants à considérer; et comme c'est une question qui a le même rapport avec le travail métallurgique qu'avec l'extraction du minerai, je l'examinerai de suite en détail. La main-d'œuvre de toutes les branches d'industrie, surtout dans un pays où les manufactures sont dans l'enfance, suit toujours une certaine proportion avec le prix que paye l'agriculture, qui est presque partout et particulièrement dans le pays qui nous occupe, celle de toutes les industries qui emploie le plus de bras ; or, cette main-d'œuvre est fort peu chère au Mexique ; cela tient à ce que, lors de la conquête, les prix des salaires, comme ceux d'autres choses, se fixaient par des règlements qui entraient dans de tels détails, qu'il existe un manuscrit de Cortez réglant le prix de toutes les provisions que pouvaient vendre les hôteliers sur la route de Vera-Cruz à la capitale. Le salaire du laboureur était d'une trop grande importance, pour ne pas avoir été spécifié ; il le fut en effet alors, et n'a point été changé depuis, quoique la valeur de la quantité d'argent qui lui fut allouée pour un jour de travail soit bien différente aujourd'hui de ce qu'elle était jadis. Bien qu'il n'y ait aucune règle pour le prix du travail des mines, cependant le bas prix du travail agricole a toujours une certaine influence sur celui des mineurs, quoique ce dernier soit plus élevé. La condition de l'homme qui cultive la terre est même assez peu favorable pour qu'une réforme à son avantage doive se prévoir prochainement. La main-d'œuvre des mines tend donc plutôt à augmenter qu'à diminuer ; et il en est de même de l'entretien des animaux : ceux-ci, comme les hommes, tirent surtout leur nourriture du maïs, principal produit de l'agriculture mexicaine, qui se trouve au reste dans un cas exceptionnel.

On a déjà indiqué plusieurs fois que la division des propriétés était, sous un certain aspect, contraire à l'agriculture, en empêchant l'emploi utile de quelques moyens mécaniques qui ne sont applicables avec succès que sur de grandes exploitations. La culture de la terre, sur le plateau du Mexique, semble être dans le même cas, non pas pour l'emploi de quelques machines, mais pour un agent plus indispensable, pour l'eau en un mot. Ceci demande quelques explications. Il ne pleut, dans la terre froide, que pendant à peine quatre mois de l'année, de juin à septembre ; et comme le maïs, pour fournir une bonne récolte, a besoin d'être copieusement arrosé pendant une certaine période de sa croissance, on est exposé à deux inconvénients, en avançant ou retardant les semailles. Dans le premier cas on s'expose, si les pluies sont tardives, à voir la plante se dessécher ; et, dans le second cas, si les gelées arrivent de bonne heure, la récolte est perdue. Il résulte de ces inconvénients, difficiles à éviter, que l'on ne connaît de récolte assurée que celle des terres que l'on peut irriguer au printemps au moyen de réservoirs remplis à la saison des pluies de l'année précédente. La construction de ces réservoirs est fort coûteuse ; car ils sont ordinairement formés par des murs gigantesques qui, joignant les deux côtés d'une vallée, y arrêtent les eaux d'un torrent; on les nomme *presas*. Les réservoirs que l'on rencontre à côté de toute exploitation agricole sont quelquefois si considérables, que leur coût s'est élevé à plusieurs millions. C'est assez dire que la division des fortunes, qui est une conséquence de la suppression des majorats et des lois actuelles de la république, ne peut aider en rien à l'agriculture; car ce n'est pas pour un petit lot de terre qu'on entreprend des travaux de ce genre. Il est même à craindre que la division des propriétés ne soit un mal, par la difficulté qu'ont naturellement à s'entendre divers propriétaires sur la distribution des eaux d'irrigation; aussi, l'agriculture semble plutôt avoir décliné depuis le nouvel ordre de choses.

On a déjà indiqué l'application de la vapeur à l'épuisement de quelques-unes des principales mines, et l'économie prodigieuse qui en était résultée pour la compagnie du Fresnillo, dont l'existence a dépendu de ce moyen; un autre exemple des résultats que l'on peut en espérer ne tardera pas à être fourni à Plateros, gîte important à deux lieues du Fresnillo, qui a fourni d'excellent minerai jusqu'à la profondeur d'un peu plus de 100 mètres, et dans lequel la grande abondance des eaux n'a plus permis de continuer les travaux. Une des compagnies anglaises a vainement tenté de faire l'épuisement de cette mine par les moyens ordinaires; après des dépenses fort considérables, elle a abandonné sa concession depuis quelques années. Mais M. José Gonzalez, qui a fait preuve de tant de capacités administratives dans l'exploitation du Fresnillo, vient de former, à la fin de 1842, une association nouvelle pour Plateros, afin d'en faire l'épuisement par une machine à vapeur. Voici donc plusieurs cas où l'aide de cette force est intervenue victorieusement dans les grandes exploitations mexicaines; mais il ne faudrait pas en tirer la conclusion que l'on peut partout agir ainsi, et que l'emploi de la vapeur peut avoir, pour l'épuisement des mines au Mexique, la même influence qu'elle a exercée dans le monde sur d'autres industries. Il y a bien, dans ce moment, du combustible à un prix modéré, pour les résultats qu'il donne, à l'entour du Fresnillo; mais si les mines de Sombrerete et de Zacatecas, sans parler d'exploitations nouvelles, étaient poussées avec la même activité qu'il y a quarante ans, et que l'on se servît exclusivement de la vapeur pour le travail d'épuisement, les machines manqueraient complétement de combustible sous peu d'années; car tous ces gîtes importants, quoique placés sur une ligne d'environ quarante lieues, ne peuvent recevoir leur bois que de forêts de chêne vert, mêlé de quelques pins, et dont l'étendue est extrêmement limitée. Il y a même un danger grave que l'administration mexicaine devrait regarder avec moins d'incurie, c'est la destruction progressive du peu de combustible qui existe sur le plateau de la Cordillère; cette pénurie, déjà grande aujourd'hui, finira par devenir telle, qu'on manquera de bois pour toute opération métallurgique, et même pour le boisage des travaux souterrains; pourtant aucune mesure du gouvernement ne veille à ce que les coupes se fassent avec ordre, comme dans tous les pays bien organisés.

Dans les mines situées dans la *Sierra madre* de Durango, il y aura possibilité d'employer la vapeur sans cet inconvénient, qui doit nécessairement empêcher d'en tirer avantage pour tous les anciens districts. La houille serait un bienfait du ciel pour le plateau du Mexique; mais jusqu'à présent on ne l'a rencontrée que sur les côtes, particulièrement près de Tampico, en remontant le *Rio Panuco ;* mais avec les difficultés naturelles pour les moyens de communication économiques, il faudrait encore que les houillères fussent très-voisines des gîtes métallifères, pour en tirer parti.

Après avoir parlé du fer, de la poudre, de la force motrice pour l'épuisement, de la main-d'œuvre, il nous reste à dire un mot sur l'éclairage et les cordes. La première de ces dépenses est fort modérée, par suite du bas prix du suif, fourni en abondance par les nombreux troupeaux qui s'élèvent sans frais sur les grandes plaines des départements du Nord. Les cordes sont généralement faites avec le fil retiré des feuilles de l'*agave*, qui croît naturellement en si grande abondance dans ces régions, et dont les habitants de l'Anahuac utilisent la séve pour préparer leur boisson fermentée de prédilection, le *pulque*.

A moins de nouvelles découvertes pour briser les roches, l'avenir présente peu de chances pour diminuer les frais d'exploitation tels qu'ils sont aujourd'hui, la force des hommes et des animaux ne devant pas à l'avenir être obtenue à meilleur marché, et la substitution d'une puissance mécanique étant peu praticable dans la plupart des localités.

Toute la partie incertaine de l'art des mines se trouvant dans l'exploitation du minerai (car l'extraction du métal de ses gangues est une opération dont les résultats peuvent être calculés, de même que les frais, avant de l'exécuter), c'est surtout ici le cas de parler des causes politiques qui ont déjà eu et doivent encore avoir, au moins pour quelque temps, une influence marquée sur l'industrie des mines au Mexique.

Ainsi qu'on a pu l'observer, dans le tableau qui a été fourni des quantités d'or et d'argent frappées dans l'hôtel des monnaies de Mexico, la progression ascendante, qui s'était déjà manifestée pendant les dernières années du siècle passé, s'est encore accrue dans les dix ans écoulés de 1801 à 1810, de sorte que les mines étaient dans un état de prospérité jusqu'alors inconnu, au moment où la lutte, qui devait séparer la colonie de la métropole, vint commencer au bourg de Dolores, à quelques lieues de Guanaxuato; les abords de la ville, et enfin la ville même, occupés tour à tour par les troupes des deux partis, présentèrent les épisodes les plus sanglants de la guerre de l'Indépendance. Toutes les grandes entreprises en tous genres se trouvaient alors dans les mains des Espagnols, qui, exposés sans cesse dans cette longue lutte à perdre leur vie et leurs propriétés, commencèrent à émigrer déjà avant que le pays, entièrement occupé par les troupes mexicaines, se fût organisé en république. Cette émigration, volontaire d'abord, devint obligatoire en 1828, et ce fut la mesure la plus impolitique dont l'histoire nous offre un exemple depuis l'expulsion des Maures au seizième siècle. Alors ceux des Espagnols qui s'étaient absentés avec l'intention de rentrer quand les orages politiques, inséparables d'une grande révolution, se seraient calmés, abandonnèrent l'idée d'y revenir, et s'empressèrent de réaliser ce qu'ils avaient laissé de propriétés derrière eux. Une masse énorme de capitaux fut transportée en Espagne et dans le midi de la France, que les émigrés avaient choisis pour leurs nouveaux séjours. Ce n'étaient pas seulement des négociants, des magistrats, des agriculteurs, qui quittaient le Mexique avec leurs femmes et leurs enfants, c'était aussi le haut clergé qui administrait des capitaux mobiles très-considérables, et qu'il confiait sans difficulté à toutes les industries, à un taux d'intérêt qui n'excédait jamais 6 p. % par an. Toutes ces richesses s'exportèrent de 1820 à 1830, surtout dans les premières années de cette période; elles formaient la majeure partie du capital circulant au Mexique, et l'on se serait bien plus tôt aperçu de ce dénûment, sans les emprunts contractés en Angleterre par la république, et la formation des compagnies anglaises pour le travail des mines. Pendant quelques années, toutes les marchandises, dont l'importation était d'autant plus considérable qu'elle se réalisait promptement au milieu d'un peuple comprimé dans ses goûts par un monopole de trois cents ans, étaient payées avec des traites sur Londres, qui avaient remplacé les envois de métaux précieux. L'exportation de ceux-ci continuait, ou, pour mieux dire, augmentait; mais ce n'était point le payement des marchandises reçues, mais bien la sortie de capitaux qui ne devaient plus revenir, et dont le manque devait promptement se faire sentir. En effet, il ne fallut que quelques années pour absorber, dans

les dépenses du gouvernement et dans une administration inhabile des mines, non-seulement les
emprunts, mais aussi le capital des compagnies,
dont le chiffre total seul s'élevait à plus de 150 millions de francs, plusieurs d'entre elles ayant chacune 25 millions. Le crédit public étant altéré à
l'étranger par suite des besoins sans cesse renais-
sants du trésor, au milieu de révolutions continuelles qui ne permettaient pas de servir les intérêts
de la dette, le gouvernement fut obligé de se faire
chez lui des ressources qu'il ne trouvait plus au
dehors; il emprunta sur ses revenus futurs, à des
conditions assez onéreuses pour offrir au peu de
capitaux qui restaient encore un emploi tellement
avantageux, que le taux de l'intérêt s'éleva à 30 et
40 p. % par an. Dès lors, il ne resta plus d'autres
ressources pour les diverses industries, que d'em-
prunter à ces conditions les capitaux qui pouvaient
leur être nécessaires. On conçoit que ce n'est point
dans des circonstances semblables que les mines
pouvaient reprendre leur splendeur passée. Les
compagnies anglaises avaient presque toutes offert
de pitoyables résultats; et dans leur nombre, on ne
peut citer que celle de Bolaños qui ait, dans ses
trayaux sur la *Veta grande* de Zacatecas, obtenu
temporairement des bénéfices presque égaux à sa
mise de fonds de 25 millions de francs, mais qui
ont été malheureusement dépensés sans fruit dans

les mines de Bolaños dont elle avait pris le nom ;
il était donc fort difficile de trouver des capitaux
pour continuer la reprise des travaux. De 1830 à
1840, les compagnies anglaises ont cependant toujours continué à prendre part, soit aux exploitations, soit aux opérations métallurgiques, qui sont
souvent à Guanaxuato séparées d'intérêt du travail
des mines. La compagnie de Real del Monte, quoique ne fournissant pas des produits proportionnels
au capital employé, a cependant persévéré dans
son entreprise, et celle de Bolaños a trouvé dans
les nouveaux filons de *S. Clemente* et de *S. Nicolas*,
à Zacatecas, quelques adoucissements à ses pertes.
Peu à peu, le trésor a été mieux administré, et le
taux de l'intérêt ayant baissé de plus de moitié, on
a de nouveau songé aux mines. Celles du grand
filon de Guanaxuato sont exploitées par leurs propriétaires mexicains ; à Zacatecas, à part les mines
de *S. Clemente* et *S. Nicolas*, il en est de même. La
principale exploitation du pays, celle du Fresnillo,
est suivie par une société de capitalistes de Mexico,
qui songent de nouveau à cette industrie, non-seulement sur ces points principaux, mais encore sur
d'autres moins célèbres, soit aux alentours de la
capitale, soit dans les provinces plus éloignées ; de
sorte qu'en 1842 la part prise par les compagnies
anglaises dans la production de l'or et de l'argent
n'arrive pas à plus d'un dixième du chiffre total.

Tels ont été jusqu'à présent les seuls résultats obtenus depuis l'indépendance du Mexique, par l'emploi des capitaux et des connaissances de l'Europe dans l'exploitation des mines; résultats déplorables sans doute, dus en grande partie à l'inexpérience des premiers directeurs des compagnies, que leurs successeurs ne peuvent réparer, et dont le poids a été trop rudement senti, pour que pendant long-temps les capitalistes de Londres consentent à faire les fonds de nouvelles entreprises. Le temps qui s'écoulera encore jusqu'à ce que les capitaux soient devenus abondants au Mexique est difficile à estimer; jusque-là, il est douteux que les exploitations des anciens districts, et surtout des nouveaux, soient poussées avec l'énergie suffisante pour dépasser de beaucoup le chiffre de la production actuelle.

Quant à ce que les mines du Mexique pourront fournir dans les mains des races du Nord, qui, dans le nouveau comme dans l'ancien continent, semblent destinées à envahir le Midi à plusieurs reprises, c'est une question d'un avenir qu'on peut considérer comme encore trop éloigné pour essayer de la juger. Il faudrait peut-être considérer comment l'esprit des nouveaux peuples se prêterait à cette exploitation des métaux précieux; et si la constance et la patience des Espagnols à supporter les privations pour arriver au but qu'ils désirent, quoique mêlées à une grande dissipation dans la prospérité, ne sont pas des qualités qui, pour ces travaux incertains, remplacent jusqu'à un certain point des avantages d'une autre espèce. Ce serait sans doute une bien grande hardiesse, que de donner à la nature le droit de conférer, à certaines races d'hommes, un privilége imprescriptible, en quelque sorte universel, pour l'exercice de certaines industries; mais on ne peut, néanmoins, examiner sans quelque étonnement le rôle joué par les peuples de l'Ibérie dans la production des métaux précieux. Célèbres de toute antiquité par leurs mines, ces provinces de l'empire romain fournissaient à la maîtresse du monde l'or, l'argent et le cinabre, qui, plus tard, a servi à les obtenir. A une époque plus voisine de la nôtre, les habitants de ces contrées vont découvrir un nouveau continent, font la conquête des empires où ces deux premiers métaux abondent, et y transportent, avec leurs connaissances dans l'art des mines, le goût, ou pour mieux dire la passion de cette industrie. Enfin, à peine les descendants de ces conquérants sont-ils devenus indépendants, que l'on voit l'Espagnol, aussitôt que les richesses de l'Amérique lui manquent, exercer, au milieu de ses pénates, le génie que, pendant trois siècles, il a prodigué ailleurs; il fouille de nouveau le sol de la patrie, et arrache aux entrailles de la terre des minerais, qui, négligés longtemps et exploités spontanément sur plusieurs points, représentent déjà une part importante de la production de l'argent.

En passant à l'examen des traitements métallurgiques, il serait superflu de revenir sur ce qui a été dit, en parlant de l'exploitation du minerai, sur le manque de chutes d'eau et de combustible dans la plupart des districts, ainsi que sur la main-d'œuvre. Il reste à examiner quelles sont les chances d'améliorations probables dans les agents chimiques seulement, car pour les préparations mécaniques, il y a une difficulté insurmontable dans le manque de force motrice *inanimée*. On avait pensé utiliser celle du vent, qui agite presque toujours l'atmosphère, au moins pendant la majeure partie de l'année, sur la partie septentrionale du plateau, et un essai de trituration par ce moteur fut tenté au Fresnillo, et exécuté avec succès il y a quelques années par M. Doy, ingénieur français; mais cette épreuve n'a point eu pour conséquence un changement dans le système ordinaire de trituration, attendu l'incertitude de la durée du travail. On conçoit, en effet, qu'on ne puisse établir aucune comparaison rigoureuse entre du blé, qui ne doit se consommer et n'a besoin d'être moulu qu'au fur et à mesure, pendant l'espace de douze mois qui sépare une récolte de l'autre, et du minerai dont les frais d'exploitation sont fort considérables et commandent un remboursement aussi prompt que possible. Cependant, l'établissement de machines dont le vent serait le moteur, serait assez peu coûteux pour que leur emploi fût d'un grand secours pour le travail du minerai pauvre rejeté à la bouche de la mine (*terreros*), dont la valeur pour l'exploitation ne doit point se calculer, puisque la totalité de la dépense a déjà été supportée par le minerai plus riche, et que dès lors le minerai rejeté n'a aucun besoin d'être travaillé dans un temps donné.

Le traitement par la fonte est sans doute susceptible de grandes améliorations; dans les districts où il a été le plus habituellement employé, comme à Sombrerete, par exemple, il est encore fort défectueux, autant pour la manière très-imparfaite dont le combustible est utilisé, que pour la mauvaise construction des fourneaux, qui par la petitesse de leurs dimensions augmente les frais de main-d'œuvre, ainsi que la volatilisation de l'argent et du plomb. Mais le défaut principal se trouve dans le manque absolu de toute recherche scientifique, non-seulement pour faire l'addition de bases terreuses en diverses quantités, afin de conduire la silice à des proportions telles, par rapport aux terres, que les silicates ainsi formés soient aisément fusibles, mais encore dans le manque d'essais sur la quantité plus ou moins grande de plomb contenu dans les scories.

qui, dès lors, renferment de l'argent. Des essais répétés sur une grande échelle m'ont convaincu qu'à
Zacatecas, par exemple, la quantité d'argent obtenue par la fonte différait en commune de 15 p. % de
la teneur du minerai soumis au traitement; je doute
que cette proportion soit beaucoup moindre sur
d'autres points. Cette partie de la métallurgie de
l'argent est donc fort arriérée au Mexique; mais il ne
faudrait pas s'exagérer, pour leur influence sur la
production, les perfectionnements dont on voit
qu'elle est susceptible. S'il est certain que toute
diminution dans le coût du traitement de la part
du minerai riche, toujours peu abondante dans la
plupart des exploitations, abaisse d'autant par le
fait le prix de l'extraction de la masse qui est du
minerai pauvre, cependant, cette influence a des
limites assez bornées à cause de la richesse nécessaire, pour qu'avec le haut prix du combustible, des
fondants, et le manque de moteurs pour donner le
vent, le traitement même le mieux entendu ne
puisse s'utiliser que pour les minerais riches, puisque la richesse ordinaire de 0,0015 à 0,0020 ne présente qu'une quantité d'argent trop petite pour que,
les frais de fonte payés, il reste assez de marge pour
le coût du minerai.

Les traitements au moyen du mercure sont
beaucoup moins dispendieux, et c'est surtout des
procédés par voie humide auxquels ils se ratta-

chent, que l'on doit attendre des résultats plus
économiques; malheureusement, dans tous les
traitements autres que la fusion, qui rend la porphyrisation inutile, il faut réduire par des préparations mécaniques les molécules à un état de finesse
tel, que les agents chimiques puissent les pénétrer;
ce qui a toujours lieu en raison inverse de leur
volume. Ces préparations mécaniques semblent
malheureusement peu susceptibles de devenir
moins coûteuses; en jetant un coup-d'œil sur la
distribution donnée, page 373, de la répartition
du coût d'un kilog. d'argent, on remarquera que
cette dépense, en y joignant la moitié du loyer et
des frais généraux d'administration, représente 0,19
de la valeur de l'argent obtenu, et 0,56 de la valeur
du traitement. Cette partie des dépenses est inévitable toutes les fois qu'on ne se servira pas de la
fonte; il faut donc, pour bien se rendre compte
de la possibilité de représenter un système plus
avantageux que l'amalgamation, n'établir de comparaison qu'après avoir déduit le coût de cette
préparation mécanique, dont on ne peut se dis-
penser. Cela fait, on trouve que le coût de l'amalgamation mexicaine doit encore se diviser en plusieurs parties : 1° les frais de manutention, 2° le
sel et le *magistral*, 3° le mercure. Ces frais de manutention, en y ajoutant la moitié du coût du
loyer et de la direction, ne représentant que 0,09

de la valeur de l'argent produit, sont donc très-modérés, puisque pour 71$^{gr.}$,82 d'argent, faisant en France une somme approximative de seize francs, on a manipulé 5oo kilog. de minerai préalablement trituré. Quel sera le procédé qui demandera moins de frais de manipulation?

Le coût des agents chimiques, autres que le mercure, équivaut à o,o6 de l'argent obtenu, et celui du mercure à o,11. Ce n'est donc que sur la réunion de ces deux dernières sommes que doit porter la comparaison à établir entre le procédé actuel et ceux qu'on penserait pouvoir lui être substitués; elles équivalent à o,17 de l'argent obtenu ; mais en prenant la richesse moyenne de o,oo2 pour point de départ, elles correspondent à 173$^{gr.}$,56, ou en monnaie française approximativement *trente-huit* francs pour 5oo kilog. Il est important d'observer que ces calculs sont établis en évaluant le prix du mercure à 13o piastres le quintal espagnol (46 kil.), tandis que si on le calculait à 42 piast. 36, prix auquel la cour de Madrid le livrait, en y ayant quelque profit, le coût des agents chimiques, dans ce cas, se trouverait réduit à moins de vingt-deux francs les 5oo kilog. Les frais de manipulation faisant, pour 5oo kilog.............. fr. 16 »

et le coût des agents chimiques....... 38

on a pour coût total, la trituration non comprise...................... 54

ou 10 fr. 80 c. pour 100 kil., au prix actuel du mercure; mais au prix auquel le livrait le gouvernement espagnol, on aurait seulement 7 francs 50 pour le coût total de 100 kil.

On pourra se faire une idée plus exacte du peu de coût de ces opérations, si on le compare à celui de la fonte, en France, des terres argentifères provenant du travail des monnaies ou des orfévres; opération que les principales usines n'exécutent qu'en retenant en argent, pour leurs frais, 0,0010 du poids des terres qui n'exigeraient aucune préparation au Mexique; tandis que l'amalgamation, si on en sépare la trituration, ne coûte au Mexique, en argent, que 0,0005 du poids du minerai (*), au prix actuel du mercure, et 0,0009, en y comprenant la trituration.

On ne se fait point illusion au Mexique sur l'influence que la hausse du mercure exerce sur le travail des mines; on l'exagère même beaucoup, puisque l'on considère que c'est à cette seule différence de prix que l'on doit attribuer l'infériorité de la production actuelle comparée à celle de 1801 à 1810. Pour cela, il faudrait que la teneur du minerai fût telle, que les exploitations fussent abandonnées à cause du prix du mercure; il n'en

(*) 500,000 gramm. minerai employaut 454 gramm. d'argent, 10000 en emploient 9.

est pas ainsi encore ; mais pour peu que la cupidité des monopoleurs augmente, elle pourra contenir dans des bornes plus resserrées la production de l'argent. Cette situation est d'autant plus pénible pour le Mexique, que le gouvernement se trouve dans un embarras extrême pour la protection à accorder à l'industrie des mines ; car, s'il raisonne juste, il est en droit de redouter que tous les sacrifices qu'il pourrait s'imposer, celui des droits prélevés sur l'argent, par exemple, ne servissent à augmenter d'autant le prix du mercure. A cet état de choses, il est peu de remèdes prochains ; car l'Espagne ne peut guère, dans la situation financière où elle se trouve, abandonner les avantages qu'elle retire de sa mine d'Almaden, quelle que soit la part que s'adjugent les acheteurs de ces produits, pour les revendre au Mexique. Entre nations plus avancées en économie politique que l'Espagne et son ancienne colonie, il y aurait un prompt remède à ce mal ; les deux puissances trouveraient leur compte à un traité par lequel le Mexique accorderait une diminution de droits de douane sur les marchandises qui les acquitteraient en mercure à un certain prix. Cette clause, qui ne semble point en opposition avec les traités de commerce de la république mexicaine, fournirait à l'Espagne une compensation qui se présenterait naturellement pour la vente de ses productions, à des frais moindres que ceux auxquels seraient soumises les productions d'autres nations; mais ces sortes de combinaisons sont trop peu compatibles avec les besoins incessants des finances des deux pays, pour les voir adopter de longtemps.

Je ne terminerai pas ce que j'ai à dire sur le mercure, sans faire observer que ce métal est le seul lien qui ait résisté aux déchirements des rapports commerciaux entre la colonie et la mère patrie; pour d'autres produits, dus à l'agriculture et aux manufactures espagnoles, moins de vingt ans ont suffi pour familiariser les habitants du Mexique avec des goûts nouveaux pour eux. Lorsque la reconnaissance officielle de l'Indépendance, proclamée par le cabinet de Madrid, ouvrit de nouveau des rapports directs entre les ports de l'Andalousie, de la Catalogne, de la Galice et des provinces basques, avec la Vera-Cruz et les nouveaux ports mexicains, des cargaisons partirent de tous ces points, mais elles ne rencontrèrent plus sur les marchés transatlantiques les mêmes consommateurs. Le mercure seul fut recherché comme autrefois, et l'Espagne, en augmentant son prix, a produit au Mexique une hausse dont le chiffre total représente, à peu de chose près, le montant des droits qu'elle prélevait sur l'or et l'argent fournis par ces contrées pendant sa domination. Si la totalité de cette différence de prix n'entre pas dans le trésor espagnol, cela tient uniquement aux emprunts hypothéqués sur les produits futurs de l'*Almaden*. Au reste, le cinabre a été depuis longtemps une source de bénéfice pour les capitalistes qui ont pris part à la production du mercure, et M. Hoefer, dans son *Histoire de la chimie*, cite un passage de Pline ainsi conçu : *La société à laquelle l'exploitation des mines d'Espagne était affermée réalisait de grands bénéfices en sophistiquant le vermillon par une foule de procédés.* Aujourd'hui, au lieu de l'exploitation, c'est le produit qui est affermé; à part cela, rien n'est changé.

Puisque le prix du mercure exerce une si haute influence sur les mines du Mexique, on se demande à plus forte raison quelles seraient les conséquences du manque presque complet de ce métal, si par un de ces événements peu probables, sans doute, mais cependant possibles, la mine d'*Almaden* venait à cesser de fournir du cinabre, soit par des éboulements, soit par une trop grande abondance des eaux, soit enfin parce que tout le minerai suffisamment riche en mercure aurait été extrait. La production du vif-argent, limitée alors à celle des mines de la Carniole, serait bien insuffisante pour les besoins; il s'ensuivrait une hausse de prix telle, qu'elle équivaudrait en quelque sorte à une disette absolue : que deviendrait alors l'extraction de l'argent au Mexique?

Il y a quelques années, cette question eût été fort embarrassante à résoudre; car on ne connaissait aucun autre moyen d'extraire l'argent des minerais que la fonte ou l'amalgamation. Les savantes recherches auxquelles s'est livré **M. Becquerel**, avec toute la persévérance que demande toujours la première application de la science à l'industrie, ont présenté un moyen tout nouveau à la métallurgie par l'emploi des forces électriques. Initié par l'inventeur lui-même dans tous les détails de ce nouveau procédé, j'ai pu me convaincre de la possibilité de son application industrielle sur les minerais du Mexique, autant par des expériences faites sur 4000 kilogr. de minerai des principaux districts, que j'avais fait venir à Paris, il y a trois ans, que par celles que j'ai répétées moi-même sur les lieux. La possibilité de l'application sur une grande échelle une fois constatée, la question se réduisait à une comparaison de chiffres pour le coût des anciens ou du nouveau système; et les premières recherches que j'ai faites sur la métallurgie de l'argent n'ont pas eu dans le principe d'autres motifs; mais je n'ai pas tardé à leur donner plus de développement, afin de fournir aux métallurgistes un tableau exact de l'état dans lequel se trouvent les divers traitements au Mexique, et aux économistes des renseignements sur la production présente et même future de l'argent, assez complets pour établir, avec quelque certitude, des calculs sur la valeur de ce métal comparée à d'autres valeurs. Le résultat de mes recherches a été favorable au procédé électro-chimique pour un grand nombre de minerais, je ne dis pas seulement dans l'hypothèse assez peu probable d'un manque absolu de mercure, mais même avec le haut prix actuel du vif-argent. Dès lors, on serait en droit de s'étonner que ce procédé n'ait pas reçu déjà un commencement d'application ; les causes qui l'ont empêché ayant des caractères généraux assez importants, relativement à l'établissement de tout procédé nouveau, j'entrerai à cette occasion dans quelques détails sur ce sujet.

La simplicité des appareils de l'amalgamation mexicaine est d'abord un obstacle pour toute innovation ; vient ensuite l'habitude d'un art pratiqué depuis trois siècles, et, dès lors, parfaitement étudié sous le rapport économique ; la nécessité d'opérer sur des masses considérables pour qu'on ait foi au procédé, et l'obligation d'entrer de prime abord dans des débours d'autant plus coûteux, que toute construction industrielle est fort chère au Mexique, arrivent enfin ébranler le zèle des novateurs qui n'ont dans le fond pour toute récompense, ou, pour mieux dire, pour seule garantie des sommes employées, que la protection par trop douteuse des brevets d'invention dans un pays ou l'admi-

nistration de la justice est souvent très-lente, surtout pour un cas comme celui-ci qui présente, dans
les pays les mieux organisés, des difficultés sans
nombre. En général, les novateurs en industrie
n'ont pas de capitaux; ils doivent s'en procurer en
associant aux bénéfices futurs de leurs découvertes,
ceux qui fournissent les fonds nécessaires à la première application. Ceci complique beaucoup la
question au Mexique, où les capitaux sont rares et
fort peu dirigés vers le perfectionnement des sciences ou des arts; on manque même du secours que
l'on rencontre ailleurs chez les directeurs de grands
travaux qui ont un intérêt direct à ces perfectionnements; car, dans le cas dont il s'agit, l'industrie
des mines est depuis plusieurs années assez peu
productive aux capitalistes qui s'en occupent, pour
leur faire refuser tous débours autres que ceux
indispensables à la marche habituelle de leurs entreprises; mais le travail des minerais d'argent au
Mexique présente un obstacle de plus, c'est qu'en
admettant dans les mains du novateur des capitaux
suffisants et ne dépendant que de sa volonté, il
rencontre de sérieux obstacles, quand il se décide
à conduire ses opérations pour son propre compte,
dans la difficulté qui se présente pour se procurer
le minerai. Dans la plupart des exploitations, Guanaxuato excepté, le travail métallurgique s'exécute
pour le compte des mineurs; et le manque d'es-

sais docimastiques, dont l'emploi, comme on l'a dit, est fort peu répandu, leur fait envisager comme contraire à leurs intérêts toute réalisation de leur minerai, autre que celle qui se réduit à recevoir l'argent qu'on en extrait. Les achats de minerai, là où ils sont praticables, ne peuvent point se faire sur de fortes parties qu'on peut examiner et essayer à loisir, mais par des ventes immédiates de lots aussi petits que multipliés, souvent exécutées dans un district, un même jour de la semaine, à plusieurs lieues de distance, et dont on ignore non-seulement la teneur, mais encore le poids. On conçoit aisément ce que cet usage offre d'inconvénients, car il est fort difficile d'acquérir le coup d'œil nécessaire pour juger, par la vue seule d'un tas de minerai, de sa teneur en argent. On peut donc voir disparaître tous les avantages d'un traitement plus habilement conduit devant une moins grande dextérité dans les achats; on doit considérer en outre que le minerai vendu n'est, en général, que celui extrait par les ouvriers à *partido*; que le jour où une exploitation croit plus convenable de reprendre le travail à journées (cela se voit chaque fois que le filon devient riche), on ne vend plus de minerai; on voit par là que l'avenir d'un atelier métallurgique ne dépend que de la volonté plus ou moins raisonnée des exploitants.

Le mercure étant le principal agent chimique

employé dans le travail actuel, son prix a tout naturellement une grande portée sur la comparaison
des procédés usités avec ceux qu'on peut vouloir
leur substituer, puisque, soit que l'on emploie un
peu de mercure, soit qu'on n'en emploie pas du
tout, il y a évidemment tendance à diminuer la
demande de ce métal, et dès lors à en faire baisser
le prix. Cette chance de baisse sur une marchandise
dont le prix dépend, comme c'est assez généralement le cas, du coût de sa production, offre peu
de probabilités de variations très-considérables,
mais pour le mercure il en est tout autrement ;
car, par suite du monopole, son prix actuel peut
s'évaluer au quadruple de son coût, et à mesure
que son emploi serait moins considérable, le prix
en pourrait baisser, presque spontanément, d'une
manière désastreuse pour les établissements destinés à remplacer entièrement le mercure ou à diminuer sa perte dans l'amalgamation par quelque
nouvelle invention.

A cette circonstance particulière au prix du mercure, dont l'importance s'étend à tous les nouveaux
systèmes en général, il faut en joindre une autre,
aussi digne d'attention, mais particulière au procédé électro-chimique, dont le sel marin est le
principal débours ; non pas que dans l'opération
il soit décomposé, mais par la perte mécanique,
inévitable dans une grande manipulation. Cette

perte qui, attendu les masses sur lesquelles on opère, représente un chiffre élevé à porter en regard de l'économie du mercure, peut se réduire à une somme fort modique, au moyen d'appareils calculés pour recueillir le sel qui serait perdu ; mais ce matériel demande une dépense considérable avant de juger les résultats d'une manière bien positive sur une grande échelle, et jusqu'à présent aucune compagnie de mines n'ayant voulu en faire le débours, le procédé électro-chimique n'a point encore reçu de commencement d'exécution. Les détails donnés sur la production, dans le voisinage des principaux gîtes d'argent, ont expliqué son prix élevé sur presque tous les points du plateau ; cependant, si les perfectionnements indiqués aux salines du *Peñon blanco* sont continués, le sel pourrait être fourni à un prix très-modéré, pourvu que, par quelque mesure administrative, un monopole mexicain sur le sel ne place pas les mineurs dans la même situation où le monopole espagnol les a.mis pour le mercure. Si les mines du Mexique étaient assez voisines de la mer pour que le prix du sel fût ce qu'il est en France, quand on n'y comprend pas les droits du fisc, le procédé électro-chimique y serait certainement employé ; car les appareils pour retirer la plus grande partie du sel qui reste uni aux boues métalliques, forment à eux seuls la dépense la plus considérable

du matériel nécessaire à l'application de ce sys-
lème, qui, si le mercure venait à manquer, assure
néanmoins l'existence des mines du Mexique.

Sans éviter complétement l'emploi du mercure,
on peut cependant, par quelques changements
dans le mode de l'employer, en diminuer la perte,
et l'amalgame de cuivre dont on se sert à Guadalupe y Calvo en est une preuve. J'ai moi-même
utilisé les études que j'ai faites de l'amalgamation
pour créer un nouveau mode de traitement dans
lequel la perte du mercure est réduite à une quantité presque indépendante de la richesse en argent
du minerai, et qui ne dépasse pas, dans les cas
les plus défavorables, 0,0005 du poids du minerai.
(La perte de treize onces pour un marc représente 0,0032 quand le minerai contient 0,002 d'argent.) Le rendement d'argent, comparé aux essais
docimastiques, correspond à 0,90 pour les minerais
renfermant seulement 0,001 d'argent, et 0,95 pour .
ceux renfermant 0,010. L'opération s'exécute en
moins de vingt-quatre heures, sans le secours de
moteurs hydrauliques, avec des appareils plus coûteux, il est vrai, que ceux de l'amalgamation du
patio, qui n'en exige presque aucun ; mais la construction du matériel nécessaire pour ce procédé
sera toujours facile au Mexique. Les agents chimiques employés avec le mercure se trouvent à des
prix modérés dans la plupart des districts de mi-

nes, et, au moyen de quelques réactifs, l'opération peut se conduire sans inconvénient par des ouvriers peu intelligents. Pour les minerais qui demandent peu de mercure et cèdent leur argent avec facilité, les avantages de ce nouveau système sont peu importants; mais pour les minerais rebelles, et dans lesquels les combinaisons plus complexes de l'argent et les sulfures métalliques abondent, le meilleur rendement d'argent fait disparaître tout le surcroît de dépense; il en est de même pour les minerais riches traités ordinairement par la fonte. J'ai fait à Zacatecas des expériences répétées sur cinq cents kil. à la fois, en traitant avec succès, non-seulement les minerais de toute richesse des divers filons, mais encore en obtenant sans difficulté, et à un prix qui permît d'en suivre le travail, l'argent contenu dans les résidus d'amalgamation des mines du Fresnillo, de *S. Clemente* et de *Veta-grande*.

Bien que ces changements puissent diminuer la perte du mercure et faire obtenir un meilleur rendement d'argent sur les minerais qui, justement, sont moins faciles à traiter par l'amalgamation du *patio,* cependant on ne saurait en attendre des résultats comme ceux qui seraient nécessaires pour augmenter considérablement le chiffre de la production annuelle; la découverte de filons argentifères plus riches que ceux généralement exploités depuis l'occupation espagnole, semble seule pouvoir motiver prochainement cette augmentation ; car on a vu que le traitement actuel, peu susceptible de réduction dans son coût, ne saurait permettre l'exploitation de filons ayant 0,001 d'argent. Quelques métallurgistes européens paraissent croire que le procédé d'amalgamation suivi en Saxe présenterait au Mexique des avantages importants s'il était plus connu et plus pratiqué ; je crois donc devoir faire quelques observations générales sur la comparaison des deux méthodes.

Dans l'amalgamation en tonnes ou *bariles*, comme on l'appelle au Mexique, le minerai est grillé sans autre addition que 10 p. % de sel marin, s'il renferme une grande quantité de pyrites, et en y ajoutant une quantité considérable de sulfate de fer, quand le minerai ne renferme pas en lui-même une proportion de sulfures métalliques suffisante pour assurer, par la *sulfatation,* la décomposition du sel marin en assez grande abondance pour que le chlore qui se dégage convertisse l'argent en chlorure.

Le minerai grillé, soigneusement trituré et tamisé, est séparé des morceaux agglutinés qui n'ont reçu qu'un grillage imparfait et qu'on repasse au four à griller. On introduit ensuite les farines métalliques dans les tonnes avec des disques ou des boules de fer forgé. On a soin de laisser tourner le mélange avec le fer seulement pour réduire, si ce n'est entièrement, au moins à un degré inférieur de chloruration, les sels formés dans le grillage, qui pourraient attaquer le mercure. On introduit plus tard ce métal, qui s'amalgame avec l'argent déchloruré par le fer. On obtient un amalgame renfermant environ 55 p. % d'argent allié à divers métaux, surtout du cuivre. Ces métaux étrangers forcent de soumettre l'argent à un affinage qui s'opère soit par des fontes répétées dans des creusets, soit en oxydant tous ces métaux étrangers par le feu, et introduisant les fragments oxydés à la surface, dans de l'acide sulfurique affaibli de manière à former des sulfates solubles de tous les métaux alliés, à l'exception de l'argent qui, au besoin, se précipite de la dissolution par quelques lames de cuivre. L'oxydation de l'alliage n'étant que superficielle, il faut plusieurs fois chauffer et plonger dans la dissolution acide les fragments pour terminer l'affinage par ce moyen.

En comparant la méthode de Freyberg à celle du Mexique, on voit que la première emploie une quantité de sel égale à 10 p. % du poids du minerai, au lieu de 2 et 1/2 à 3 p. % employé dans la seconde, ce qui représente sur le sel consommé 250 à 300 p. % de plus que la quantité en usage au Mexique; il faut considérer ensuite la dépense d'un poids de combustible égal pour le moins à celui du minerai quand on se sert du bois. Il faut, en outre, au lieu d'une simple cour, des appareils fermés pour opérer l'amalgamation et un mouvement giratoire continu donné par un moteur hydraulique, au lieu de la friction exercée à peu de frais par les pieds des mules sur les boues métalliques.

L'économie du *magistral* serait plus qu'absorbée par le sulfate de fer, ou l'addition des pyrites dans la plupart des minerais, qui, à Guanaxuato, par exemple, renferment trop peu de sulfures (0,03 de leur poids) pour assurer le dégagement du chlore en quantité suffisante.

L'avantage principal de l'amalgamation saxonne est le peu de perte du mercure; selon les renseignements contenus dans le *Manuel de métallurgie* de M. Lampadius, elle correspond à $2^k,340$ ou $2^k,800$ pour $23^k,370$ d'argent obtenu, soit environ 0,10 du poids de l'argent. Ceci est fort important sans doute dans un pays où le combustible n'est pas trop cher, où le sel s'obtient à bon marché, où enfin les moteurs hydrauliques se trouvent sans peine; mais dans la plupart des districts du Mexique, toutes ces circonstances sont défavorables à ce procédé.

On doit remarquer, en outre, que l'on a soin, à Freyberg, de séparer tous les minerais qui renferment de la galène, autant pour les traiter plus avantageusement par la fusion, que pour éviter l'inconvénient de la présence des sels de plomb qui, réduits par le fer, donnent un amalgame fort impur, et absorbent une quantité énorme de mercure. Dans le plus grand nombre des minerais argentifères au Mexique, on rencontre des quantités de galène assez considérables, et qui ne sauraient en être séparées ; pour ces minerais, la méthode saxonne aurait donc cet inconvénient de plus.

En laissant de côté la nécessité d'une force motrice, l'affinage de l'alliage d'argent obtenu, la construction et le coût des appareils, tant pour l'amalgamation que pour le grillage, *et en tenant compte seulement de l'excès de sel marin et du combustible égal au poids du minerai*, on trouve que ces deux débours, convertis en grammes d'argent fin, représentent, pour un poids de 5oo kil. de minerai, qui est la base du calcul établi, pag. 373, une somme de 142 gr. d'argent fin (*), tandis que la totalité de la valeur du mercure perdu dans le traitement de 5oo kilogr. ne représente que 112 grammes. Il est donc peu probable que, attendu le haut prix du sel et du combustible dans la plupart des districts de mines, on puisse substituer la chloruration à chaud au procédé actuel où l'on

______

(*) Le prix du bois de chêne vert récemment coupé est habituellement à raison de piastre 0,75 pour la *carga* de 3oo livres

chlorure à froid, avec 3 p. %, du poids du minerai de sel marin et une faible quantité de sulfate de cuivre pur, ou uni à de l'oxyde de fer comme dans le *magistral*.

La chloruration à froid par des moyens aussi peu coûteux que ceux employés actuellement, mais assez énergiques pour que cette chloruration soit complète sans demander la présence d'un métal réduisant le chlorure d'argent à mesure qu'il se forme, résoudrait toute la grande question de la perte du mercure dans l'amalgamation mexicaine; car à part cette avantageuse modification, le procédé resterait tel qu'il est pour la grande simplicité de ses appareils. Je répète ici, comme je l'ai déjà indiqué, que toute la question d'avenir du procédé actuel d'amalgamation gît dans cette chloruration

à Zacatecas, à Guanaxuato, et à un prix un peu plus élevé au Fresnillo, à cause des machines à vapeur.

300 livres = 138 kil.,   500 kil. coûteront donc 2, 1/2 *piastres.*

égalant à raison de 24^{gr},421 d'argent fin *par piastre*, gr. 66

Le prix du sel marin à Guanaxuato est de 12 piastres pour 300 livres = 138 kilog. Dans l'amalgamation mexicaine, on en emploie 3 p. %, du poids du minerai, dans la méthode de Freyberg 10 p. %; différence en plus, 7 p. %, ou 35 kil. sur 500 kil. de minerai; qui coûteront piastres 3,11 égalant en grammes d'argent fin. . . 76

                                            142

complète de l'argent, opérée à froid, sans la présence du mercure, et par des moyens tels, qu'ils ne dépassent pas un coût de 6 p. % de l'argent obtenu, ou 61 grammes d'argent pour 5oo kilogr. de minerai. Si la chimie pouvait résoudre cette question d'une manière satisfaisante, la perte du mercure serait évitée, et la production de l'argent au Mexique coûterait 10 p. % de moins que ce qu'elle coûte aujourd'hui; ce serait donc une prime d'encouragement qui pourrait influer considérablement sur la production.

Comme on a pu le voir, page 190, j'évalue la totalité de la valeur actuelle de l'or produit chaque année, à 2,000,000 de piastres. Un quart ou un cinquième de cette somme m'a semblé s'obtenir par le lavage ou par le traitement de minerais tellement riches, que l'or y est renfermé dans une proportion telle, que son poids soit presque égal à celui de l'argent. Ces lavages et ces minerais ne se voient que dans le nord de la province de Sonora, que je n'ai point visitée; et comme on manque de tous renseignements un peu précis sur ces contrées, je ne puis, sur les chances d'augmentation de production qu'elles présentent, surtout pour l'or, ajouter que bien peu de chose à ce que j'ai dit sur ce sujet au commencement de ce chapitre.

Cette industrie du lavage n'a eu jusqu'à présent aucune régularité; elle est le partage des Indiens, dont plusieurs tribus, encore fort barbares, rendent le séjour de ces vastes régions impraticable pour les races plus civilisées. Quant à présent, le Mexique ne paraît pas en mesure de peupler la partie nord-ouest de son territoire, car l'énergie entière de l'administration est neutralisée, et tous ses moyens sont absorbés, depuis l'Indépendance, par les révolutions qui éclatent, à de courts intervalles, dans le sud de la république, où s'agitent toutes les ambitions, au milieu des centres de population. Concentrées dans le midi, les troupes n'ont pu défendre le Texas des émigrants des États-Unis, et le département de Chihuahua, ainsi que les parties septentrionales de ceux de Zacatecas, Durango et S. Luis Potosi, sont continuellement ravagés par les tribus indiennes qui ont conservé une existence indépendante à l'entour de quelques villes et des vastes établissements agricoles fondés par les Espagnols au milieu de ces déserts. Les *Apaches*, connus par leur férocité, qui s'exerce non-seulement sur les hommes, les femmes et les enfants, sur tous les animaux destinés à la vie domestique, mais même sur tous les objets qui annoncent la vie civilisée, rompent à tous moments leur trêve, et, s'élançant du *Bolson de Mapimi,* qui est un vaste désert peuplé seulement de leur race, ils viennent jusqu'aux portes de Durango, de Chihuahua, de Mazapil, égorger les cultivateurs et voler les immenses troupeaux qui couvrent ces plaines. Quand les départements, comparativement voisins de la capitale, sont soumis à un tel fléau, on peut, en quelque sorte, appeler prématuré le calcul de l'époque à laquelle la civilisation pourra mettre en exploitation régulière les gîtes aurifères de la haute Sonora et des Californies.

Pour un avenir un peu voisin, et dans les anciens gîtes métallifères de la république mexicaine, la production de l'or semble devoir suivre en quelque sorte la marche de l'argent; cependant, elle pourrait y augmenter par un traitement supplémentaire plus complet des résidus des minerais traités par l'amalgamation. Le traitement du *patio* laisse, sans les altérer, les pyrites de fer et de cuivre; l'or qu'elles renferment échappe, par conséquent, à l'action du mercure. On voit qu'un grillage qui décomposerait ces sulfures en mettant l'or à nu, permettrait de l'extraire. La teneur en or des résidus de Guanaxuato n'a jamais été bien déterminée; par les raisons que je viens d'exposer, il est permis de la considérer comme importante, si on la compare à la quantité d'or extraite par le mercure.

Pour apprécier avec quelque exactitude les variations que les gisements, l'extraction et la réduction des minerais pourraient apporter dans la production future, il a fallu de nombreuses digressions; arrivé aux limites que j'ai cru devoir m'imposer, je terminerai par un résumé plus concis de mes observations.

Les gîtes argentifères contiennent presque tous une plus ou moins grande quantité d'or, sur tous les points, nombreux au Mexique, où les roches de sédiment les plus anciennes se montrent au jour.

Les filons de quartz qui traversent ces roches, sont presque tous argentifères quand ils renferment des sulfures métalliques.

Il existe encore d'immenses richesses dans les anciens districts de mines qui, exploités depuis trois siècles, sont encore peu explorés à une certaine profondeur. On ne compte pas ce que pourront produire les exploitations nouvelles que l'on ne manquera pas d'entreprendre sur le versant occidental de le Cordillère, au nord de Durango.

L'exploitation des filons argentifères est subordonnée au coût du traitement et aux droits dont l'argent est frappé; dans aucun temps, la somme de ces débours n'a permis l'extraction isolée de minerai ayant en commune seulement 0,001 de richesse; et en général, cette extraction n'est praticable aujourd'hui qu'autant que la teneur moyenne du minerai choisi est de 0,0015 à 0,0020.

Les frais d'extraction semblent peu susceptibles de fortes diminutions, si ce n'est sur le prix du fer et de la poudre.

L'épuisement des eaux, qui entre pour une forte part dans les frais d'extraction, a été facilité sur plusieurs points par l'emploi de la vapeur; malheureusement, le manque de combustible s'oppose à l'emploi de ce moteur dans la plupart des anciennes exploitations.

Cette disette toujours croissante du combustible s'oppose aussi à un grand développement des traitements par la voie sèche, qui pourraient néanmoins recevoir de grandes améliorations, soit dans la construction des fourneaux, soit dans l'emploi mieux raisonné des fondants.

Le coût des traitements, par voie humide, continuera à être élevé, tant qu'ils exigeront une porphyrisation toujours coûteuse dans un pays privé de chutes d'eau et de combustible, à proximité du plus grand nombre de gîtes métallifères exploités jusqu'à présent.

Il est impossible de prévoir tous les changements que la chimie pourra introduire dans la réduction de l'argent à l'état métallique; mais si l'on considère le mercure comme le meilleur agent qui puisse réunir l'argent déjà ramené à cet état (rôle que le mercure peut jouer sans perte considérable), il faudrait, ou trouver un moyen de réduire les sulfures d'argent sans les faire passer provisoirement à l'état de chlorures, ou séparer la chloruration de l'amalgamation, ce qui jusqu'à présent n'a pu se faire sans inconvénient, à moins de pratiquer la chloruration à chaud.

Tant que la chloruration momentanée sera considérée comme le meilleur moyen industriel pour faire passer à l'état métallique l'argent uni au soufre, le haut prix du sel semble devoir être, pour la métallurgie de l'argent au Mexique, un grand obstacle à l'amélioration des traitements par la voie humide, tant sous le rapport du coût que sous celui du rendement.

Le prix élevé du mercure, depuis quelques années, fait que ce métal entre pour un peu plus de un dixième dans le coût de l'argent au Mexique. Sur le titre moyen du minerai, cette valeur du mercure représente 0,0002 d'argent. D'après le prix auquel le gouvernement espagnol, dans les premières années de ce siècle, livrait le mercure, la valeur de celui-ci n'aurait représenté que, 0,000064 d'argent.

Cette différence dans le prix du mercure n'est donc point, ainsi qu'on le pense généralement au Mexique, la cause principale de l'état de souffrance dans lequel se trouvent et dont ont peine à sortir les travaux des mines de ce pays. Sans doute le haut prix du mercure est une charge lourde pour les exploitants, mais la sortie des capitaux espagnols, l'intérêt élevé de l'argent, les troubles politiques ont exercé et exercent encore à cet égard une bien autre influence.

L'ouverture des ports du Mexique à toutes les nations de l'Europe, n'a apporté que peu de changements importants dans l'art des mines; si l'on en excepte l'application de la vapeur aux épuisements sur quelques points privilégiés, et l'usage encore très-restreint des essais docimastiques, l'exploitation du minerai et les traitements métallurgiques sont encore aujourd'hui ce qu'ils étaient il y a quarante ans.

Si l'on compare la valeur actuelle de l'argent aux frais d'extraction du minerai, on est forcé de reconnaître que si le travail des mines constitue une industrie non-seulement utile à la nation mexicaine, mais indispensable pour l'entretien de ses relations avec les autres peuples, d'une autre part, cette industrie est ruineuse pour le plus grand nombre de ceux qui l'entreprennent; elle est, on peut le dire, une vraie loterie dont on ne proclame que les billets gagnants. La condition des mineurs, loin de s'améliorer, deviendra plus pénible à mesure qu'on produira plus d'argent; car la richesse du minerai exploité en 1570, et la richesse du minerai qui s'exploite aujourd'hui, étant à peu près identiques, la quantité de l'argent extrait reste la même; tandis que la valeur du métal a baissé, suivant une proportion qui peut être exprimée par la différence des produits qu'on obtenait en 1570, et de ceux qu'on obtiendrait aujourd'hui pour le même poids d'argent.

Le manque de capitaux, de tranquillité politique, de population et de culture dans le nord-ouest de la République, de connaissances scientifiques suffisamment étendues, et enfin le haut prix du mercure, sont les causes qui s'opposent au développement de la production des métaux précieux au Mexique. Ces causes exerceront encore leur influence fatale pendant plusieurs années, en empêchant que la production n'atteigne et ne dépasse le chiffre auquel on l'a vue s'élever au commencement du siècle. Mais on ne saurait leur trouver un caractère durable ; elles ne sont que temporaires, et doivent à la longue être neutralisées d'abord, et dominées plus tard par des forces autrement imposantes, l'abondance du minerai, et les progrès des sciences qui reculent chaque jour les bornes de la puissance de l'homme. Le temps viendra, un siècle plus tôt, un siècle plus tard, où la production de l'argent n'aura d'autres limites que celles qui lui seront imposées par la baisse toujours croissante de sa valeur.

FIN.

EXPLICATION DES PLANCHES.

PLANCHE I.

Plan de *l'Hacienda nueva* du Fresnillo.

Nᵒˢ 1. *Patio*, où se fait l'amalgamation.
2. *Tortas*, tas de minerais de 55200 kilogrammes chacun.
3. Bassin pour laver les chevaux.
4. *Arrastra* ou *tahona*, pour la porphyrisation du minerai.
5. *Lavaderos*, lavoirs pour séparer l'amalgame.
6. Réservoir d'eau pour les lavoirs.
7. Bassin pour achever de nettoyer à la main l'amalgame au sortir du lavoir.
8. *Azogueria*, atelier pour peser, exprimer et mouler l'amalgame.
9. *Capellinas*, cloches et ateliers pour l'évaporation du mercure et de l'amalgame.
10. Magasin de charbon.
11. Passage par où les mules montent à l'étage supérieur des lavoirs.
12. *Molinos*, bocards.
13. Ateliers pour la fonte des lingots.
14. Bureaux de l'administration.
15. Logement du directeur et de quelques employés.
16. Bureaux pour faire la paye des ouvriers.
17. Écuries doubles.
18. Magasins de fourrages et autres approvisionnements.
19. Abreuvoirs.
20. *Planillas*, ou tables à laver.
21. Fours à *magistral*.
22. Cour servant de chantier aux combustibles.
23. Cour des écuries.

PLANCHE II.

Figure i. *Molinos* ou Bocards.

Nᵒˢ 1. Traverse en cuivre sur laquelle les pilons broient le minerai.
2. Cuir percé de trous servant de tamis.
3. Excavation dans laquelle tombe le minerai broyé.

Figure ii. *Lavaderos* ou Lavoirs.

Nᵒˢ 1. Plancher sur lequel marchent les mules.

2. Roue d'engrenage du moteur.

3.   id.   id.   des axes de l'agitateur.

4. Cuve vue de face.

5. Coupe de la cuve et agitateur.

6. Fond de la cuve, d'un seul bloc de porphyre.

FIGURE III. *Arrastra* ou *Tahona*, machine à porphyriser.

N⁰ˢ 1. Plan de l'*arrastra*.

2. *Arrastra* vue de face.

3. Coupe d'une moitié d'*arrastra*.

4. Pierres *voladoras*.

FIGURE IV. *Capellina* ou Cloche à distiller le mercure.

N⁰ˢ 1. Mur circulaire à claire-voie pour soutenir le charbon.

2. Cloche coupée pour laisser voir l'amalgame.

3. Colonne d'amalgame reposant sur un plateau de fer.

4. Vase en cuivre sur lequel repose la cloche.

5. Pierre sur laquelle repose le vase de cuivre et dans laquelle on a pratiqué des vides pour que l'eau puisse circuler autour du cuivre.

6. Réservoir en pierre pour recevoir l'eau et le mercure.

PLANCHE III.

FIGURE I. *Planilla* pour la concentration du minerai par le lavage.

2. *Fondon* ou grand appareil pour l'amalgamation à chaud.

3. *Cazo*, petit appareil   id.   id.

4. *Cucharas*.

Cornes servant à faire les *tentaduras*.

Demi-calebasse servant au même emploi.

Corne allongée destinée à lancer l'eau sur la *planilla*.

PLANCHE IV.

Coupe verticale des mines de Guadalupe y Calvo.

Partie bleue, mine de la compagnie Descubridora.

Partie rouge, id.   id.   Guadalupe y Calvo.

Partie jaune, id.   id.   Zorillo.

Partie verte, id.   id.   S. Francisco.

V. Porphyre.

U. Brèche.

L'espace contenu entre ces deux roches est la roche schisteuse.

PLANCHE V.

Carte des principaux districts de mines du Mexique.

ERRATA.

—

Pages.	Lignes.			
8	10, 26, 28	Bustamente	*lisez*	Bustamante.
43	22	Zacutecas	»	Zacatecas.
50	24	ce mélange	»	que ce mélange.
53	2	n'est autre que	»	n'est autre chose que.
72	22	le bois de pin	»	du bois de pin.|
83	15, 17	5o réaux	»	4 réaux.
91	5	et elles ont	»	qui ont.
257	27	la première est	»	les premiers sont.
302	9	les quantités	»	les qualités.
306	13	s'est trouvée un	»	s'est trouvée être un.
344	2	une grande abondance	»	leur grande abondance.
355	19	Charchas	»	Charcas.
391	25	l'idée d'y revenir	»	l'idée de revenir.

www.ingramcontent.com/pod-product-compliance
Lightning Source LLC
Chambersburg PA
CBHW051250060726
47596CB00001B/60